외우지 않아도
괜찮아

지구
과학

외우지 않아도
괜찮아

지구
과학

노수연, 오현경, 최유미 지음 | 오얼수 그림

EARTH SCIENCE

OCEANOGRAPHY | ATMOSPHERIC SCIENCE | GEOLOGY

위즈덤하우스

바다와 하늘과 땅

그리고 지금을 살아가는 우리의

정교한 상호작용, 지구과학

남성현

(서울대학교 자연과학대학 지구환경과학부 교수)

딱딱하고 다가가기 어려운 과학과 수학의 언어가 아닌, 사람 냄새가 나는 에피소드와 섬세한 일러스트로 채워진 《외우지 않아도 괜찮아 지구과학》은 평소 지구과학에 친숙하지 않은 독자들에게 우리가 사는 지구의 과학적 모습을 손쉽게 들여다보도록 해주는, 드문 기회를 제공하는 책이다. 정교한 과학을 정확히 전달하면서도 지루하지 않도록 이야기를 더했는데 이런 풍성한 책이 또 있을까 싶다. 읽다 보면 어느덧 지구과학의 기초 개념을 습득한 자신을 발견할 것이다.

이 책은 바다와 하늘과 땅의 이야기를 다룬다. 해양학자, 대기과학자, 지질학자의 독특한 설명이 함께 깃들어 단 한 권에서 3인

3색의 지구과학을 접할 수 있다. 지구의 수권, 기권, 지권에 해당하는 바다와 하늘과 땅의 기본 과학 개념을 저자들의 개성으로 풀어내 무척 흥미롭다. 모든 파트에 공통으로 등장하는 기후와 같은 주제는 다양한 학자의 관점이 담긴 해석을 한꺼번에 접할 기회가 된다. 이 책이 가진 또 하나의 매력이다.

첫 번째 파트, '해양'에서는 바닷물이 짠 이유부터 해양 온난화까지, 해양과학 분야에서 가장 기본적이면서도 중요한 개념을 골고루 포함하여 놓치지 말아야 할 내용으로 가득하다. 일부 구체적인 수치도 제시되고, 비록 비전공자에게는 다소 어려운 개념도 포함되어 있기는 하지만, 그럼에도 딱딱하게만 느껴지지 않는 것은 독자의 이해를 돕기 위해 다정한 그림들을 활용했기 때문이다.

두 번째 파트, '대기'에서는 기상과 기후의 구분은 물론 수치예보와 불확실성까지, 주요 대기과학 개념뿐 아니라 우리나라 기상청과 예보관의 역할을 두루 다루어 누구나 한번쯤 궁금하게 여겼을 주제를 폭넓게 알려준다. 우리 생활과 밀접하게 연관된 정보를 따라 읽으면 배경지식이 풍부해지는 경험을 할 수 있다.

마지막 세 번째 파트, '지질'에서는 토양, 광물, 암석에서 대륙이동설, 판구조론, 기후 시스템까지 지질학의 기본을 골고루 다룬다. 이 파트에서는 과학적 감수성이 가득한 저자와 독자의 교감이 즐겁게 이루어지리라 예상된다. 일상의 언어와 톡톡 튀는 표현이 무척 재미있다.

지구를 구성하는 서로 다른 권역의 환경은 독립적인 것이 아니기에 지권-수권, 수권-기권, 기권-지권 사이에는 끊임없는 상호작용이 있고, 그 결과로 우리는 다양한 지구환경 변화를 경험하게 된다. 어쩌면 기후변화도 인류권과 수권, 지권, 기권, 빙권, 생물권 사이의 상호작용 관점에서 생각해볼 필요가 있을 것이다. 이 책에서는 독립적인 세 파트에서 각 권역의 환경을 따로따로 다루지만, 다양한 에피소드 가운데는 종종 권역을 넘나들며 펼쳐지는 이야기도 있다. 태풍, 지진해일, 홍수 같은 자연재해나 엘니뇨와 라니냐 그리고 기후변화 등에 대해 모색하는 과정에서 결국 지구의 각 권역이 서로 어떻게 얽혀 있는지를 이해하게 될 것이다. 그리고 그 얽힘이 얼마나 중요한지도 배울 수 있다.

지구 시스템을 구성하는 바다와 하늘과 땅, 그 심오한 권역 간 상호작용을 통해 오랜 지구의 역사가 끊임없이 경험해온 변화 등 사실 우리가 지구에 관해 알아야 할 사항은 무궁무진하다. 필수 지식을 잘 선별하고, 자연스레 스며들게 한 이와 같은 책은 흔치 않으니 곁에 두고 즐겁게 독서하시길 바란다.

　인류가 지금 살아가는 중이고 앞으로도 살아가려는, 지구에 대한 가장 기초적인 과학을 알아야만 한다면 그건 우리가 화성인도 금성인도 아닌, 바로 지구인이기 때문이다. 지구인의 필수 교양을 단기간에 습득하고 싶은 모두에게 이 책을 권하고자 한다. 지구과학을 공부하려는 학생들에게는 딱딱한 교과서 개념을 자연스럽게 접할 수 있는 책으로서, 학창 시절의 지구과학을 기억하는 독자들에게는 비교적 빠르게 체득 가능한 지구인의 필수 교양으로서 추천하고 싶다. 특히 먹고사는 문제에 치여 바쁜 도시 속 일상에 매몰된 이들에게 비과학적 콘텐츠가 난무하는 요즘, 우리가 사는 지구의 과학적 작동 원리를 볼 수 있는 이 책을 더더욱 권한다. 바다와 하늘과 땅의 풍성한 이야기를, 그리고 그 이야기를 전달하는 젊은 과학자들의 경험과 사색을 공유할 기회를 얻을 수 있을 것이다.

contents

Part 1

 해양

Part 2

대기

Part 3

지질

지구는 우리가 생활하는 곳이지만, 그 안을 들여다보면 우리가 알지 못했던 수많은 비밀이 곳곳에 숨겨져 있습니다. 끊임없이 변화하는 바다, 하늘, 땅은 저마다 고유의 이야기를 품고 있으며, 이 책은 그런 지구의 역동적인 모습을 탐구하는 여정의 첫걸음이 될 것입니다.

특히, 2024년은 전 세계적으로 기후위기의 현실이 더욱 절실하게 다가온 해였습니다. 기록적인 폭염과 해양 온도 상승, 예상치 못한 강력한 폭풍이 전례 없이 빈번하게 발생하면서 기후위기는 더 이상 미래의 과제가 아니라 지금 우리가 당장 마주한 문제가 되었습니다. 2024년은 역대 가장 뜨거운 9월을 보낸 것으로 나타났으며, 장기간 이어지는 더위에 모두가 손꼽아 가을을 기다린 해이기도 했습니다. '100년 만의 최대'라는 허리케인 밀턴이 미국 동부 플로리다에 상륙하여 수백만 명이 대피했고 그 여파는 지속되고 있습니다. 그렇기에 많은 이가 기후변화에 대한 이해를 더욱 깊이 할 필요성을 느끼고 있지 않은가 싶습니다. 지구과학에 대한 집중과 탐구는 바로 이러한 위기의 원인과 구조를 파악하고, 나아가 그 해결책을 모색하는 데 중요한 열쇠가 될 것입니다.

이 책은 지구를 이루는 큰 세 가지 요소인 해양, 대기, 지질을 주제로 다룹니다. 'Part 1. 해양'에서는 바다가 단순히 파도와 생명체가 넘실거리는 곳을 넘어, 지구의 기후와 생태계를 조절하는 중요한 곳이라는 점을 강조하고자 했습니다. 또한 바다는 지구 표면의 약 70퍼센트를 차지하며, 수많은 생명체의 서식지이자 탄소와 열을 흡수하는 중요한 저장소로서 역할을 합니다. 그리고 해류는 기후에 큰 영향을 미치고, 대양의 깊은 곳까지 연결되는 순환은 지구의 에너지 균형을 유지하는 데 필수적입니다. 이처럼 바닷속에는 우리가 상상하지 못한 규모의 자연현상이 펼쳐지고 있으며, 그 모든 것이 지구의 역동적인 모습에 기여합니다.

또한 고수온 복원, 탄소 순환 그리고 해양 쓰레기와 같은 주제도 다룹니다. 고수온 복원은 기후변화로 인한 해양의 열 저장과 그 회복 능력을 이해하는 데 중요한 역할을 할 것입니다. 그리고 바다는 대기와의 상호작용 속에서 탄소를 순환시키며 기후를 조절하는 중요한 역할을 수행하며, 해양 쓰레기는 우리가 바다에 남긴 흔적이자 환경에 큰 위협이 되고 있기에 이 내용을 소개하고 싶었습니다.

학문적인 개념을 이제 막 공부를 시작하는 분들의 시선에서도 이해할 수 있게 풀어내는 작업을 하다 보니 때로 예상치 못한 난관에 부딪히기도 했습니다. 하지만 집필하는 시간을 통해서 오히려 바다의 복잡하고 신비로운 메커니즘에 대해 더욱 큰 경외감을 갖게 되었고, 그로 인해 바다를 좀 더 깊이 이해하고 감탄하게 되었습니다. 바다는 멀리 떨어진 자연처럼 보이지만 사실 우리 삶과 밀접하게 연결되어 있으며, 이 책을 통해 그런 연결의 중요성이 많은 사람에게 전달되었으면 합니다.

그리고 'Part 2. 대기'를 펼쳤을 때 날씨와 기후, 예보의 불확실성, 관측의 중요성, 자연 변동성, 지구온난화, 기상재해 등에 대한 개념을 재미있게 이해할 수 있기를 바랍니다. 대기과학이 어려우면서도 동시에 흥미로운 점은 자연은 복잡계라 한두 가지로 명쾌하게 설명될 수 없다는 것입니다. 다양한 시공간 규모로 일어나는 여러 현상이 상호작용하며 만들어낸 결과물을 '지금'의 시점으로 '우리나라'에서 겪게 됩니다. 그것이 이분법적으로 엘니뇨 남방진동의 영향이라고만, 인류가 뿜어낸 온실 기체의 영향이라고만 단정 지어 말할 수 없는 이유입니다. 대기과학은 물리, 화학, 수학, 컴퓨터공학 등이 어우러진 분야라고 할 수 있습니다. 다양한 요소를 공부하고 분석해야 하는 이 일에 흥미와 재능이 있는 과학도의 참여를 기대합니다.

현대 수치예보의 가능성을 처음으로 제시한 영국의 기상학자 루이스 프라이 리처드슨은 본인의 연구가 인류에 도움이 되는 방향으로 사용되길 원했던 평화주의자였습니다. 기상학 분야에 많은 업적을 남겼지만 전쟁과 관련된 활동을 거부하며 무대의 중심에 나서지 않았습니다. 이에 유럽지구과학연합European Geosciences Union, EGU에서는 비선형 지구물리학에 괄목할 만한 기여를 한 과학자에게 그의 이름을 딴 메달을 수여하고 있습니다. 이러한 정신을 ECMWF(유럽중기예보센터)에서 이어받은 것일까요, 이곳은 많은 나라의 기관들과 협력하며 전 세계 기상·기후 분야에 기여하고 있습니다.

기초과학은 필요할 때 공장에 주문을 넣듯 당장에 만들어낼 수 있는 것이 아닙니다. 지구의 평균 지표 온도가 섭씨 1.5도 올라가는 일이 크게 와닿지 않을 수도 있습니다. 하지만 인간은 아무도

'평균'이라는 환경에 살지 않습니다. 변동성의 증가가 어느 한순간 큰 피해를 가져올 수 있고 그때를 조금이라도 미리 대비해야 하는 것입니다.

대기 파트에서 꼭 전하고 싶었던 이야기는 예보는 현재 시점에 가까워질수록 정확도가 상승한다는 점입니다. 더 정확한 정보 전달을 위해 시간에 따라 예보가 바뀌는 것이며 따라서 예보를 자주 확인해 본인의 상황에 맞게 적절히 활용하기를 권합니다. 우리나라는 중위도에 위치한 산맥이 많은 반도 국가의 특성상 토네이도를 제외한 다양한 기상 현상이 역동적으로 일어납니다. 켄 크로포드 기상선진화추진단장은 미국 기상청 및 오클라호마대학교에서 쌓은 수십 년의 노하우를 가지고 한국에 왔었고, 우리나라 일기예보의 어려움과 저력을 이야기했습니다. 그가 애정을 가지고 한국의 기상 선진화를 응원했듯 기후변화 시대에 기여할 기초과학 연구를 응원합니다.

다음으로 'Part 3. 지질'은 어릴 적 누구나 갖고 놀던 친숙한 흙을 소재로 해 그 정의와 발달을 다루는 것에서 시작합니다. 흙 아래 암반을 구성하는 광물과 암석, 특히 땅의 근원인 마그마가 식어 만들어지는 조암광물과 그들의 집합 화성암에 대해 이야기했는데,

이를 통해 저변에 깔린 돌들을 한번쯤 돌아보길 바랐습니다. 또한 판 형태로 움직이고 있는 거시 규모 땅의 이동, 변성암의 형성뿐 아니라 단단한 암석이 부서져 만들어지는 쇄설성 퇴적물, 그리고 탄산칼슘 침전에 의한 탄산염 퇴적물이 퇴적암으로 굳어지는 환경들에 대해 정리했습니다. 전 지구 단위로 작용하는 큰 힘인 중력과 지오이드에 기반한 새로운 지구 모양도 제시해보고, 현재와 사뭇 달랐던 과거 지구와 그에 따른 기후 사건을 소개하며 마무리했습니다. 친근한 도입부와 귀여운 그림에 속아 어느새 지질학에 스며들어 있기를 바라겠습니다. (훗날 이 책을 읽고 지질학과에 진학해버린 독자를 학회장에서 만나 멱살 잡힐 일 있기를.)

지질학은 도대체 어디서부터 시작해야 할지 가늠이 안 될 정도로 엉킨 실타래 같습니다. 암석을 구성하는 단위인 광물부터 시작하면 되겠지 싶어 광물 단원을 펼쳐보면, 복잡한 화학식과 난해한 결정구조, 수많은 광물 관련 용어가 빽빽하게 도배되어 있곤 했습니다. 그렇다고 지구의 역사부터 들여다볼까 하면, 지질시대는 너무나 길고 방대했으며 특히 누대와 대 이하 규모로 내려가면 이름이 너무 낯설었습니다. 연도마저 가변적이라 두루뭉술하게 외우게 되는데, 이걸 정말 외워야 하는 건가 난감했습니다. 실습부터 시작해 암석과 친해지면 좀 나을까 싶었지만, 제가 처음 접한 지층 이름은 '조선누층군'으로 독립군 같은 웅장한 발음에 거리가 느껴졌습니다. 이러한 지질학 특유의 산발적 구성과 견고한 언어 장벽, 정성적 지식에 몇 번을 좌절했는지 모르겠습니다.

이 책의 큰 목표는 여러분들이 지구과학이라는 학문에 가진, 이와 같은 막막함을 덜어내도록 돕는 것입니다. 전공 지식을 밀도 높게 제공하기보다, 다소 주관적이더라도 소소한 이야기에서 시작해 큰 흐름 안에서 부담스럽지 않을 정도의 지식을 담으려 했습니다.

기초과학은 지식과 경험의 축적으로 발전합니다. 여기에 등장하는 수많은 과학자의 순수한 호기심, 열정, 재능으로 얻어진 '앎'은 계주에서 주자가 바통을 넘겨주듯 그다음 세대 과학자가 이어받아 발전시켜왔습니다. 이 책이 지구과학에 호기심 있는 누군가에게 가닿아 그다음으로 이어지는 계기가 된다면 더할 나위 없이 기쁠 것입니다. 여러분들이 이 책과 함께하는 여정을 통해 우리 주위를 둘러싸고 있는 바다, 하늘 그리고 땅에 조금 더 가까워지기를 바랍니다.

2025년 2월

노수연, 오현경, 최유미

Part 1

해양

OCEANOGRAPHY

바닷물은 왜 짤까?

바다에서 수영을 해본 사람이라면 바닷물이 짜다는 것은 누구나 알 수 있다. 바닷물은 왜 짠맛일까? 어렸을 때 기억을 떠올리며 '마법 맷돌' 이야기를 한번 해보자. 옛날 옛적에, 한 임금이 무엇이든 만들어 내놓는 신기한 맷돌을 가지고 있었다. 이를 눈여겨본 도둑이 어느 날 맷돌을 훔쳐서 바다로 도망쳤다. 배를 타고 먼바다로 나간 뒤 안심하며 맷돌을 시험하기로 했다. 한참을 곰곰이 생각하던 도둑은 "소금 나와라!" 하고 외쳤다. 옛날에는 소금이 아주 귀했기 때문이다.

맷돌은 소금을 만들어내기 시작했고 어느새 배는 소금으로 가득 찼다. 도둑은 부자가 될 생각에 기뻐했지만 끊임없이 쏟아져 나오는 소금은 점차 배를 기우뚱거리게 했다. 도둑은 맷돌을 멈춰야겠다고 생각했지만 방법을 몰랐다. 그사이 배는 소금의 무게를 이기지 못하고 바닷속으로 가라앉고 말았다. 그리고 깊은 바다에 가라앉은 맷돌이 아직까지 소금을 만들어내고 있어 지금도 바닷물이 짜다는 이야기다. 현재까지 전해 내려오는 이 민담은 바닷물이 짠 이유를 그럴싸하게 알려주는데, 신기하게도 우리나라뿐 아니라 세계 여러 지역에서 비슷한 이야기로 구전되고 있다.

하지만 맷돌에서 끊임없이 소금이 만들어질 리 없으니, 그렇다면 바닷물이 짠 진짜 이유는 무엇일까? 바다는 전 지구 표면적의 약 71퍼센트를 차지하며, 평균수심은 약 3682미터로 알려져 있다. 이 넓고 깊은 영역을 차지한 바닷물, 즉 해수에 녹아 있는 무기물질과 비휘발성 물질의 총량을 염분^{salinity}이라고 한다. 해수에 용해된 염류는 염소(Cl), 소듐(Na), 황(SO_4), 마그네슘(Mg), 칼슘(Ca), 포타슘(K) 등인데, 이 염분의 약 86퍼센트가 염화소듐(NaCl)으로 구성되어 있다. 염화소듐은 우리가 흔히 먹는 소금의 주성분으로 바닷물의 짠맛을 만들기도 한다.

해수의 주요 성분을 다시 살펴보면 염화소듐 이외에 염화마그네슘(간수라고 부르며 두부를 만들 때도 사용한다)이나 황산마그네슘도 존재하는데 이는 바닷물에서 쓴맛이 나게 한다. 그 덕분에 바닷물

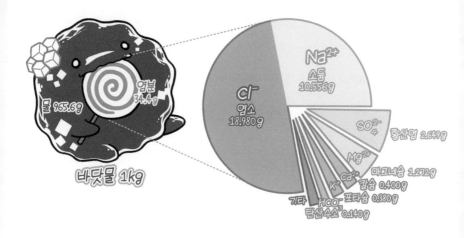

물 965.6g

염분 34.4g

바닷물 1kg

Na²⁺ 소듐 10.556g

Cl⁻ 염소 18.980g

SO²⁻₄ 황산염 2.649g

Mg²⁺ 마그네슘 1.272g

Ca²⁺ 칼슘 0.400g

K⁺ 포타슘 0.380g

기타

HCO⁻₃ 탄산수소 0.140g

──────── **해수 염분의 구성 성분** ────────

을 맛보면 짜고 쓴 것이다. 염분은 해수 1킬로그램당 염분의 그램 수를 나타내는 천분율의 단위(‰)를 사용해 양을 나타낸다.

최근에는 염분 측정을 할 때 전기전도도 측정을 광범위하게 사용해 실용염분단위Practical Salinity Unit, PSU를 같이 쓰기도 한다. 바닷물 1킬로그램에 염분 35그램이 녹아 있으면 35‰ 또는 35PSU로 나타 내는 것이다. 이 전기전도도는 물이 전류를 전달할 수 있는 능력으 로, 물속의 이온 세기를 측정하는 방법이다. 그래서 전기전도도를 사용하면 해수의 염분을 간접적이지만 빠르게 측정할 수 있다. 바 닷물에 용해된 염의 양이기 때문에 빙하가 녹거나 강우 또는 강수 로 물 자체가 증가하면 염분이 감소하고 증발, 빙하의 생성 등으로 물이 제거되면 염분이 높아진다. 이러한 염분은 강과 바다가 만나는 하구 또는 발트해, 홍해 같은 곳을 제외하면 바다 전체에 매우 좁은 범위의 값을 보인다. 해양학자들이 연구한 바에 따르면 염분 34.5~35.0PSU의 해수가 전 바다의 75퍼센트를 차지한다.

| 바닷속 염분의 시작

바다의 염분은 어디에서 온 것일까? '마법 맷돌'에서 염분이 만들어졌고 앞으로도 생성된다면 시간이 지날수록 바닷속 염분은 높아지고 해수는 더 짜고 쓴맛으로 변할지도 모른다. 만약 바다의 염분이 지구 표면에 있는 암석의 일부가 용해되어 강물을 통해 바다로 흘러든 것으로만 이루어져 있다면 강물과 바닷물은 염분 조성이 같아야 한다. 그러나 강물의 구성 성분을 살펴보면 탄산과 칼슘이 약 50퍼센트를 차지해 바닷물과는 다르다. 바다의 염분은 오랜 시간 다양한 지질학적, 화학적 과정을 통해 축적되어왔다. 이 과정을 이해하려면 원시 지구의 탄생으로 거슬러 갈 필요가 있다.

지금으로부터 약 46억 년 전, 우리은하 중심에서 3분의 2 정도 떨어진 곳에 성운 하나가 수축했다. 성운은 가스 덩어리(99퍼센트 이상)와 티끌(먼지, 1퍼센트 미만)의 집합체를 말한다. 모든 별은 중력이 가스 구름을 뭉쳐서 만들기 때문에, 수축하는 가스 덩어리에 있는 물질은 생성된 별의 화학조성과 밀접하다. 46억 년 전 수축하기 시작한 성운의 가스는 대부분 수소와 헬륨으로 이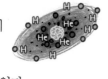
루어져 있었는데, 가스 덩어리에 들어 있던 대부분
의 물질은 중심부로 빨려 들어가서 원시 태양이 되었다.

　태양을 이루고 남은 물질 일부는 여러 단계를 거쳐서 지구
를 비롯한 태양 주위를 도는 천체들을 만들었다. 그리고 약 45억
년 전, 지구가 형성될 위치에서 궤도를 돌던 미행성
planetsimal(원시 행성의 씨앗)들이 모여 원시 지구를 생성했
다. 이 원시 지구는 주위를 돌던 수많은 미행성과 충돌했는데, 부
딪히며 생긴 엄청난 에너지로 인해 지구는 고온, 고압의 상태였고
암석이 녹아 마그마 바다가 형성되었다. 이 당시 대기는 마그마 바
다에서 방출된 휘발성분 물질로 구성되었다.

　시간이 지나며 미행성의 충돌이 적어지면서 지표면의 온도가
내려가고 마그마 바다가 굳기 시작했다. 수증기가 응결할 수 있는
온도까지 낮아지며 지구에 비가 내리게 되는데, 이 비는 섭씨 300도
정도로 아주 뜨거웠다고 한다. 그럼에도 지표면은 더 뜨거웠기 때
문에 내린 비는 곧바로 증발해 수증기가 되었고, 비
가 내리고 수증기가 되는 과정을 반복하며 차츰
지표면이 식었다. 그리고 내린 비가 점차 모여 원시
바다가 탄생했다.

　이때 물에 녹기 쉬운 물질은 비를 통해 바다로 흘러 들어가는
데, 당시 대기 중에 많은 것이 염소 가스와 황산 가스였다. 지구 내

성분	해수(mmol Kg⁻¹)	강수(mmol Kg⁻¹)
소듐(Na)	468	0.26
마그네슘(Mg)	53.1	0.17
칼슘(Ca)	10.3	0.38
포타슘(K)	10.2	0.07
스트론튬(Sr)	0.09	-
염소(Cl)	546	0.22
황(SO₄)	28.2	0.11
탄산수소(HCO₃)	2.39	0.96
브로민(Br)	0.84	-
합계	주 구성 성분은 소듐과 염소	주 구성 성분은 칼슘과 탄산수소

바다와 강의 현재 조성

부에서 화산가스로 배출된 이들은 산성비로 내려 원시 바다에 공급되었다. 그리고 암석을 이루는 성분 중 소듐 같은 물질은 빗물에 녹아 강을 거쳐 바다로 갔다. 오랜 시간 이 과정을 지나 바다는 현재와 같은 조성을 가지게 되었다.

염분의 순환

염분은 여러 과정을 거쳐 바다로 들어가고 나온다고 알려져 있다. 강물이나 바람, 강수, 해저화산 활동을 통해 물질이 들어가거나 반대로 해저에 퇴적물이 쌓이는 과정으로 바다에서 염분이 배출되기도 한다. 먼저, 증발해 비가 된 물이 있다고 생각해보자. 이 빗물은 순수한 물로만 이루어져 있다. 이들은 대기 중에 있는 기체나 먼지에서 원소를 얻을 것이다. 그리고 비가 되어 내리면서 암석 위를 흐를 것이다. 이 비는 암석을 풍화시키고 암석의 광물을 용해시키며 강을 통해 바다로 들어갈 것이다.

바다에 들어간 빗물은 처음과 다르게 여러 종류의 원소를 가지고 있다. 이 과정이 여러 번 반복되면 비와 강물을 거쳐 점점 더 많은 물질이 바다에 더해진다.

그렇다면 시간이 많이 지난 뒤에는 강물과 바다의 구성 성분이 같아질까? 바다로 들어간 물질들은 생지화학 과정을 통해 바다에서 제거되기도 한다. 생지화학 과정은 말 그대로 생태계에서 생물이나 지질 또는 화학의 상호작용을 통해 화학원소가 순환하는 것을 말한다. 예를 들어 조개처럼 껍데기를 갖는 생물이나 산호는 바닷물에 있는 규소(Si), 칼슘 등을 사용해 껍데기나 골격을 만든다. 식물플랑크톤에 의한 1차생산에 질소(N)나 인(P) 등이 사용되어 제거되기도 한다. 해저 열수구에서 마그마로 가열된 열수가 분출될 때, 열수구에서 흘러나온 뜨거운 물(최대 섭씨 400도에 달하는 물이 뿜어지기도 한다)과 차가운 바닷물이 섞이면서 그 안에 있던 광물 등이 가라앉으며 퇴적물이 만들어지기도 한다.

원시 지구의 탄생 과정이 바다가 강물과는 다른 염분을 갖게 된 이유를 설명해준다면, 염분의 순환 과정은 오랜 시간이 지나도록 바닷물의 염분이 크게 변화하지 않고 유지되는 이유를 알려준다. 바다의 염분값은 해역에 따라 조금씩 다를 수 있지만, 해수에 존재하는 주요 염분의 비율은 거의 일정하다고 알려져 있다. 즉, 해수 안의 주요 염들은 균일하게 잘 섞여 있는 것이다.

이에 대해서는 1819년 알렉산더 마르세^{Alexander Marcet}가 바닷물에 녹아 있는 주요 성분을 분석하며 알려졌다. 예를 들면 염소와 소듐의 비율(Cl/Na)이 약 1.796으로 일정하다는 것이다. 그 후 1884년 윌리엄 디트마르^{William Dittmar}가 챌린저호^{H.M.S. Challenger} 탐사를 통해 수집한 전 세계의 해수 시료 77개를 분석하면서 더욱 분명해졌다. 해수의 주요 성분은 항상 일정한 비를 가진다는 '염분비 일정의 법칙'이 정리된 것이다.

따라서 염소의 값을 알면 경험적인 식(염분=1.80655×Cl, 크누센의 실험식)을 통해 염분을 추정할 수 있게도 되었다. 이것이 가능한 이유는 바닷물 속 주요 성분들이 잘 섞여 있기 때문이다. 어느 바다에서나 일정하게 잘 섞여 있으려면, 바닷물이 섞이는 동안 해수 속에 녹아 있는 이 염들이 사라지지 않아야 한다. 이것은 혼합시간^{mixing time}보다 염분들의 체류시간^{residence time}이 길다는 것을 의미한다. 체류시간은 바닷물 속 원소의 양과 원소의 유입(유출) 속도의 비로 정해지고, 해수 속 염들의 체류시간은 소듐 6800만 년, 염소 1억 년, 마그네슘 1300만 년, 황 1000만 년, 알루미늄(Al) 600년, 철(Fe) 200년 정도로 알려져 있다.

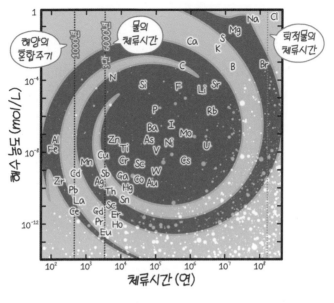

염분의 체류시간

염들의 체류시간은 화학반응이나 생물학적 과정을 통한 제거율에 의해 결정된다. 염소와 소듐은 이런 경로로는 제거가 쉽게 되지 않기 때문에 비교적 긴 체류시간을 갖는다. 이와 달리 바닷물이 해류에 의해 혼합되려면 약 1600년이 걸린다. 체류시간이 길면 오랫동안 해양에 쌓일 수도 있고, 체류하는 동안 여러 번의 해양 혼합을 겪기 때문에 바닷물에서 잘 섞여 고르게 분포할 수 있다. 그러나 짧은 체류시간을 가지면 그만큼 바닷속에서 금방 사라지기 때문에 높은 농도로 축적되기 어렵고, 해양 혼합 과정을 한 번 겪기도 어려울 수 있어서 바닷물 속에 균일하게 분포하기 어렵다.

| 염분이 하는 일

그렇다면 해수에 있는 염분들은 물리적으로 어떤 역할을 할까? 바닷물 속의 염분은 물 분자 간 결합을 방해해서 바닷물의 어는점에 영향을 준다. 염분이 없는 순수한 물의 어는점은 섭씨 0도이고 4도에서 최대 밀도를 갖지만, 염분이 35‰인 바닷물은 어는점이 약 영하 1.9도이고 최대 밀도는 3.5도에서 나타난다. 이런 차이 때문에 겨울이 되면 강이나 호수는 표면이 꽁꽁 얼지만 바다는 언 모습을 보기가 쉽지 않다.

해수의 밀도는 온도, 염분, 수심(압력)과 관련이 있다. 온도가 내려갈수록(차가울수록), 압력과 염분이 증가할수록 밀도가 증가한다. 기온이 섭씨 4도로 낮아지면 대기와 맞닿은 부분의 강물은 물의 밀도가 최대가 되기 때문에 4도로 냉각된 물은 깊은 곳으로 가라앉게 된다. 이 과정은 강물이 전부 섭씨 4도가 될 때까지 반복된다. 그리고 기온이 점점 더 낮아져서 섭씨 0도가 되면 표층에 있는 물은 아래 있는 4도의 물보다 밀도가 낮기 때문에 가라앉지 않고 그대로 어는점을 맞이하여 언다. 하지만 바닷물은 다르다. 기온이 낮아지면 해수의 밀도가 증가해 물이 아래로 가라앉는다. 그리고 더 기온이 낮아져도 표층에서 냉각된 물은 다시 밀도가 증가하여 아래로 가라앉는다. 염분이 높은 해수의 경우 어는점보다 더 낮은 온도에서 밀도가 최대가 되기 때문이다.

바다 위에 가만히 누워 있으면 우리는 둥둥 뜬다. 사람이 바다에서 잘 뜨는 이유는 바로 밀도 차이 때문이다. 사람의 평균 밀도는 약 985kg/m³로, 바닷물의 평균 밀도 1020~1030kg/m³보다 가볍기 때문에 우리는 바닷물 위에 떠 있을 수 있다. 염분 덕분에 바닷물이 우리 몸보다 더 무거워서 가능한 일이다. 앞서 이야기했듯 바닷물의 밀도는 온도, 염분, 수심과 관련이 있다. 해수에 가해지는 정역학적 압력은 수심이 깊어질 때마다 증가하여, 수심이 10미터 깊어질 때마다 약 1기압(1bar)이 증가한다. 그래서 같은 수온과 염분(수온 섭씨 0도, 염분 35.0PSU)을 가진 바닷물이 표층(수심 0미터)에서 약 1028kg/m³의 밀도를 가지고 있었다면 수심 5000미터에서는 약 1051kg/m³의 밀도를 갖는다.

해수의 밀도는 압축 효과를 제거하더라도 수심이 깊어질수록 증가하는데 가벼운(저밀도) 해수가 표층에, 무거운(고밀도) 해수가 깊은 저층에 위치하기 때문이다. 위층과 아래층의 해수가 서로 다른 층으로 구분되는 것을 '성층'이라고 한다. 실제 바다는 성층화된 유체로 볼 수 있는데 이 성층 차이(밀도 차이)와 염분으로 인한 해수의 특징 때문에 대규모 해양 순환을 비롯한 다양한 일이 이루어진다.

러버덕이 세계 여행을 할 수 있었던 이유

한때 잠실 석촌호수에 등장한 거대한 러버덕rubber duck과 사진을 찍거나 관련 기사를 본 사람들이 있을 것이다. 이 러버덕은 네덜란드 예술가 플로렌타인 호프만Florentijin Hofman의 설치미술로, 러버덕 프로젝트의 하나이며 2014년과 2022년 우리나라에 전시되었다. 귀여운 거대 오리의 등장과 함께, 전시 취지와는 무관하지만 러버덕의 유래도 유명세를 탔다.

러버덕의 여정은 1992년 1월로 거슬러 올라간다. 러버덕을 포함해 욕실 장난감을 실은 화물선이 홍콩에서 출발하여 미국으로

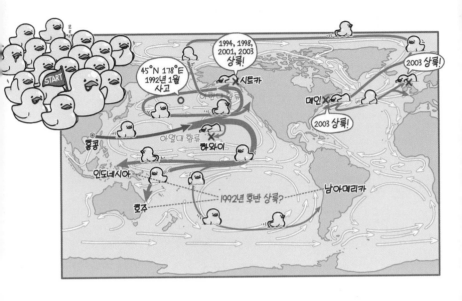

───────── **러버덕의 이동과 표층해류** ─────────

향하던 중 폭풍우를 만나면서 약 2만 8800개의 러버덕이 북태평양
에 쏟아졌다. 러버덕이 바다에 표류하게 된 것이다. 이들은 시간이
지나자 호주, 인도네시아, 남아메리카 등 여러 해역에서 발견되었
고, 이 움직임을 해양학자들은 주목했다.

　　실은 러버덕에 앞선 여정이 있었다. 1990년 한국에서 미국으
로 향하던 화물선이 폭풍우를 만났고, 8만여 켤레의 신발이 북태
평양에 쏟아진 것이다. 이 사건이 있은 지 8개월 뒤 신발들은 밴쿠
버 섬, 오리건 해안 등에서 발견되었다. 러버덕의 이야기와 꽤 비
슷하지 않은가? 이 무렵 북태평양에 쏟아지는 표류물^{floatsam}들은
대중뿐 아니라 커티스 에베스메이어^{Curtis Ebbesmeyer}를 비롯한 여러

과학자를 매료시켰고, 해류에 대한 이해가 부쩍 올라가는 계기가 되었다. 대체 무엇이 바다에 표류하는 러버덕과 신발을 이동하게 했을까? 그저 우연인 걸까 아니면 바다에 길이 있는 것일까?

| 해류의 움직임

해류는 바닷속에서 일정한 방향으로 움직이는 물의 흐름이며 바람, 바다의 염분과 온도 변화 그리고 지구 자전 등에 의해 생성된다. 해류는 바다 내에 존재하는 열, 탄소, 영양염, 산소, 플랑크톤 등을 운반하고, 지구 전체의 기후를 조절하는 역할을 한다. 바다 상층에서 나타나는 표층해류와 바다 깊은 곳의 심층해류로 나눌 수 있으며, 이들은 서로 다른 원인에 의해 움직이지만 유기적으로 연결되어 있다. 이런 해류들은 표층순환과 심층순환이라는 큰 흐름을 만들어내는데, 각각 풍성순환과 열염순환이라고도 불린다. 앞서 소개한 러버덕과 신발은 이 중 표층해류를 따라 전 세계 바다를 이동한 것이다.

해양 순환에 대해 이해하려면 태양 복사에너지를 먼저 알아야 한다. 지구는 전체적으로 복사평형(자세한 설명은 136쪽 '지구가 둥글어서 생기는 일'을 살펴보자)을 이루고 있지만, 지구 표면에 입사되는 태양 복사에너지의 양은 위도에 따라 다르다. 지구는 둥근 구형

인데, 태양복사선의 입사각은 지구의 곡률로 인해 위도에 따라 달라지기 때문이다. 그 결과 저위도에서 태양 복사에너지의 흡수량은 지구 복사에너지 방출량보다 많고, 반대로 고위도에서는 태양 복사에너지의 흡수량보다 지구 복사에너지 방출량이 많다. 이러한 태양 열에너지의 불균등은 전 지구적 온도 분포에 영향을 미친다. 위도에 따른 기온 차이로 발생하는 대기대순환과 지구 자전 때문에 저위도에서는 무역풍, 중위도에서는 편서풍이 존재하게 된다.

　　표층해류는 풍성순환이라고도 부르는데 이름에서 알 수 있듯이 바람과 매우 밀접하다. 이는 저위도의 무역풍과 중위도의 편서풍에 의해 생성된다고 알려져 있다. 지속적인 바람, 해수면 사이의 마찰 그리고 코리올리^{Coriolis}효과(지표면에서 운동하는 물체가 코리올리

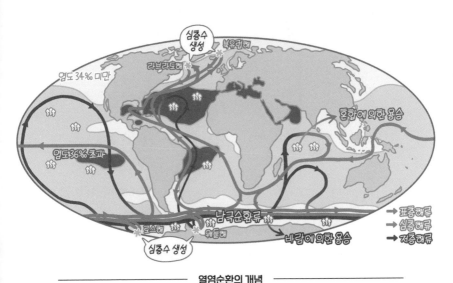

열염순환의 개념

힘에 의해 북반구에서는 오른쪽으로, 남반구에서는 왼쪽으로 향하는 현상) 때문에 해수가 이동하며 발생하는 해류라고 볼 수 있다.

　무역풍과 편서풍은 북반구에서 시계 방향, 남반구에서 반시계 방향의 순환을 만든다. 이러한 표층순환은 위도에 따라 아열대 순환, 아한대 순환이라 부르기도 한다. 그리고 시계 방향 또는 반시계 방향의 거대한 표층순환을 우리는 환류^{gyre}라고 한다. 유명한 환류로는 북태평양 환류, 북대서양 환류, 남태평양 환류, 남대서양 환류, 인도양 환류가 있다. 바람은 표층순환의 주요 원동력이지만, 실제 복잡한 순환의 패턴과 방향에 대해서는 추가적인 물리 과정을 이해할 필요가 있다. 따라서 에크만 수송과 지형류에 대해서도 알면 표층순환을 한층 더 깊게 파악할 수 있을 것이다.

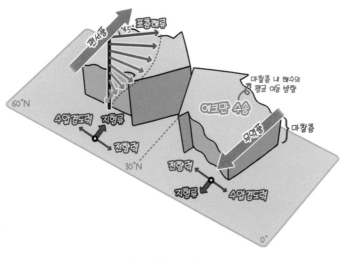

───── 에크만 나선과 에크만 수송 ─────

표층해류와 달리 심층해류는 주로 바닷물의 밀도 차이에 의해 움직인다. 그래서 심층해류의 순환을 열염순환이라고 부르기도 한다. 바닷물은 고위도로 갈수록 차가워지며, 얼음이 어는 과정에서 국소적으로 밀도가 높은 물이 형성된다. 앞 장에 언급했듯이 얼음이 형성될 때 소금은 빠지고 물만 얼기 때문이다. 이렇게 차고 짠 물은 밀도가 높아서 아래로 가라앉고 그 자리를 상대적으로 밀도가 낮은 물이 차지하면서 열염순환이라는 수직 운동이 생성된다.

밀도 차이 때문에 심층으로 가라앉은 해수는 해저지형을 따라 거대한 심층해류를 만드는데, 이 순환에는 컨베이어 벨트라는 별명이 있다. 표층순환이 러버덕 같은 부유물로 쉽게 식별되는 반면, 심층순환은 아주 깊은 곳에서 초당 수 센티미터씩 천천히 움직이기에 밝혀내기가 쉽지 않다. 과학자들은 심층수에 녹아 있는 방사성 동위원소 탄소14(^{14}C)의 분포를 통해 전체 한 바퀴 순환을 마치는 데 자그마치 1000년 정도 되는 긴 시간이 소요된다는 것을 밝혔다.

해류를 연구하는 법

기후변화에 관한 정부 간 협의체 IPCC Intergovernmental Panel on Climate Change에서 2023년 발간한 제6차 평가보고서(AR6)에 따르면, 1970년대 이후 지구 해양 상층부(0~700미터)가 온난해진 것은 거의 확실하고 인간의 영향이 주된 요인일 가능성이 매우 높다고 한다. 온난화의 증거는 상당히 많이 누적되었으며, 이는 부정할 수 없는 현상이다.

온난화는 빙하의 해빙과 해수면 상승에만 영향을 주는 것이 아니다. 이미 해양은 온난화로 인한 수온 상승과 고위도에서 나타나는 담수화 때문에 상층 200미터까지의 성층이 상당히 강화되었다. 이러한 변화에 의해 열염순환이 느려질 수 있다는 연구들이 나온다. 또한 지구온난화로 변화된 바람장 때문에 많은 표층해류가 달라질 것이라고 추측한다.

이미 1993년 이후로 아열대 환류는 과거에 비해 고위도로 이동했으며, 멕시코만류나 인도네시아 통과류는 강도가 약해질 것이라는 전망이 나온다. 이러한 변화가 지구 기후 체계에 어떠한 영향을 줄지는 수치모델numerical model을 통해 예측할 수 있다. 그러나 열염순환이 계속 더 늦춰지거나 완전히 멈추게 된다면 또는 풍성순환에 변화가 생긴다면 우리에게 어떤 결과를 가져올지는 아무도 알 수 없다.

과학자들은 해류를 이해하고 예측하기 위해 다양한 방법을 사용한다. 그중 하나가 바로 '글로벌 드리프터 프로그램Global Drifter Program'이다. 이 프로그램은 전 세계의 바다에 드리프터라 부르는 표류 장비를 투하하고, 그 움직임을 추적함으로써 표층해류의 속도와 방향을 기록한다. 러버덕이나 신발 같은 표류물을 보다 과학적인 장비로 정밀하게 운용하는 것이라고 이해하면 된다. 각 드리프터는 위성을 통해 실시간으로 데이터를 전송하며, 과학자들은 이를 활용해 해류의 패턴과 동향을 파악한다.

또 심층해류의 흐름을 탐사하기 위해 ARGO^{Array for Real-time Geo-} strophic Oceanography라는 장비를 사용하기도 한다. 이 장비는 파킹수심 parking depth(ARGO가 침강하는 수심이며, 2000미터까지 달하기도 한다)에서 심층해류를 따라 이동하고 스스로 비중을 조절하여 일정한 주기에 따라 표층과 수심 약 2000미터를 오르락내리락하며 수온과 염분의 수직 분포를 기록한다.

또 다른 방법은 수치모델을 사용하는 것이다. 이는 컴퓨터를 이용해 해양의 물리적 특성과 해류의 동작을 수학적으로 모델링한다. 이 모델은 해류의 움직임을 시뮬레이션하고 예측하는 데 도움이 되며, 이를 통해 과학자들은 기후변화의 영향을 포함한 여러 요인이 해류에 미치는 영향을 연구할 수 있다. 최근에는 위성 기술이 해류 연구에 큰 도움을 준다. 위성은 해양의 표면 온도, 염분, 높이 등을 측정해 전 세계적인 해류의 패턴을 파악하는 데 중요한 역할을 한다. 이러한 측정은 과학자들이 해류의 변화를 실시간으로 추적하고, 그러한 변화가 해양생태계와 전 세계 기후에 어떻게 작용하는지 이해하는 데 필요하다.

해류는 단순한 바다의 흐름이 아니라 지구의 기후, 해양생태계 심지어 인간의 생활에까지 영향을 미친다. 과학자들은 해류의 움직임을 알아가고 예측함으로써, 우리가 직면할 환경에 대한 깊은 이해를 바탕으로 보다 지속 가능하며 책임 있는 선택을 하도록 돕는다.

우리가 마시는 해양심층수는 진짜일까?

마트나 온라인 쇼핑몰에서 '해양심층수'라는 라벨이 붙은 생수를 자주 볼 수 있다. 광고에서는 이 물이 깊은 바다에서 나와 천연 미네랄이 풍부하고 건강에 이롭다고 이야기한다. 특히 '해양심층수'라는 이름으로 홍보되는 제품은 표층수와 달리 오염원이 적어서 청정하고, 일정한 온도와 성분을 유지해 더욱 건강한 물로 알려져 있다. 이러한 제품들은 단순한 생수가 아닌, 바다 깊숙이 숨은 자연의 보물로 소개되며 소비자의 관심을 끈다. 급격한 기후변화로 인해 환경에 주의를 기울이고 코로나19 팬

항목	일본 고치현		미국 하와이		한국 동해안	
	심층수	표층수	심층수	표층수	심층수	표층수
수온(℃)	8.1~9.8	16.1~24.9	8.2~10.7	24.3~28.0	1.52~1.9	14.5~23.10
수소 이온 농도	7.8~7.9	8.1~8.3	7.45~7.64	8.05~8.35	7.19~7.90	8.16~8.20
염분(‰)	34.3~34.4	33.7~34.8	34.37~34.29	34.33~35.05	33.72~33.94	32.5~33.0
용존산소 (mg/L)	4.1~4.8	6.4~9.5	1.24~1.45	6.87~7.28	9.13~9.47	7.79~8.9
질산염(μM)	12.1~26.0	1.1~26.0	39.03~40.86	0.24~0.42	3.6~13.3	0.1~1.4
인산염(μM)	1.1~2.0	0.0~0.5	2.89~3.15	0.15~0.19	1.7~4.3	ND~0.7
규산염(μM)	33.9~56.8	1.6~10.1	74.56~79.20	2.64~3.58	72.1~108.0	15.3~28.9
취수 수심	320m		600m		600m	

─────── **국가별 해양심층수의 물리·화학적 특성** ───────

데믹 이후 건강에 대한 관심이 늘면서, 해양심층수가 포함된 프리미엄 생수 시장은 2027년에 246억 달러 규모로 확대될 것이라는 전망이 있다.

그러나 우리가 일상에서 접하는 해양심층수 생수와 과학적으로 연구되는 해양심층수가 동일한 것일까? 흔히 일상에서 말하는 '해양심층수'란 수심(물 높이를 측량할 때 기준이 되는 높이인 기본수준면으로부터) 200미터 이하의 바다에 존재하며, 수온 섭씨 3도 이하 등 〈해양심층수의 개발 및 관리에 관한 법률 제2조〉의 수질 기준을 유지하는 청정한 해양 수자원을 의미한다. 우리나라는 동해 고유의 해양심층수 생성 메커니즘으로 인해 위에서 언급한 기준의 해양심층수가 존재하는데 현재 전 세계적으로 미국, 일본, 대만, 한국 등 일부 국가만이 해양심층수를 취수하고 이를 상업 및 연구 목적으로 활용한다.

우리나라의 해양심층수는 다른 나라의 것에 비해 수온이 낮고 용존산소량이 높은 수준이어서 경쟁력이 높다고 알려져 있다. 동해안 대부분 지역의 물이 취수가 가능하다고 하지만 지형이나 경제성을 고려하여 총 9곳만이 해양심층수 취수 해역으로 지정되었다. 현재 우리나라에서는 먹는 해양심층수 산업이 전체 규모의 절반 이상을 차지하고 화장품이나 해양심층수를 활용한 온도 차 발전 기술, 농수산 분야 등에 이용 가능한 기술을 개발하고 있다.

이 중 해양심층수를 활용한 온도 차 발전을 조금 덧붙여 설명하자면, 이는 신재생에너지원으로 주목받는 해양에너지 개발의 일환이다. 심층수의 차가운 열(섭씨 2도 이하)과 표층수의 따뜻한 열(섭씨 20도 이상)을 이용해 바다와 가까운 해안 도시를 중심으로 지역의 냉방이나 난방에 활용하는 기술이다. 저온의 심층수로 응축된 작은 유체인 암모니아 등을 표층수로 기화시키면서 발생하는 유체 흐름으로 터빈을 돌리는 것인데, 우리나라 동해 해수도 낮은 수온을 가진 심층수가 존재하여 표층수와의 온도 차 에너지를 이용해 냉난방 시스템 개발을 할 수 있는 여지가 있다.

그렇지만 일상에서 접하는 해양심층수가 해양학에서 언급하는 해양심층수와 동일한 것인지는 생각해보아야 한다. 상업 판매하는 해양심층수는 채취 과정과 처리 방식에 따라 성분이 다를 수 있으며, 과학자들이 연구하는 심층수와는 다른 목적과 기준으로 생산되기 때문이다. 일상에서 접하는 해양심층수 제품이 과학적 연구의 심층수와는 다소 차이가 있기도 하다는 것을 이해하고 소비한다면, 우리는 해양심층수를 보다 현명하게 활용할 수 있다.

| 작은 대양 동해

동해는 종종 작은 대양$^{\text{miniature ocean}}$이라고 불린다. 자체적인 자오면 순환$^{\text{Meridional Overturning Circulation, MOC}}$이 존재하여 대양과 유사한 특성을 보이기 때문이다. 자오면 순환 중 가장 대표적인 것은 대서양에서 나타나는 자오면 순환$^{\text{Atlantic Meridional Overturning Circulation, AMOC}}$으로, 이 순환을 통해서 저위도 상층에 있는 고온 고염수는 고위도로 수송되고 고위도에서 생성된 저온 고염 심층 해수는 저위도로 수송되며, 남북 및 연직(수직) 방향의 순환을 통해 열, 염, 물질 등이 분배된다. 이 순환은 지구의 기후 시스템 조절에 중요한 역할을 한다고 알려져 있다.

동해의 해저지형을 살펴보면 일본 분지$^{\text{Japan Basin, JB}}$, 울릉 분지$^{\text{Ulleung Basin, UB}}$, 야마토 분지$^{\text{Yamato Basin, YB}}$라는 수심이 깊은 3곳의 분지

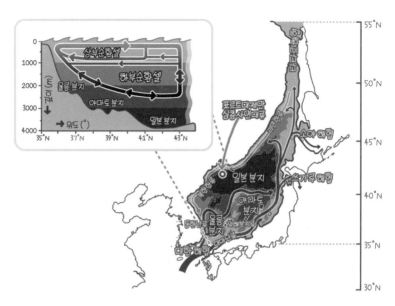

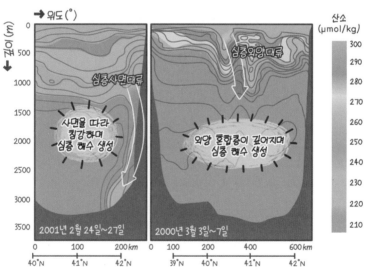

심층사면대류와 심층외양대류의 특징

가 존재하고, 비교적 얕고 폭이 좁은 4곳의 해협을 통해 외해와 연결되기 때문에 대양과의 해수 교환이 제한적이다. 그래서 심층 해수가 외부에서 유입 또는 유출되기보다는 동해 내부에서 생성되어 순환하는 구조를 보이는데, 이런 이유로 동해는 다른 대양의 심층 해수에 비해 수온이 낮고, 용존산소가 높은 특징이 있다.

동해의 심층 해수는 심층사면대류deep slope convection와 심층외양대류open ocean deep convection를 통해 생성된다고 알려져 있다. 심층사면대류는 동해 북서부 대륙붕 해역(표트르대제만Peter the Great Bay)의 표층 해수가 겨울철 대기 냉각을 통해 수온이 낮아지고 해빙이 형성되어 염분이 방출되면서 밀도가 증가하여 심층 해수가 생성되는 것이다. 이는 대륙붕과 대륙사면을 따라 수심 2000미터 이상 침강하면서 일본 분지를 채운다고 알려져 있다.

심층외양대류는 동해 북부 일본 분지 내에서 겨울철 강한 바람과 함께 혼합층이 깊게 발달하면서 생성된다. 이 두 과정을 통해 생성된 심층 해수는 수평적으로는 동해 전체를 반시계 방향으로 회전하면서 순환한다. 그렇다면 과학자들은 동해의 심층 해수 중 어떤 특성을 갖는 해수를 '동해 심층수'라고 부를까?

동해 심층 해수의 물리적 특성과 그 구분은 1930년대까지 거슬러 간다. 1932년 일본 학자들은 동해 전역에 대한 관측으로부터 수심 수백 미터 아래에 분포하는 잠재수온potential temperature 섭씨 0~1도, 염분이 34.0~34.1 범위를 갖는 매우 균질한 해수를 일본해고유수

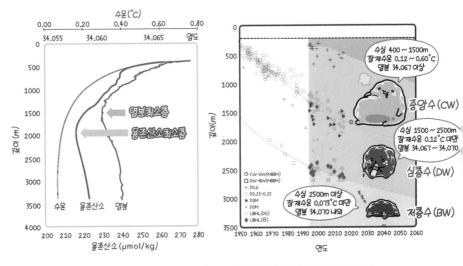

—— 동해 수온, 염분, 용존산소의 수직 구조와 동해 심층 해수의 시간에 따른 분포 ——

Japan Sea Proper Water 로 명명했다. 그리고 이 일본해고유수는 수온, 용존 산소의 농도, 성층과 같은 여러 기준을 바탕으로 연구자에 따라 심 층수deep water, 상부 저층수upper bottom water, 하부 저층수lower bottom water, 상부 고유수upper portion of the proper water, 저층수bottom water 등으로 구분되 어 불렸다.

그 뒤 해양관측 장비의 발달과 용존산소 농도를 정확하게 측 정하는 방법이 도입됨에 따라, 1990년대부터 동해 심층 해수의 물 리적 특성이 구체적으로 밝혀졌다. 이에 따라 일본해고유수라고 불리던 심층 해수는 중앙수central water, 심층수, 저층수 세 가지로 세 분화되었다. 특히 1993년부터 1999년까지 동해 전역에서 수행된 CREAMS Circulation Research of the East Asian Marginal Seas 관측 프로그램이 동해 심층 해수의 정밀한 특성과 세밀한 구조를 최초로 발견하는 데 큰 기여를 했다.

과학자들은 수심에 따른 염분과 용존산소의 구조를 관측으로 살펴보고 대양에서 볼 법한 연직 변화가 있음을 알게 되었다. 예를 들면 수심이 깊어질수록 염분이 감소하다가 특정 수심(약 1500미터 부근)에서 염분이 최솟값을 보인 후 다시 증가하는 염분최소층deep salinity minimum, DSM이 관측된다거나 용존산소가 최소가 되는 용존산소최소층deep oxygen minimum, DOM 그리고 수심이 깊어지면서 일정 수심 (2500미터)이 되면 그 아래로는 수온과 염분, 용존산소 농도가 매우 일정한 층이 존재하는 특징 등이다.

그리고 과학자는 이 분기점들을 기준으로 해수를 구분한다. 수심 400~1500미터에서 잠재수온 섭씨 0.12~0.60도 범위와 염분 34.067 이상을 갖는 해수는 중앙수, 수심 1500~2500미터 범위에서 잠재수온 섭씨 0.12도 미만과 염분 34.067~34.070 범위를 갖는 해수는 심층수 그리고 수심 2500미터 아래부터 해저면까지 분포하며 잠재수온 섭씨 0.073도 미만과 염분 34.070 내외 특성을 갖는 해수를 저층수라고 정의했다. 그러니까 우리가 흔히 해양심층수라고 부르는 해수와 과학자들이 심층수라고 부르는 해수가 같은 바닷물을 지칭하는 것은 아니다.

그렇다면 동해의 심층 해수(중앙수, 심층수, 저층수)는 항상 똑같이 유지되는 것일까? 과학자들은 관측과 이동 경계 상자 모델moving boundary box mode, MBBM(심층수가 하강하는 깊이의 변화를 1차원 상자 모델로 제시하는 것. 4개의 층으로 이루어진 상자가 있고 여기 경계 수심이 움직인다는 개념을 적용했다. 즉 해양의 심층 해수 경계가 변화하는, '이동 경계' 모형)과 같은 방법을 통해 시간이 지나도 동해의 심층수가 그대로 유지될 것인지 또는 이 수괴water mass(바닷물을 온도와 염분, 빛깔 등의 특성에 따라 나눌 때 거의 균일한 성질을 가진 해수 덩어리)들이 없어질 것인지를 전망했다. 1990년대에는 동해에서 저층수 생성이 지속적으로 약화되면 수심 3000미터, 깊은 곳에서의 용존산소 농도가 계속해서 감소해 동해 심층은 300년 이내에 무산소 환경이 될 것이라고 보기도 했다.

그러나 이어서 2003년과 2004년에 새로이 전망하기로는, 1980년과 1990년대 사이에 동해 심층 해수의 주요 생성 방식이 심층사면대류에서 심층외양대류로 변화하면서 저층수가 덜 만들어지는 만큼 중앙수가 더 많이 생기기 때문에, 심층으로의 산소 공급은 멈추지는 않는다고 예상했다. 다만 2040년경에는 저층수가 완전히 사라지지만 중앙수와 심층수로 동해 심층이 대체될 것이라고 보았다.

하지만 2018년 연구에서는 동해 심층 해수가 2000년 및 2001년 겨울 심층사면대류를 통한 저층수 생성이 재활성되면서 다시 변화를 겪는다고 언급하기도 했다. 저층수 생성이 다시 활성화하면서 이전에 추정한 저층수의 용존산소 감소율이 둔화된 것이다(용존산소가 높다는 것은 상층에서 산소의 공급이 활발하거나 해양-대기 표층에서 산소 공급을 받은 지 얼마 안 된 수괴라는 것을 의미한다. 그래서 용존산소가 높다는 의미는 심층수 생성이 활발하거나 혹은 감소되지 않는다는 것을 나타낸다). 이 연구로 인해 동해 심층이 300년 이내에 무산소 환경이 될 것이라든가 저층수는 소멸하지만 중앙수나 심층수로 대체될 것이라는 전망이 유효하지 않게 되었다. 그리고 2060년까지도 다른 대양에 비해 동해의 용존산소가 높은 농도를 유지할 것으로 예측되었다. 이러한 결과를 통해 우리는 동해 심층수의 미래를 조금 더  이해할 수 있게 되었다. 이 글을 읽은 여러분도 해양심층수를 생각할 때, 동해 심층수의 특별함을 함께 기억해주길 바란다.

바닷속은
고요하지 않다

2021년 4월, 인도네시아 해군 잠수함 낭갈라Nanggala함이 53명의 승조원을 태우고 해상 훈련을 하던 중 발리 인근 해역에서 실종되었다. 인도네시아 당국의 수색 작업에도 진척이 없다가 며칠 후 해저에서 세 동강이 난 잠수함의 잔해가 발견되었고, 이어서 승조원 전원 사망과 잠수함의 해저 침몰 소식이 전해졌다. 사고 당시 낭갈라함이 상당히 노후했기 때문에 많은 이가 배의 자체 결함이나 인재 등이 원인일 것이라고 주장했다. 그리고 이 비극적인 사고의 다른 원인으로 바다 내부에 존재하는 내부파internal wave가 언급되었다. 과거에도 내부파 때문에 일어난 선박 침몰 사고가 여러 차례 보고된 바 있기 때문이다. 1960년대 미국 핵 잠수함USS Thresher, SSN-593의 침몰 역시 내부파로 인한 사례로 보기 도 한다. 이토록 커다란 배를 가라앉힐 수 있는 내부파는 과연 무 엇일까?

　내부파는 단어 그대로 해양 내부에 존재하는 파동이다. 바 닷속에 존재하기 때문에 머리로는 쉽게 그려지지 않겠지만, 우 리가 흔히 보는 파도가 바다 안에도 존재한다고 생각하면 된다. 바 다 표면 아래에 눈에는 보이지 않는, 마천루보다 큰 파동이 존재하 면서 해양을 포함한 지구 시스템에 많은 역할을 하는 것이다.

내부파의 개념

노르웨이의 탐험가 프리드쇼프 난센Fridtjof Nansen은 1893년 바다를 항해할 때 어떤 신비한 힘에 의해 배의 속도가 느려지고 제대로 조종이 되지 않는 이상한 경험을 했다. 그는 자신의 배가 마치 보이지 않는 손에 붙잡힌 듯 움직이지 않는 사수현상dead-water phenomenon을 겪었는데, 이 현상은 후에 스웨덴 해양학자 반 에크만 Vagn Walfrid Ekman이 처음으로 연구를 하게 된다. 그는 바닷물 위에 상대적으로 염분이 낮은 담수층이 존재하면, 그 밀도 경계 면에서 배의 프로펠러로 인해 발생하는 내부파가 배를 전진시키기 어렵게 만든다고 해석했다.

풍랑이나 너울과 같은 표면파가 해양과 대기처럼 밀도 차이가 크게 나는 경계 면에서 발생하는 것과는 다르게, 내부파는 바다 깊은 곳에서 눈에 보이지 않게 일어나는 움직임이다. 해양 내부에 밀도가 서로 다른 성층 경계 면에서 밀도 차에 의해 생기는 파동으로, 이들은 생성되면 다른 해역으로 전파하고 부서지며 해양 혼합을 만들기도 한다. 이는 해양에서 열과 영양분 분배를 돕는 중요한 수단으로 작용하며 해양생태계와 기후에 중요한 영향을 미친다.

│ 해양 어디에나 존재하는 내부파

내부파는 성층 해양에서 해저를 따라 흐르거나 해양 내부에서 움직이는 해류나 조석 또는 바람 등을 통해 생긴다. 생성된 내부파는 수평적으로 0.1~100킬로미터의 규모, 수직적으로는 수 미터에 달한다고 알려져 있다. 내부파는 주기에 따라 구분이 되기도 하는데, 성층 해양에서 일주기 조석(약 24시간)이나 반일주기 조석(약 12시간)에 의해 생성되어 조석 주기를 갖는 내부파는 내부조석internal tide이라고 부른다. 그리고 바람 등에 의해 생겨서 관성 주기를 갖는 내부파는 관성주기내부파inertial internal wave 또는 준관성주기내부파near-inertial internal wave라고도 한다.

이 관성 주기(T=2π/sinθ)는 위도(θ)에 따라 달라지는데 적도에 가까운 저위도일수록 주기가 길고, 극지방에 가까워지는 고위도일수록 주기가 짧아지며 위도 30도에서 24시간의 주기(2π/sin30°)를 갖는다. 이 때문에 위도에 따라서 어떤 관성주기내부파는 반일주기나 일주기 조석과 주기가 같아지기도 한다. 내부파의 주기는 부력 주파수와 코리올리 주파수 범위 내에 분포하기 때문에, 그 주기가 수 일에서 수 분에 이르기까지 다양하다.

해양에서 많이 관측되는 내부파는 생성, 전파, 소멸 등 특성이 중규모 소용돌이 등과 같은 중규모mesoscale 해양 과정(수십 킬로미터에서 수백 킬로미터의 공간 규모를 갖는 해양 현상)의 영향을 받는다. 그리고 이들이 혼합을 일으켜 해양 내부의 변화를 만들어 중규모 해양 과정에 다시 영향을 주기도 한다. 전 지구 기후와 관련이 있는 해양 컨베이어 벨트와 같은 자오면 순환을 유지하기 위해서는 약

2테라와트의 에너지가 필요하다고 알려져 있는데, 이 에너지는 각각 준관성주기내부파와 내부조석을 통해 해양에 공급된다.

이들은 해양 어디에나 있지만 어떤 곳은 다른 곳보다 강한 내부파가 다양한 형태로 존재하기도 한다. 몇 가지 예를 들면 북서태평양과 그 주변 해에 위치한 루손 해협Luzon strait, 술루해Sulu sea, 인도네시아 롬복 해협Lombok strait, 하와이제도 등이다. 복잡한 지형, 해양 성층, 중규모 소용돌이나 쿠로시오해류와 같은 여러 요인에 의해 내부파의 변동성이 활발하게 나타난다고 알려진 곳들이다. 우리나라 주변에서는 지형 변화가 급격히 나타나거나 조석이 강한 대한해협, 이어도 주변에서 내부파의 관측과 연구가 활발히 이루어지고 있다.

동해는 상대적으로 작은 분지이지만 아북극에서 아열대까지 아우르며 심층수 생성, 전선, 소용돌이 등과 같은 대양에서 볼 수 있는 많은 특성이 나타나기 때문에 종종 '작은 대양'으로 묘사된다. 따라서 동해를 연구하면 대양에서의 해양 현상을 좀 더 잘 이해할 수 있을 것이라고 여겨진다. 따라서 앞서 이야기했듯 과거부터 CREAMS 등을 포함한 다양한 대규모 관측이 수행되어왔다. 1999~2000년 동해에서 수행된 한미 공동 해상 실험Japan/East Sea program, JES 이후로 2021~2022년에는 동해의 내부파와 이와 관련된 혼합 현상을 이해하기 위한 한미 산학연 공동(서울대학교, 지오시스템리서치, 한국해양과학기술원, 미 해군 연구소) 대규모 해상 실험Mixing

───────────── **내부파 유무로 인해 산호초가 받는 영향** ─────────────

processes in the Southwestern Japan/East Sea, MJES이 수행되기도 했다.

그렇다면 왜 바닷속에 존재하는 내부파를 이해하고 연구해야 하는지 궁금할 수 있겠다. 태풍이나 지진해일처럼 큰 피해를 주지 않을 거라고 생각할 수도 있고, 이안류처럼 마주칠지 모를 현상이 아니라고 여길지도 모른다. 그렇지만 내부파는 미래 기후변화를 예상하는 데 중요한 역할을 한다. 많은 과학자는 기후변화를 예측하기 위해 수치모델링을 이용해 해수면 높이, 해면 온도 변화 등을 모의한다. 이는 해양이나 대기의 상태, 운동을 설명하는 방정식을 풀어서 해양과 대기의 변화를 수치해석적 방법으로 계산하는 것인데, 내부파로 인해 발생하는 혼합internal-wave-driven mixing을 잘 구현할수록 수치모델링의 불확실성을 크게 줄일 수 있다고 알려져 있다.

2014년 《MIT 뉴스》에서 토머스 피콕Thomas Peacock 교수는 내부파를 기후모델링에서 '중요한 누락된 퍼즐missing piece of the puzzle'로 표현하며, 전 지구 기후모델들은 내부파를 고려해야 한다고 언급한 바 있다. 내부파는 해양 내부의 상층과 하층 간 열교환, 혼합뿐 아니라 단기간 내 해양 혼합층이나 수온약층의 깊이를 변화시켜서 해양생태계에도 영향을 준다. 내부파로 인한 혼합으로 산호초의 백화(바다 사막화)가 달라질 수 있고, 영양염의 공급이 달라질 수도 있다.

또한 이들은 수중 음향 같은 수중 정보 통신 기술 등에도 큰 역할을 해 국방과학 측면에서도 중요하기 때문에 미국 해군연구청Office of Naval Research, ONR에서는 내부파 관련 연구를 지속적으로 수행하고 있다. 따라서 해양 혼합 과정, 생지화학적 물질 순환 변동을 이해하고 나아가 미래 기후변화의 정밀한 예측을 위해서라도 내부파를 지속적으로 주목해야 한다.

바다에 도사린 위험

가쓰시카 호쿠사이葛飾北斎의 명작, 〈가나가와 해변의 높은 파도 아래〉를 본 적이 있는가? 흔히 '일본의 파도 그림'이라고 하면 많은 이가 떠올리는 것 중 하나다. 거대한 파도가 배들을 집어삼킬 듯한 장면을 생생하게 묘사하며, 2024년 발행된 일본 화폐 신권에도 들어갔다. 이 인상적인 그림은 자연에 대한 경외감을 불러일으키지만, 동시에 아주 높은 파도는 쓰나미를 연상시키기도 한다.

지진해일은 쓰나미Tsunami, 津波라고도 불리는데, 일본어인 단어의

뜻을 풀어보면 '항구의 파도'를 의미한다. 그러나 일반적으로 쓰나미는 항구의 파도가 아닌 해저지진이나 화산 폭발, 해저 산사태 같은 지질학적 사건을 동반하는 해일을 일컫는 국제 용어로 쓰인다. 쓰나미는 전 세계적으로 엄청난 피해를 초래하며 많은 생명과 재산을 위협해왔다.

2011년 3월 11일 오후, 일본 동북부 해역에서 강력한 대지진이 발생해 해안을 강타했다. 강도는 규모 9.0으로, 인류 역사상 가장 강력한 지진 중 하나로 남게 되었다. 20세기 이후 발생한 세계 지진 가운데 규모 9.5로 1위를 기록한 1960년 칠레대지진에 이은 강력한 지진인 것이다. 이 동일본대지진 이후 거대한 물결인 지진해일이 일본 해안을 덮쳤는데, 이는 수십 미터 높이의 파도로 변해 순식간에 인근 마을을 휩쓸며 1만 6000명에 육박하는 생명을 앗아갔다. 동일본대지진은 지진, 쓰나미, 원전 사고 등 연쇄 재난으로 이어졌고 50만 명에 가까운 피난민을 만들었다. 추정된 피해 금액만 약 16조 9000억 엔으로 아직까지 이 재난의 상처는 남아 있다.

그리고 2024년 새해 첫날, 일본에서 규모 7.6의 강진이 발생했다. 2011년 이후 첫 대형 지진해일 경보로, 다시 한번 사람들에게 동일본대지진의 공포를 상기시켰다.

우리나라는
안전할까?

우리는 지진해일로부터 안전하다고 생각할 수 있다. 그러나 우리나라는 삼면이 바다로 둘러싸였고 지진이 자주 발생하는 일본에 인접해 지진해일로 인한 피해가 일어날 수 있다. 실제로 1983년과 1993년 일본 북서 해역에서 발생한 지진해일 때문에 우리나라 동해안에 피해가 발생한 사례가 있고 2024년 1월 1일 일본에서 일어난 지질해일이 동해안 지역에서 관측되기도 했다.

더 먼 과거를 되짚어보면《조선왕조실록》에 1741년 8월 29일(영조 17년 7월 19일), 강원도 등 동해안에서 해일 피해가 발생했다는 기록이 있다. 이 당시 해일은 일본 홋카이도에서 발생한 쓰나미가 원인으로 추정되는데, 과학자들은 서로 다른 네 가지의 격자형 수심 자료(지구 표면의 특정 지역을 일정한 간격으로 나누어 각 격자에 해당 지역의 수심 정보를 저장한 자료)를 이용해《조선왕조실록》에 기록된 해일을 재현하기도 했다.

이러한 높은 해일이 연안에 도달하면 방파제를 파괴하거나 구조물을 침식시키고, 흘수가 낮은 어선에 피해를 줄 수 있다. 또한 범람으로 연안에 있는 집이나 자동차를 침수시키는 등 막대한 재산과 인명 피해를 불러일으키기도 한다. 피해를 예방하기 위해서는 지진해일의 특성을 이해하고 방재 시설이나 위험 감지 시스템

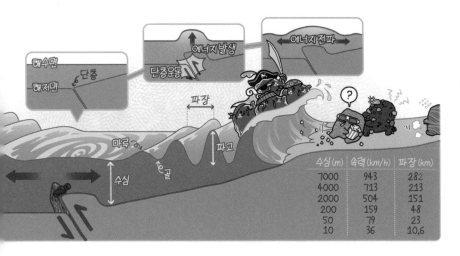

쓰나미의 생성

을 구축할 필요가 있다.

그렇다면 지질해일은 과연 무엇일까? 지진해일은 지진, 해저 화산 폭발 등 해저면의 활동으로 해수면의 높이가 급격히 변화하여 발생한 파장이 매우 긴 파로 전파되는 현상이다. 지진에 의해 해저 지각이 융기하거나 침강하면서 해수면이 요동치며 지진해일이 발생한다. 진원의 깊이가 얕고 규모가 큰 지진일수록 지진해일이 생길 가능성이 높다. 일반적으로 지진의 규모가 6.3 이상이고, 진원 깊이가 80킬로미터 이하로 얕아서, 지진을 동반하는 단층의 수직 운동에 따른 해수면의 요동이 나타나기 쉬울 때 지진해일이 발생한다.

지진해일의 속도는 수심과 관련이 있는데, 수심이 깊을수록 빠

구역	평균 최소 도달 시각
강원 북부	94분
강원 중부	99분
강원 남부	101분
경북 북부	108분
경북 남부	116분
울산	134분

—— **일본 서쪽 해역에서 규모 8.0 지진을 가정했을 때 평균 지진해일 도달 시각** ——

르고 얕은 곳에서는 느리다. 파장이 수심에 비해 충분히 긴 곳에서의 이동속도는 대체로 $\sqrt{gh}$(g: 중력가속도, h: 수심)로 나타나는데, 예를 들어 지진해일이 수심 1000미터에서 발생하면 시속 350킬로미터, 수심 2000미터에서 발생하면 시속 500킬로미터, 수심 5000미터에서 발생하면 시속 800킬로미터다. 보통 KTX가 시속 300킬로미터, 비행기가 시속 900킬로미터로 이동하기 때문에, 이와 비교하면 수심이 깊은 곳에서 지진해일의 속도가 얼마나 빠른지 감이 올 것이다.

일본 서쪽 해역에서 규모 8.0 지진을 가정하고 지진해일 수치모의를 한 연구에 따르면, 울릉도를 포함한 우리나라 동해안까지 지진해일이 도달하는 시간은 빠르면 90분, 늦어도 2시간 정도다. 이는 서울에서 KTX를 타고 부산에 가는 것보다 짧은 이동 시간이

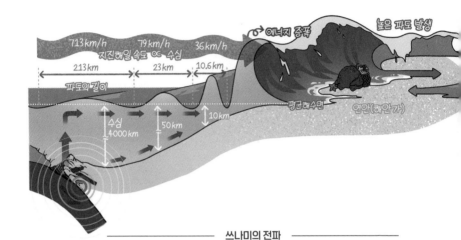

713km/h 79km/h 36km/h 에너지 증폭 높은 파도 발생
지진해일 속도 ∝ 수심
213km 23km 10.6km
파도의 길이
수심 50km 10km
4000km
평균해수면 연안(해안가)
쓰나미의 전파

다. 대양에서 지진해일 속도는 시속 500~1000킬로미터로, 일반적으로 지진해일은 해안으로 밀려올 때보다 바다로 다시 쓸려 나갈 때 속도가 더 빠르다. 지진해일의 이동속도는 생각보다 빠르기 때문에 잘 대비하려면, 발생할 곳을 예상하고 포착해 예보하는 것이 매우 중요하다.

피해를 줄이는
경보 시스템

그렇지만 해저 지진이 항상 지진해일을 일으키는 것은 아니기 때문에 지진 관측만으로는 지진해일을 정확히 예측하기에 충분

하지 않다. 앞에서도 이야기했지만 지진해일이 발생하면 빠르게는 수 분, 늦어도 몇 시간 이내에 발생지에서부터 다른 곳으로 이동할 수 있기 때문에 피해를 줄이기 위해서는 정확한 경보 시스템을 구축하는 것이 중요하다. 그래서 검조기로 해수면의 변화를 측정하는 조위 관측소가 경보 시스템에 1차적으로 포함되어 있다.

　우리나라 국립해양조사원은 목포, 부산, 인천 등 50개소에 조위 관측소를 운영 중이다. 조위 관측소는 해수면의 변화를 감지하여 다수의 해수면 기록에 파괴적인 파도가 관측되지 않을 경우 지진해일 경보를 해제한다. 지진해일은 연안에 근접하면서 해저지형

DART 시스템

이나 항만의 형태에 따라 변형되는데, 한 위치의 검조기로는 다른 위치에서의 지진해일 영향을 예측하기가 어렵다는 단점이 있다. 그래서 대부분 해안에 위치한 이 조위 관측소들은 국지적인 지진 해일에 대해서는 경고할 수 있지만, 먼 곳에서 발생한 원거리 지진 해일의 성장과 영향에 대해서는 예측이 어렵다.

이런 검조기의 관측 단점을 극복하고자 미국에서는 태평양에 지진 발생 가능성이 높은 단층 근처 심해에 DART^{Deep-ocean Assessment and Reporting of Tsunamis}(지진해일 심해 감지 및 통보) 시스템을 설치해 운영한다. DART는 해저수압센서와 해수면 부이로 구성되어 있는데, 지진해일이 DART가 있는 곳을 통과하면 해수 부피가 증가하는 것에 따른 압력을 감지하여 지진해일을 관측한다. 관측된 정보는 해수면 부이로 전송되고, 다시 위성을 통해 육상으로 전달되어 여러 지진해일 경보 센터로 보내진다. 이 장비는 연안이 아닌 먼바다에 설치해두었기 때문에 지진해일의 접근을 미리 알 수 있고, 과학자들은 수치모델을 포함한 여러 방법을 이용해 지진해일이 지나는 위치와 언제 해안에 도착할지를 예측해 경보를 발표한다.

그렇다면 지진해일이 발생했을 때 어떻게 대응해야 할까? '자연재난행동요령'에 따르면, 해안가에 있을 때 지진을 느꼈거나 지진해일 특보가 발령되었다면 곧 지진해일이 올 수 있으므로 가능한 빠르게 해안에서 멀리 떨어진 곳으로 대피하는 것이 우선이다. 이때 지진해일 긴급 대피 장소나 최대한 높은 곳으로 가는 것을 권장하고, 대피로 안내판이 있다면 그에 따라 이동한다.

만약 시간이 충분하지 않다면 튼튼한 주변 건물의 3층 이상으로 올라가야 한다. 지진해일이 오기 전에 해안의 바닷물이 갑자기 빠져나가거나 기차가 지나가는 것 같은 큰 소리가 날 수 있다. 무조건 신속히 대피하고, 지진해일은 한 번의 파도로 끝나지 않기 때문에 대피 후에는 특보가 해제될 때까지 낮은 지대로 가지 않아야 한다.

바다가
따뜻해지면

우리는 지구온난화와 이상기후 관련 소식을 생각보다 자주 접한다. 지구온난화는 기온 상승과 기후변화를 초래해 전 세계적으로 다양한 재해를 일으키고 있다. 특히 2024년은 상반기부터 이상기후에 관한 뉴스가 많았다. 태국, 필리핀, 인도 등을 포함한 동남아시아에서는 섭씨 40도를 웃도는 더위와 건조한 날씨가 이어지면서 열사병을 비롯한 각종 질환과 산불, 농작물 피해가 속출했다. 기후변화로 인해 폭염의 강도가 세지고 그 기간도 길어지고 있다.

적도 태평양의 엘니뇨가 이상기후 원인 중 하나로 꼽히지만, 전 지구 평균 해수면 온도는 평년(1982~2011년 기준) 대비 높은 온도를 기록하여 태평양에 국한된 문제는 아닌 것으로 보인다. 실제로 2024년 우리나라 해역 해수면 온도는 섭씨 18.6도로 최근 10년 (2015~2024년) 평균(17.3도)보다 1.3도 높았으며, 이 기간 중 가장 높은 것으로 나타났다. 그리고 우리나라의 연평균 기온 역시 섭씨 14.5도로 평년(12.5도)에 비해 2도나 높았다. 이는 1973년 이래로 기온이 최고 기록을 경신한 것이다. 이처럼 우리나라 기온을 높인 주요 요인으로는 우리나라 해역을 비롯한 북서태평양의 해수면 온도의 상승을 꼽기도 한다.

북서태평양은 우리나라에 영향을 미치는 태풍이 생성되는 곳으로 알려져 있다. 이 해역에서 태풍 활동을 살펴보면, 2024년 연간 발생한 태풍은 26개로 평년(25.1개)과 비슷했지만, 가을철 발생한 태풍은 15개로 평년(10.7개)보다 4.3개나 많았다. 우리나라는 지난 30년(1991~2020년) 동안 5월까지 발생한 태풍의 누적 개수가 2.5개였으나, 2024년 5월 26일~31일 태풍 제1호 에위니아와 제2호 말릭시가 발생하기 전까지 5월에 발생한 태풍의 수가 0개여서 태풍 활동에도 이상 징조가 있을 것으로 예측하기도 했다. 그리고 2024년 11월에는 이례적으로 북서태평양에 3개의 태풍(제22호 우사기, 제24호 마니, 제25호 도라지)이 연달아 발생했다. 이 태풍들은 우리나라에 직접 영향을 주지는 않았지만, 태풍에 함유된 다량의 수증기는 직간접적으로 한반도에 유입되어 가을철 강수에 영향을 줄 수 있다.

이상기후는 기상 현상뿐 아니라 우리 생활에도 영향을 준다. 수확량이 급감해 사과 가격이 급등하고(2023년 4월 대비 2024년 4월의 사과 10킬로그램 가격이 249.4퍼센트 증가) 바다에서도 이상 고온 때문에 김 원초 생산이 감소해 김 가격도 급격히 상승했다(마른 김의 2024년 월평균 도매가는 2023년 대비 80퍼센트 증가). 이렇게 이상기후로 인해 물가가 오르는 현상을 '기후'와 물가 상승을 뜻하는 '인플레이션'을 합쳐 기후플레이션climateflation이라 부른다. 기후변화는 이미 우리의 삶과 아주 밀접하다.

| 해양 온난화의 진행

지구온난화는 단순히 해수면 온도의 증가뿐 아니라 해양열용량Ocean Heat Content, OHC에도 영향을 미친다. 해양열용량은 일정한 체적의 해수가 가지는 평균 수온의 변화에 밀접히 비례하여 해양 온난화를 측정하는 중요한 지표다. 최근 2022년 연구에 따르면, 해양 상층 2000미터는 1958년부터 2019년까지 $351 \pm 59.8ZJ$($1ZJ = 10^{21}J$)의 열을 흡수한 것으로 계산되었다. 이 기간 동안 대서양과 남극해에서 온난화가 가장 크게 나타났는데, 관측된 면적당(영역 평균한)

온난화는 각각 1.42 ± 0.09와 $1.40 \pm 0.09 \times 10^9$J m²다. 이런 열 흡수 패턴은 주로 열의 재분포에 의해 지배된다.

육상이나 대기 그리고 상층 해양(표층이나 혼합층)은 표면의 복사 강제력radiative forcing에 수년 내 상대적으로 빨리 반응하는 반면, 해양 깊은 곳은 수 세기에서 수천 년에 걸쳐 조정된다. 표층의 온난화는 이산화탄소의 누적 배출량에 의해 대략적으로 결정되지만, 해양 심층의 온난화는 그렇지 않다. 예를 들어 CO_2 배출이 없는 것을 가정했을 때, 전 세계 표층 수온은 지금과 거의 일정하게 유지된다. 그러나 심층 해양은 대규모 해양 순환의 느린 특성으로 인하

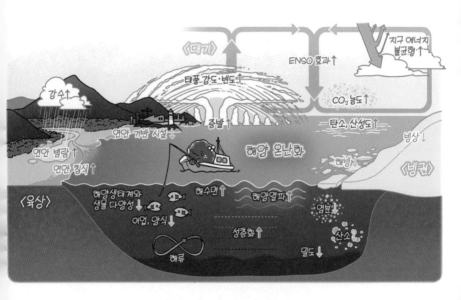

해양의 온도 상승과 관련된 변화

OHC 트렌드 / 깊이	1958 ~2019년 cheng et al., 2022*	1960 ~2018년 GCOS	1971 ~2018년 cheng et al., 2022	1971 ~2018년 IPCC -AR6	1970 ~2017년 IPCC -SROCC	1971 ~2010년 cheng et al., 2022	1971 ~2010년 IPCC -AR5
0 ~ 700m	229.5 ±33.8 (0.23 ±0.03)	191.1 ±10.7 (0.24 ±0.03)	203.9 ±33.3 (0.27 ±0.04)	246.7 ±80.6 (0.32 ±0.10)	208.8 ±38.4 (0.27 ±0.05)	155.4 ±29.7 (0.25 ±0.05)	172.8 ±20.4 (0.27 ±0.03)
700 ~ 2000m	121.9 ±34.3 (0.12 ±0.04)	102.8 ±7.9 (0.13 ±0.02)	103.9 ±27.9 (0.14 ±0.04)	125.8 ±27.8 (0.16 ±0.04)	108.0 ±30.7 (0.14 ±0.04)	74.8 ±22.6 (0.12 ±0.04)	57.2 (0.09)

* cheng et al., 2022, past and future ocean warming

해양 온난화가 전 수층에 걸쳐 나타남을 볼 수 있다
(예시: 1958년부터 2019년까지 해양은 상층 700m까지는 약 230ZJ의 열을 흡수했고
700~2000m까지는 122ZJ의 열을 흡수했다).

──────── **해양열용량의 변화(단위 ZJ, 괄호 안은 W m⁻²)** ────────

여 인위적 강제력anthropogenic forcing에 훨씬 천천히 반응한다. 그래서 이산화탄소의 순 배출량이 0에 도달하더라도, 열은 해양 깊은 곳으로 전달되어 해양의 온도는 계속 증가한다. 즉, 해양열용량과 해수면 상승은 해수면 온도가 안정된 뒤에도 계속 올라가는 셈이다.

이런 배경에서 IPCC는 제6차 보고서에 앞서 〈지구온난화 섭씨 1.5도〉라는 특별보고서를 발간했다. 기후변화 위협에 대한 전 지구적 대응을 강화하고 지속 가능한 발전을 이루기 위해, 산업화 이전(1850~1900년) 수준 대비 전 지구 평균기온이 섭씨 1.5도 상승했을 때의 영향과 이를 억제하기 위한 여러 온실가스 감축 시나리

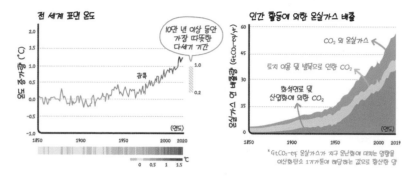

━━━━━ 전 세계 표면 온도와 온실가스 배출량의 변화 ━━━━━

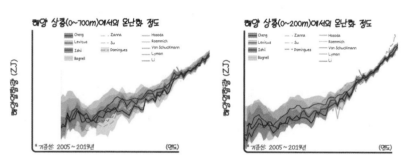

━━━━━ 시간에 따른 해양 상층에서의 해양열용량 변화 ━━━━━

오를 다루었다.

　왜 섭씨 1.5도가 기준일까? 현재까지 인간 활동에 의한 지구 평균기온은 산업화 이전 대비 섭씨 0.8도에서 1.2도 정도 상승했다. 지구온난화가 지금 속도로 지속된다면 2030년에서 2052년 사이에 기후변화로 인한 기온 상승이 섭씨 1.5도를 초과할 것으로 과학자들은 전망한다.

기온이 섭씨 1.5도만 오르더라도 지구상의 몇몇 지역과 이에 취약한 곳에는 커다란 재앙이다. 섭씨 1.5도 지구온난화 시, 2100년까지 전 지구 평균해수면 상승 예측값은 0.26~0.77미터다. 기온 상승을 섭씨 1.5도로 억제하더라도 해수면은 2100년 이후에도 계속 상승할 것으로 보인다. 기온 상승으로 인해 극지방의 빙하와 그린란드 빙상이 빠르게 녹아내릴 수 있는데, 이는 해수면 상승으로 이어진다. 그리고 섭씨 1.5도 지구온난화에서 여름철 북극해 얼음이 모두 녹을 가능성은 100년에 한 번 정도지만, 2도 온난화에서는 10년에 한 번으로 짧아진다.

대기 중 이산화탄소가 증가함에 따라 해양에는 더 많은 이산화탄소가 흡수되는데, 산업화 이전과 비교했을 때 해양의 pH는 0.1 감소해 산성도가 약 30퍼센트 증가했다. 해양의 산성화는 산호초, 조개류 그리고 기타 해양 생물의 생존과 번식에 부정적인 영향을 미치고, 나아가서는 어업이나 관광업 등 해양자원에 의존하는 경제에도 타격을 준다.

다가오는 해양 온난화

해양 온난화는 태풍의 강도와 빈도에 큰 영향을 미친다. 연구 결과에 따르면, 기온이 상승하면 4등급과 5등급 같은 슈퍼태풍의 빈도가 증가하고, 태풍의 이동속도는 지금보다 느려질 수 있다. 태풍은 수온이 높은 바다를 통과할 때 에너지를 받아서 강해진다. 기온이 상승하고 태풍의 이동속도가 느려진다면 따뜻한 바다에서 태풍이 머무는 시간이 증가할 확률이 높아지기 때문에 태풍이 더욱 강력해질 확률도 높아지는 것이다. 게다가 온난화로 인한 해수면 상승이 동반되기 때문에 태풍이 내습했을 때 침수 피해가 더욱 커질 수 있다.

특히 우리나라에 영향을 많이 미치는 태풍은 필리핀 인근 북서태평양에서 많이 발생한다. 지구온난화로 인해 지난 40년간 북적도해류 해양열용량은 30~40퍼센트 증가한 것으로 밝혀졌다. 이 해역은 강수량이 많아서 바다 표층에 염분이 낮아지는데, 이로 인한 밀도 차로 해양 상층과 하층의 물이 잘 섞이지 않아 표층 수온이 잘 떨어지지 않는다. 이런 해양 조건은 태풍의 강도를 강화할 수 있고, 태풍의 급강화를 만들어 슈퍼태풍의 원인이 될 수 있다. 지구온난화로 태평양에 계속 열이 축적된다면, 여름뿐 아니라 봄이나 가을에도 슈퍼태풍이 발생하는 등 우리나라를 위협할 것이다.

해양 온난화는 해양열파marine heat wave에도 영향을 줄 수 있다. 해양열파는 수일에서 수개월 동안 유지되는 해수 온도의 극한 현상을 일컫는다. 해양열파가 발생하면 식물플랑크톤이나 해조류의 감소, 유해 조류 번식, 양식 수산물의 폐사 등이 일어날 수 있다. 연구에 따르면 2006년에서 2015년에 일어난 해양열파의 80퍼센트 이상이 지구온난화와 관련되어 있고, 1982년부터 2016년까지 전 세계 해양에서 해양열파의 발생 빈도는 약 2배 증가한 것으로 나타났다.

우리나라 해역에서는 연평균 표층 수온이 지난 50년(1968~2017년) 기간 동안 약 섭씨 1.12도 상승했다. 이는 전 세계 표층 수온의 상승 폭인 섭씨 0.52도보다 약 2.2배 높은 수치다. 이 수온 상승은 양식장이 발달한 근해에도 나타나서 고수온 현상으로 인한 양식 수산물의 폐사 피해가 증가하고 있다. 2018년에는 양식업에서 약 79억 원의 피해를 입은 것으로 추산되었다.

특히 우리나라의 서해안과 남해안은 수심이 얕아 대기 온도가 상승하면 고수온으로 변할 가능성이 높다. 이러한 상황은 지구온난화가 우리 해양생태계와 경제에 미치는 심각한 영향을 보여주며 이에 대한 모니터링과 대응, 적응 방안의 필요성을 시사한다.

외우지 않아도 괜찮아 지구과학

바다의 탄소순환이
기후를 좌우한다고?

산업혁명 이후 화석연료 사용으로 방출된 이산화탄소$^{anthropogenic\ CO_2}$는 대기 중에 쌓여 지구온난화와 기후변화의 원인이 되어 지구를 위협하고 있다. 대기 중 이산화탄소 농도는 산업혁명 이전(1780년 이전)에는 거의 280ppm으로 일정했지만 산업화 이후로 계속 증가해 2005년에는 379ppm을 기록했다. 이 농도는 과거 약 65만 년의 자연적 변동 범위(180~300ppm)를 훨씬 넘는 값으로, 2020년 이산화탄소 농도는 산업화 이전에 비해 100ppm 이상 증가했다.

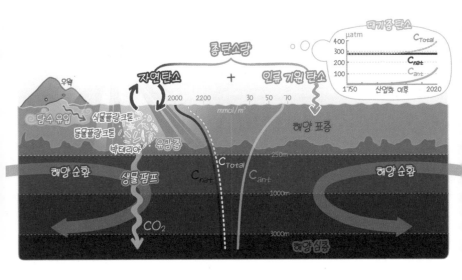

해양에서의 탄소순환

탄소는 대기, 해양, 육상, 생물 사이를 순환하며 지구온난화, 기후변화뿐 아니라 생태계에도 주요하다. 탄소의 생성, 소비 그리고 저장소^{reservoir} 간 이동 과정을 탄소순환$^{carbon\ cycle}$이라고 하는데, 해양은 이 순환에서 중요한 역할을 한다. 해양은 암석 다음으로 큰 탄소 저장소로, 대기보다 약 60배 많은 탄소를 저장해 대기 중 이산화탄소 농도를 조절하고, 수십 년에서 수천 년, 수십만 년 사이의 시간 규모를 가지고 전 지구 탄소순환을 조절하는 것으로 알려져 있다. 그렇기 때문에 해양의 탄소순환을 이해하는 일은 기후변화에 대응하기 위해서 꼭 필요하다.

| 해양의 탄소 펌프들

인류에 의해 발생한 인위적 기원의 탄소를 조절할 때의 핵심은 많은 양의 인류 기원 탄소를 해양 내부로 이동시키고, 동시에 탄소를 흡수한 해양 표층수를 심층으로 수송하는 데 있다. 해양에 존재하는 탄소는 다양한 물리 과정과 생물 과정을 통해 순환한다. 해양 내 탄소는 용존무기탄소Dissolved Inorganic Carbon, DIC, 용존유기탄소Dissolved Organic Carbon, DOC, 입자유기탄소Particulate Organic Carbon, POC 형태로 존재하며 이들의 비율은 약 DIC : DOC : POC = 2000 : 38 : 1로 알려져 있다(약 3만 7000GtC DIC : 685GtC DOC : 13~23GtC POC).

바닷물에 녹아 있는 무기 탄소종들의 집합체를 의미하는 용존무기탄소 DIC(이산화탄소 기체가 물에 녹은 형태인 탄산, 중탄산염 이온, 탄산염 이온을 지칭)는 해양 표층에서 심층으로 갈수록, 생성된 지 오래된 물에서 더욱 높은 농도가 나타나는 특징을 지닌다. 이는 용존 산소와는 반대 양상을 보인다. 산소는 대기-해양 간 기체 교환air-sea gas exchanges이나 광합성photosynthesis을 거쳐 표층에서 해양 내부로 유입된다. 그래서 대기와 접한 해양 상층부와 혼합층에 산소가 풍부하다.

이와 달리 이산화탄소(특히 용존무기탄소)는 바닷속 생물의 호흡, 해양 순환, 혼합 또는 용승 등을 통해 순환하고, 일부는 대기 중으로도 배출되기 때문에 산소와는 다른 분포 양상을 보인다. 해양 내 탄소 분포와 순환을 파악하기 위해서는 해양의 탄소 펌프^{carbon} pump를 이해할 필요가 있다. 탄소 펌프는 해표면에서 해양 심층으로 탄소를 운반하는 과정을 말하며 물리적 작용인 용해도 펌프 solubility pump와 해양 생물을 매개로 하는 생물 펌프^{biological pump}, 크게 두 가지가 있다.

물리적 펌프는 해수가 대기와 접촉하면서 기체교환으로 이산화탄소를 흡수하고 해양 순환을 통해 해양 깊은 곳으로 운반하는 과정을 말한다. 표층 해수는 대기 중 이산화탄소를 온도에 따라 흡수하거나 방출하는데, 이산화탄소 용해도와 관련이 있기에 '용해도 펌프'라고 부른다. 시원한 음료에 이산화탄소가 더 잘 녹아 있는 것과 같은 원리다. 이산화탄소의 용해도는 순수하게 해수의 수온이나 염분과 같은 물리적 요인에 의해 결정된다. 그래서 표층 수

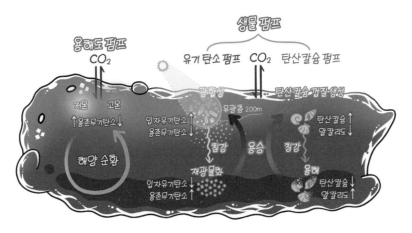

용해도 펌프와 생물 펌프

온이 낮거나 계절적으로 수온이 떨어지면, 낮은 수온으로 인해 이산화탄소 용해도가 증가해 표층 해수에 많은 이산화탄소가 녹아들게 된다.

또한 수온이 낮은 해수는 상대적으로 밀도가 증가해 침강하게 되는데, 이런 연직 대류에 의해 표층에 녹아든 이산화탄소가 해양 내부로 유입되는 과정을 순환 펌프^{dynamic pump}라 부른다. 북대서양이나 남빙양^{Southern Ocean}에서 새로 형성된 수괴가 침강해 북태평양으로 이동하면서 점차 더 많은 양의 탄소가 해양 내에 쌓이는데, 이 물리적 펌프들로 인해 대양 간 용존무기탄소 농도 차이가 형성된다. 물리적 펌프는 해표면의 이산화탄소를 해양 깊은 곳으로 운송하는 중요 기작이라고 할 수 있다.

기체교환을 통해 해양 표층으로 녹아든 이산화탄소는 유광층(태양광이 투과하는 깊이의 수층으로 식물이 광합성을 할 수 있는 곳이다. 약 200미터이며 부유 물질이나 투명도에 따라 깊이가 달라진다) 내에서 식물 플랑크톤이 광합성을 하면서 흡수되고, 동물의 호흡이나 박테리아 분해를 거쳐 다시 방출되기도 한다. 이처럼 해양 생물의 광합성으로 유광대에서 탄소가 유기 탄소로 고정되고, 생성된 유기 탄소가 먹이사슬에 의해 분해되어 무기 탄소로 변환 및 제거되는 과정이 바로 생물 펌프인 것이다.

비교적 크고 무거운 입자유기탄소는 중력에 의해 바다 깊은 곳으로 침강하고, 수심 1000미터 이상 깊은 곳에서는 용존산소의

용어	약어	단위	설명
이산화탄소 몰분율 (carbon dioxide dry air mole fraction)	CO_2 또는 xCO_2	ppm parts per million by volume	전체 건조 공기 중 이산화탄소가 차지하는 비율.
이산화탄소 분압 (Partial pressure of carbon dioxide)	pCO_2	μatm	공기 중 이산화탄소가 다른 기체들과 섞인 상태에서 이산화탄소가 공기 압력에 얼마나 기여하는지 나타낸다. 대기 전체의 압력이 있을 때 이산화탄소가 차지하는 부분압을 pCO_2(P: 대기압, pH_2O: 공기 중 수증기압) 라고 한다. '(P-pH_2O)xCO_2'는 이산화탄소 분압을 구체적으로 계산하는 식이다. 수증기압을 제외하고 나머지 기체들이 차지하는 부분에 이산화탄소의 몰분율을 곱해 이산화탄소의 분압을 계산한다. 실제 분압 계산 시 수증기압을 빼는 이유는 공기 중 수증기가 공간을 차지하기 때문이다.
용존무기탄소 (Dissolved Inorganic Carbon)	DIC	$\mu mol/Kg$	해수에 녹아 있는 무기 탄소의 총량.
총 1차생산량 (Gross Primary Production)	GPP	$Pg\ C\ yr^{-1}$	일차생산자(식물플랑크톤)가 광합성을 통해 단위시간당 생산하는 총 유기물의 양.
순 1차생산량 (Net Primary Production)	NPP	$Pg\ C\ yr^{-1}$	NPP는 총 1차생산량(GPP) 으로부터 식물의 호흡에 의한 소비량(R)을 뺀 값(GPP-R).

——— **해양에서 탄소순환을 설명할 때 사용하는 용어와 단위** ———

감소와 함께 다시 무기화되기도 한다. 정리하자면 생물 펌프는 해수면에 녹아 있는 용존무기탄소의 농도를 낮추고, 심해에 녹아 있는 용존무기탄소의 농도를 높이는 역할을 한다. 이 생물 펌프는 유기 탄소 펌프soft tissue pump/organic carbon pump와 탄산염 펌프carbonate pump 또는 역탄소 펌프carbon counter pump로 다시 나누어서 구분한다.

유기 탄소 펌프는 광합성에 의해 표층에서 이산화탄소가 입자유기탄소 POC로 고정되어 표층 아래로 유기 입자가 침강하면서 탄소가 운송되는 과정으로, 생물 펌프를 대표한다. 이를 거쳐 대기 중 이산화탄소 분압partial pressure(특정 기체 분자가 차지하고 있는 압력)이 낮아질 수 있다. 해수에 녹은 이산화탄소는 물과 반응해서 중탄산염 이온(HCO_3^-)과 수소이온(H^+)을 만들어 해수의 pH와 알칼리도를 변화시키고(해양 산성화와 관련), 중탄산염 이온은 유공충처럼 탄산 광물로 껍데기를 만드는 생물에 의해 탄산칼슘($CaCO_3$)으로 침전되거나 심층 해수, 퇴적물로부터 다시 해수 중에 용출되기도 한다. 이 과정을 탄산염 펌프라고 부른다.

탄산염 펌프와 관련해 생물들이 탄산칼슘 성분의 골격을 만들면, 이 과정에서 화학반응이 일어나며 이산화탄소 기체가 다시 발생한다. 유기 탄소 펌프가 대기 중 이산화탄소를 감소시키는 반면에, 탄산염 펌프는 역으로 해양의 이산화탄소 분압을 높여서 이산화탄소를 대기로 방출하기 때문에 역탄소 펌프라고도 부르는 것이다.

동해의
탄소 저장 능력

해양의 탄소 저장 능력은 기후변화 완화에 직접 영향을 미친다. 해양이 이산화탄소를 효율적으로 흡수하지 못하면, 대기 중 이산화탄소 농도가 급격히 증가해 지구온난화가 가속화될 수 있다. 우리나라 해역에서도 해양 탄소순환의 중요성은 뚜렷하다. 국립수산과학원 정선해양조사 관측 결과에 따르면 1968년부터 2022년까지 최근 55년간 한국 해역의 연평균 표층 수온 상승률은 섭씨 0.025도로 약 1.36도 상승했다. 같은 기간 전 지구 평균 표층 수온 상승률은 섭씨 0.0094도이니, 한국 연근해 연평균 표층 수온 상승률이 전 지구 평균에 비해 약 2.5배 높은 셈이다. 앞서 언급했듯 수온 상승은 양식장에 영향을 미쳐 양식 수산물의 폐사 피해를 증가시킨다.

최근 연구에 따르면, 우리나라 인근에서는 동해가 지난 200년간 흡수한 이산화탄소의 양은 4억 탄소톤^{TC}(이산화탄소 중 탄소를 기준으로 환산)으로, 우리나라가 200년 동안 방출한 이산화탄소 총량의 3배에 이른다. 동해는 겨울철에 표층의 물이 차가워지면서 심층수가 생성되기 때문에, 이 과정과 함께 이산화탄소를 해양 내로 흡수하는 것으로 보인다. 동해 심층부인 일본 분지에서의 단위 수직면적당 이산화탄소 흡수량은 태평양이나 대서양보다 훨씬 많으며, 동해는 앞으로 8억 탄소톤의 이산화탄소를 흡수할 능력을 가졌다는 연구 결과가 있다.

　해양은 탄소순환과 기후변화 완화에 중요한 역할을 한다. 대기 중 이산화탄소를 흡수하고 저장함으로써 지구의 온도를 조절하는 것이다. 이러한 해양의 탄소 흡수 및 저장 능력은 지구 기후 시스템의 안정성에 필수적이며, 따라서 해양생태계의 보호와 보존이 더욱 중요해진다. 해양이 없다면 대기 중 이산화탄소 농도는 현재보다 훨씬 높아졌을 것이며, 이는 지구온난화를 가속화해 기후변화의 부정적인 영향을 증대시켰을 것이다.

먼바다에서만
일어나는
일인 줄 알았는데

2019년 9월, 호주에서 시작된 산불은 다음 해 봄까지 이어지며 우리나라 국토 면적에 해당하는 1000만 헥타르가 넘는 땅을 태웠다. 이 산불로 코알라 5000여 마리가 희생되었고, 그 외에도 수많은 야생동물이 죽거나 서식지를 옮기는 등 이 화재는 유례없는 재앙으로 남았다. 당시에 기록적인 이상 고온과 가뭄으로 건조해진 땅이 대형 산불을 키운 주요 원인으로 손꼽혔는데, 과학자들은 이러한 현상이 기후변화와 밀접한 연관이 있다고 분석했다.

화재와 함께 주목받은 현상이 있었는데 바로 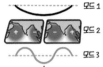 '인도양 쌍극진동Indian Ocean Dipole, IOD'이라는 것이다. 인도양 쌍극자는 태평양에서 발생하는 엘니뇨와 라 니냐처럼, 인도양에 발생하는 해양-대기 결합 현상이다. 1999년, 사지Saji Hameed와 동료 과학자들은 경험적 직교함수Empirical Orthogonal Function, EOF 분석을 사용하여 인도양의 해수면 온도를 연구했다. 이 분석을 통해 제2모드로 나타나는 인도양의 동서 간 해수면 온도 편차가 인도양 쌍극자로 알려지게 되었다. 인도양 쌍극자는 열 대 서인도양(남위 10도~북위 10도, 동경 50도~70도 영역)과 남동인도 양(남위 10도~적도, 동경 90도~110도 영역) 사이의 해수면 온도의 편 차(차이)로 정의되고, 그 값에 따라 양의 상태Positive IOD와 음의 상태 Negative IOD로 구분된다. 양의 상태는 서인도양의 해수면 온도가 동인 도양보다 높아지는 현상을, 음의 상태는 그 반대를 말한다.

인도양 열대 해역의 동쪽과 서쪽의 뚜렷한 해수면 온도 차이는 대기의 순환 패턴에 영향을 미치고, 더 나아가서는 기후에도 영향 을 준다고 알려져 있다. 특히, 아시아, 아프리카, 호주 등 인도양 주 변 국가들의 강수량, 가뭄, 폭염 등과 밀접한 관련이 있다. 예를 들 어, 인도양 쌍극자가 양의 상태일 때, 동풍이 강하게 발생해 동서 해수면 온도 편차가 커지게 된다. 이로 인해 인도양 동부(인도네시 아, 호주 서부)는 가뭄이 심화되고, 인도양 서부(동아프리카)에서는 홍 수가 발생하는 동서로 상반된 기상 현상이 나타나는 것이다.

다시 호주 산불 이야기로 돌아오면, 남반구의 호주는 9월부터 봄이 시작되며 점점 건조해진다. 우리나라에서 3~4월 두 달 동안에 한 해 절반가량의 산불이 집중되는 것처럼 호주도 이 시기에 산불이 잦다. 그런데 2019~2020년 산불은 규모와 세기가 기존과는 전혀 달랐다. 당시 인도양 쌍극진동은 60년 만에 유례없이 매우 강하게 (양의 위상으로) 형성되었고, 이는 기록적인 건조한 날씨와 고온을 유발했다. 호주 대형 산불의 가장 큰 원인으로 지목된 것도 이상 고온과 가뭄이었다. 호주와 인접한 동인도양은 수온이 낮아 호주 지역에 하강기류가 발생했고, 이로 인해 강수 없이 오랫동안 가뭄이 지속된 것이다. 그렇다면 인도양의 변화는 호주처럼 인접한 나라의 기후에만 영향을 줄까?

│ 왜 인도양에
│ 주목해야 할까?

인도양은 태평양과 대서양에 이어 세 번째로 넓은 대양으로, 두 대양과 다르게 북반구에서는 육지와 인접해 독특한 지형을 갖고 있다. 이러한 특성으로 인해 인도양은 계절에 따라 바뀌는 몬순같이 특수한 계절 변동성을 보이며, 인도양뿐 아니라 전 지구적으로도 영향을 미친다고 알려져 있다. 인도양은 전 세계 열염순환

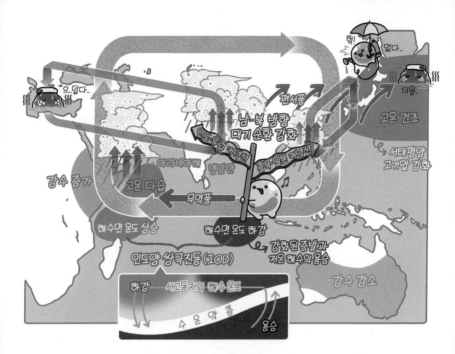

인도양의 해양-대기 변화가 주변에 미치는 영향

의 통로 역할을 하기도 하는데, 동쪽으로는 인도네시아
해역을 중심으로 태평양과 연결되고(인도-태평양 웜풀 해
역), 서쪽으로는 아굴라스해류Agulhas current를 통해 대서양과 연결되
어 있으며, 남쪽으로는 남빙양과 맞닿아 있다. 인도양은 몬순이나
매든 줄리안 진동madden-Julian Oscillation, MJO과 같은 중요한 해양-대기
현상이 발생하여 전 지구 기후 시스템에서 매우 중요한 역할을 한
다. 그러나 태평양과 대서양에 비해 관측이 적게 이루어져서 축적
된 관측 자료는 상대적으로 부족하다.

　　산업화 이후 해양은 대기로부터 흡수한 열을 축적해왔다. 그러나 21세기에 들어서 지구온난화 추세가 멈추거나 둔화하는 것처럼 보이는 현상Global warming hiatus이 발생했다. 지구온난화가 멈추었다면 더 좋았겠지만, 이는 해양이 흡수한 열의 70퍼센트 이상이 인도양으로 이동했기 때문이라고 설명하기도 한다. 따라서 인도양에 저장된 많은 열이 다시 대기로 방출된다면, 우리는 전 지구적으로 기후 혼란을 맞이할 수 있다. 인도양은 기후 온난화의 조절자로서 톡톡히 그 역할을 하고 있는 셈이다.

인도양은 인도양 주변뿐 아니라 우리나라를 포함한 동북아시아 기후에도 밀접한 영향이 있다. 동북아시아 기상이나 기후에 영향을 미치는 3대 요인으로 열대 태평양-인도양 변동성, 북극해-시베리아 고기압 극진동, 티베트고원의 기압 변동성을 꼽는다. 인도양은 인도네시아 해역을 통해 태평양과 열을 교환한다. 이렇게 교환된 열에너지는 인도양에만 머무르지 않는다. 열교환을 통해 인도양의 수온이 높아지면 인근에서 대기 대류 활동을 강화시키고, 이는 대기 순환을 통해 티베트고원의 대기 변동에 영향을 준다. 인도와 티베트 부근의 대기 변화는 동아시아까지 확장되어 우리나라에도 영향을 미치는 것으로 알려져 있다. 인도양의 수온 변화는 우리나라 부근과 북서태평양 고기압에도 영향을 주기 때문에, 우리나라 기상을 이해하는 데 중요하다. 앞서 이야기했듯이 2024년, 우리나라는 관측 이래 가장 더운 해를 맞이했다. 이러한 고온의 주원인은 연중 높은 해수면 온도 때문이었는데, 여기에 작용한 요인 중

하나가 바로 인도양의 높은 해수면 온도였다. 즉, 이제는 우리나라 기상과 기후변화를 예측하기 위해서는 인도양에 주목할 필요가 있다는 것이다.

우리는 인도양을 어떻게 관측할까?

2019년 강력한 양의 쌍극진동이 인도양에 나타난 뒤, 한반도에는 포근한 겨울 날씨가 이어졌고, 우리나라 겨울철 이상 고온 현상이 인도양과 관련 있다고 언급되었다. 즉, 서인도양의 고온 현상이 인도양 지역의 대류 활동을 강화하고 대기의 파동 형태를 유도해 우리나라 동남쪽에 고기압을 형성하면서 그 주변 해수면 온도가 상승 시, 남풍 기류를 이끌어내 한반도 지역의 기온이 상승한다는 것이다.

또한 2020년 역대 최장 기간 장마의 원인이 인도양 변동성과 관련이 있다는 연구 결과들도 나왔다. 최근 일본의 연구에 따르면 우리나라 강수를 예측할 때 인도양의 자료가 포함될 경우 한반도를 포함한 동북아시아의 강수량 예측 정확도가 향상되기도 했다. 그렇기에 인도양의 해양 환경 변화는 전 지구적 변동성뿐 아니라 한반도 주변의 기후 예측을 위해서도 매우 중요하다. 따라서 인도양의 해양-대기 변동성을 이해하는 일이 한반도 주변 이상기후, 극한기후 유발 빈도 및 강도 예측에 기여할 수 있을 것이다.

인도양 쌍극진동은 태평양의 엘니뇨와 함께 작용하거나 때로는 다른 방향으로 변화를 유발하기 때문에 최근에는 인도-태평양을 동시에 모니터링하여 인도양 쌍극진동과 엘니뇨 남방진동El Niño-Southern Oscillation, ENSO 간의 상관관계, 상호작용을 이해해야만 기후변화 예측 성능을 개선할 수 있을 것으로 알려졌다. 또한 인도양은 세계적인 참치 어장으로 유명하다. 1975년, 원양어선 지남호가 인도양에서 첫 참치 조업을 시작하면서, 이곳은 우리나라의 주요한 참치 어장이 되었다. 인도양에서 나타나는 해양-대기 변화는 해양 생태계의 생산성에도 직접 영향을 주어, 참치를 포함한 다양한 어종의 분포와 어획량을 결정하는 중요한 요인으로 작용한다.

그렇기 때문에 과학자들은 인도양과 태평양을 모니터링하기 위한 다양한 시도를 한다. 국제적 필요성에 기반하여 2015년부터 제2차 국제 인도양 탐사2nd International Indian Ocean Exepdition, IIOE-2가 시작되었다. IIOE-2에서는 유엔 해양과학 10년UN Ocean Decade, 2021~2030과도 연계하여 인도양의 물리적 특징, 생지화학적 순환, 생태계 등에 대해 국제 공동 과학 연구를 진행한다. 그중 가장 유명한 것이 미국 해양대기청National Oceanic and Atmospheric Administration, NOAA의 TAO 부이(태평양)와 RAMA 부이(인도양)다. 이는 고정된 위치에 지속적으로 부이를 설치하여 해양-대기 변화를 모니터링하는 것이다. 그뿐 아니라 인도양을 관측할 때 ARGO나 수중 글라이더 같은 무인 관측, 선박 관측 등을 수행하기도 한다.

우리나라는 인도양의 중요성을 실감하여 2017년부터 열대 서인도양을 이사부호를 이용해 관측하고 있다. 2022년부터는 해양수산부의 지원을 받아 한-미 인도양 공동 관측 및 연구를 수행 중이며, 이 프로젝트는 IIOE-2의 공인을 받기도 했다. 이를 통해 수온, 염분, 해류 같은 물성 관측과 생화학적 분석을 수행해 인도양이 어떻게 달라지는지 연구한다. 인도양의 해양 환경을 이해함으로써, 궁극적으로는 인도양의 변화가 우리나라에 어떤 영향을 줄 것인지를 이해하기 위한 밑거름을 수행 중인 것이다.

특히 한국해양과학기술원과 서울대학교의 공동 관측 및 연구의 일환으로 2019년부터 서인도양(동경 61도, 남위 8도)에 수중계류선(Station K)을 설치해 현재까지 긴 시간 동안 해양 상층(약 300미터)부터 심층까지의 변화를 살펴보고 있다. 이 수중계류선은 2024년 동경 65도, 남위 8도로 위치를 옮겼는데, 이때 동경 67도 남위 8도에 위치한 NOAA의 RAMA 부이도 동일한 위치로 이동했다. RAMA 부이로 대기와 해양 상층(~700미터)을 관측하고, 한국의 'Station K'로 해양 전 층(300미터~저층)을 공동 관측해 인도양에서 나타나는 해양-대기 변동성을 모니터링하는 것이다. 이 플랫폼은 RAMA-K로 명명되어 국제 인도양 관측 프로그램에 크게 기여하고 있다.

미래 기후의
힌트를 찾아서

우리는 바다를 오늘날의 시점에서 바라
보지만, 바다는 오랜 시간 지구의 기후변화를 기록해온 거대한 타
임캡슐이다. 과거의 해양 온도, 염분, 생물 다양성 변화를 이해하면
미래의 기후변화에 대비할 수 있다. 왜냐하면 과거의 바다는 이미
우리가 직면할 기후변화와 비슷한 상황을 여러 번 경험했기 때문
이다. 예를 들어, 수백만 년 전의 고수온 시기와 해양생태계의 반
응은 오늘날 지구온난화가 해양에 미치는 영향을 이해하는 데 중
요한 단서를 제공한다. 관측 장비로 측정 가능한 시기 이전의 기후

를 연구하는 것이 바로 고기후학이다.

고기후 연구는 단순히 과거를 살펴보는 것이 아니라 오늘날의 기후변화에 대한 이해와 다가오는 미래에 대응할 전략 수립을 위한 중요한 단서를 찾는다. 그래서 많은 과학자가 계절 변동에서부터 수천 년 이상의 장주기 변동까지, 고기후 기록을 복원하고자 많은 노력을 해왔다. 1970년대 이후 고기후학의 주요 관심사는 빙하시대의 기원, 가까운 미래에 빙하시대의 도래 가능성, 소빙하기와 중세 온난기에 대한 초기 연구 등이었고, 우리가 생각하는 것보다 고기후학은 관측과 모델링을 바탕으로 상당히 많은 진전이 있었다.

과거의 환경을 복원하기 위해

과거의 기후변화는 우리가 관측 장비로 직접 측정하고 기록할 수 없기 때문에 간접적으로 과거의 온도, 강수 등을 추정할 수 있는 프록시proxy를 사용해야 한다. 프록시 자료는 빙하퇴적물이나 퇴적물이 될 수 있으며 동굴에서 자라는 석순, 나무의 나이테 등도 가능하다. 이 프록시 매체를 이용하여 연대를 측정하고 여러 정보를 얻기도 하는데, 나이테 기록은 대체로 연대 측정이 정확해 수천 년 이전까지 1년 단위나 연중 계절 단위 등의 확인이 가능하다. 나이테의 폭과 밀도를 이용한 연대 측정은 과거의 온도와 습도를 유추하는 데 사용되기도 한다.

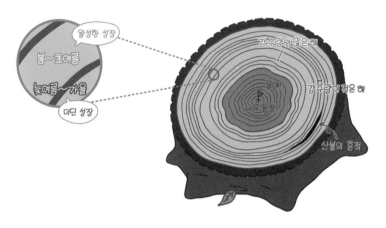

나이테를 이용한 연대 측정

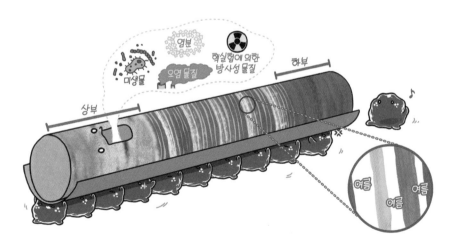

빙하 코어

빙하 코어 단면

　퇴적물 코어에서 채집한 화분과 플랑크톤의 분포로 과거의 온도, 염도, 강수량 등을 추정할 수 있지만, 해양 퇴적물의 경우 정확한 시대를 알기가 어렵다. 또한 연안에서 먼 외해에서는 퇴적률이 낮아서 500~1000년 내의 기후는 복원하기 어렵다는 단점이 있다. 그래서 여러 생물에 의해서 또는 물리적으로 만들어진 여러 물질의 화학조성을 이용해 온도와 같은 기후 변수를 추정한다.

　과거의 수온과 염분을 유추하고 복원하기 위해 산호나 유공충의 산소 동위원소비, 과거의 해수면 온도를 추정하기 위해 해양 생물 분자의 알케논^{alkenone} 포화 지수를 사용하기도 한다. 또한 온도나 습도, 화산활동, 이산화탄소와 같은 대기 구성 물질을 복원하는 데는 빙하 코어 속에 있는 기포 내 산소와 수소 동위원소값 등을 이용한다.

빙하 코어는 냉동 타임캡슐이라고도 불리는데, 극지의 눈은 여름철에도 잘 녹지 않고 그대로 보존되어 한 번 내린 눈이 계속 쌓이고 그 하중에 의해 60~100미터 깊이에서 얼음으로 변한다. 이때 형성된 얼음에는 눈이 내릴 당시의 공기가 기포 형태로 그대로 남아 과거의 대기 성분을 알 수도 있다. 우리나라는 남극 장보고과학기지를 중심으로 주변에서 빙하 코어를 시추해 최대 2000년 전까지의 과거 기후와 대기 환경을 복원하는 연구

프록시	샘플 간격	복원 기간(연)	복원 방법
역사적 기록	수일~수 시간	10^3	환경 변화 기록
나무 나이테	연/계절	10^3	넓이, 밀도, 안정동위원소 분석
산호	연	10^4	지화학 분석
빙하퇴적물	연	7×10^5	지화학 특성, 기포 가스량, 물리 특성
화분	20년	$\sim 10^5$	형태, 다양성, 절대 농도
호수 퇴적물	연~20년	$\sim 10^4 - 10^6$	동위원소
동굴 석순	100년	$\sim 5 \times 10^5$	나이, 안정동위원소비
고토양	100년	$\sim 10^6$	토양의 특성
풍성 기원 퇴적물	100년	$\sim 10^6$	퇴적물의 특성
해양 퇴적물	500년	$\sim 10^7$	산소 동위원소, 종의 특성, 알케논
퇴적 암석, 화석	-	$\sim 10^9$	암석 및 화석의 특성

기후 복원 프록시의 종류와 특성

를 한다.

앞서 이야기한 많은 프록시 중 알케논을 사용하는 방법을 소개하고자 한다. 나무 나이테, 퇴적물 또는 빙하를 이용하는 것보다 친숙하지 않은 방법일 것이다. 해양에 존재하는 식물플랑크톤 후각편모조류^{Prymneisiophyte}는 알케논을 합성한다고 알려져 있다. 알케논은 후각편모조류의 세포 내 세포벽을 구성하는 중성 지질에서 발견되는 화합물로, 탄소 수가 많고 이중결합을 가진 케톤이다. 후각편모조류만이 생성한다는 기원 생물의 특이성, 해수 수층과 퇴적물 내에서 잘 분해되지 않는다는 보존성으로 인해 일찍이 후각편모조류의 바이오마커^{biomarker}로 쓰였다. 알케논을 이용한 고기후 복원을 설명하면 이렇다.

탄소 수가 37개인 알케논(C_{37})은 이중결합이 2개, 3개, 4개로 구성되어 있는데 이 이중결합 수의 상대적인 분포를 나타내는 지표가 수온과 밀접하다는 것이 밝혀지면서, 이들의 조성비(U^k_{37})는 후각편모조류가 있는 표층 해수의 평균온도를 계산하고 복원할 수 있는 온도계가 될 수 있다는 가능성이 제시되었다. 이를 이용해 대양에서 측정된 알케논의 이중결합 분포 지표와 연평균 표층 수온을 비교해보니, 해역에 따라 약간의 차이는 있으나 전체적인 상관성은 높게 나타났다. 즉, 퇴적물에 포함된 알케논을 분석해 퇴적물이 쌓일 당시의 표층 수온을 복원할 수 있게 된 것이다. 2021년에는 이중결합이 4개인 알케논($C_{37:4}$)이 극지 기원 저염수의 지시자,

즉 해빙의 프록시로 사용될 수 있다는 사실을 알게 되었다.

그렇다면 우리는 고기후 연구를 통해 무엇을 보았을까? IPCC 제6차 보고서에서 20세기 기후변화와 지난 2000년의 기후를 비교해두었다. 주요 내용은 이렇다. 1960년부터 1999년까지 약 40년 동안에는 2000년 전부터 산업혁명 이전까지보다 이산화탄소와 메테인가스, 아산화질소의 농도 증가로 인한 복합 복사 강제력의 증가 속도가 최소한 5배 빨랐다. 그리고 고기후 연구를 통해 지난 1000년 동안 북반구에서 일어난 수백 년 단위의 온도 변화를 살펴보았을 때 12~14세기, 17~19세기에는 추워졌던 시기가 있었고, 12세기에는 약간 따뜻한 시기가 있었음을 알아냈다. 즉, 산업혁명 이전에도 온도 변화가 매우 다양하고 활발했음을 알게 된 것이다. 그리고 이 50년간은 지난 1300년 동안 어느 시기보다도 온도가 가장 높았다.

그렇다면 긴 지구 역사를 비추어 보았을 때 현재의 온도 상승은 어떤 단계에 와 있는 것일까? 과거 기후와 비교하면 향후 100년 동안 섭씨 1.4~3.8도의 온도 상승은 지난 최대 빙하기의 온도 변화와 비슷한 정도다. 그렇기 때문에 앞으로 100년간 일어날 기후변화는 매우 중요하다. 최근 일어나는 기후변화의 정도는 플라이스토세 말, 빙하기에서 간빙기로 전환될 때 일어난 급격한 변화 폭보다 더 크기 때문에, 이러한 온도 상승이 지속된다면 기후계 내에서 정상적인 피드백이 나타날지 미지수다.

고기후 연구를 통해 과거의 기후변화를 분석하면, 우리는 기후 시스템의 자연적 변동성과 인위적 영향력을 구분할 수 있게 된다. 또한 이전의 온난화나 냉각 시기에 생태계가 어떻게 반응했는지를 연구함으로써 오늘날 기후변화에 따른 생물 다양성의 변화를 예측할 수 있다.

해양학자의 임무

지금까지 계속 이야기해왔지만 기후변화는 전 지구적으로 중요한 문제로, 이를 해결하기 위해 다양한 분야에서 연구와 대응이 이루어지고 있다. 특히 해양학자들은 해양의 역할을 이해하고 이를 활용하여 기후변화를 완화하는 데 주력한다. 해양은 거대한 탄소 저장소이며 해양생태계를 통해 대기 중 이산화탄소를 흡수하고 저장할 잠재력을 가졌다.

기후변화가 심화되면서 대기 중 이산화탄소 농도를 줄이는 방안에 관심이 높아지고 있다. 기후위기 대응을 위해 우리나라를 포함한 세계 각국은 2030국가온실가스감축목표^{Nationally Determined} Contribution, NDC를 국제사회에 제출했다. 2030NDC 내 탄소 흡수 목표인 2670만 톤 중 산림에서 95.5퍼센트, 해양에서 4.2퍼센트를 달성하려고 한다. 이는 기존의 육상 탄소 흡수원 외에도 해양이 중요한 탄소 저장소로 주목받고 있기 때문이다.

해양은 지구 표면의 약 70퍼센트를 차지하며, 대기 중 이산화탄소의 약 30퍼센트를 흡수한다고 알려져 있다. 따라서 해양을 활용한 탄소 흡수 전략은 기후변화 완화에 매우 중요하다. 2019년 세계 이산화탄소 배출량 약 400억 톤 중 바다가 흡수한 탄소는 약 100억 톤으로, 산림이 흡수한 110억 톤과 유사한 수준이다. 블루카

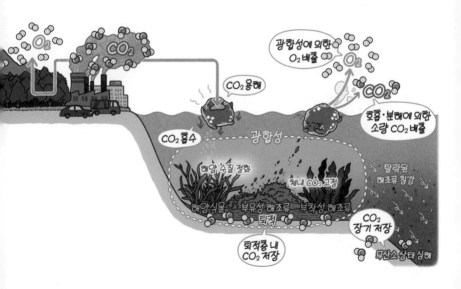

해양생태계의 탄소 저장

본과 철 시비$^{\text{iron fertilization}}$ 그리고 탄소 포집 저장 기술$^{\text{Carbon Capture and}}$ $^{\text{Storage, CCS}}$ 등은 이러한 해양의 탄소 저장 잠재력을 극대화하기 위한 대표적인 방법이며 해양생태계와 미세 조류를 활용하여 더 많은 CO_2를 흡수하고 저장하려는 노력이기도 하다. 이는 해양의 탄소 흡수 기능을 강화하고, 지구온난화를 억제하는 데 큰 역할을 할 수 있다.

해양의 탄소 저장 잠재력 높이기

요즘 탄소중립이라는 단어를 자주 듣게 되는데, 이는 인간 활동에 의한 이산화탄소 배출량과 흡수량이 균형을 이루어 순 배출량이 '0'이 되는 것을 의미한다. 탄소중립은 이산화탄소의 배출량을 줄이거나 흡수량을 늘리는 두 가지 방법으로 실현할 수 있다.

이산화탄소 흡수원은 크게 육상 산림(그린카본)과 바다 식물 생태계(블루카본)로 나누어진다. 그동안 우리는 탄소중립을 위한 수단으로 산림만 주목해왔다. 그러나 프랑스 국립 농업연구소 등 국제 연구팀의 연구 결과에 따르면 '지구의 허파'라고 알려진 브라질 아마존숲은 2010년에서 2019년까지 총 163억 톤의 이산화탄소를 배출했지만 흡수는 136억 톤에 그쳤다. 아마존 숲이 10년 동안 내뿜은 이산화탄소가 흡수한 양보다 더 많은 것이다. 이를 두고 과학자들은 아마존이 지구의 허파에서 CO_2 굴뚝이 되었다며 우려를 표했다. 게다가 아마존 숲의 면적은 2001년 대비 2018년에 약 38퍼센트 감소했기 때문에, 이전과 같은 역할을 기대하기가 어렵다. 그래서 그린카본의 위기로, 바다 식물 생태계가 흡수하는 블루카본이 주목받기 시작했다.

블루카본은 2009년 유엔환경계획United Nations Environment Programme, UNEP, 유엔식량농업기구Food and Agriculture Organization of the United Nations, FAO 및 정부 간 해양위원회Intergovermental Oceanographic Commission of UNESCO, IOC-UNESCO 의 공동 보고서에서 제안된 개념인데, 사전적 의미로는 관리 가능한 해양 시스템 내 저장되는 모든 생물학적 탄소 흐름을 말한다. 블루카본은 해양 및 연안 생태계, 특히 염습지, 맹그로브숲, 해초밭 등의 식물이 대기 중의 CO_2를 흡수해 저장하는 해양생태계 탄소 흡수원이다. 이러한 생태계는 높은 생산성과 탄소 저장 능력을 가지고 있어, 기후변화 완화에 중요한 역할을 한다. 해양학자들은 블루카본 생태계의 보전과 복원을 통해 더 많은 CO_2를 흡수하고, 이를 통해 대기 중 온실가스 농도를 줄이는 방법을 연구한다.

예를 들어 맹그로브숲은 탄소를 지하 뿌리 시스템에 오랜 기간 동안 저장하는 능력이 있어, 이들의 보호와 복원은 기후변화 대응에 큰 기여를 할 수 있다. 현재 블루카본에 대한 과학적 연구 및 정책은 육상 탄소 흡수원에 비해 초기 단계이나 국제사회는 탄소중립 및 기후위기 대응에서 블루카본의 무궁무진한 가능성에 주목한다.

우리나라 정부는 블루카본 추진 전략을 발표하며 탄소중립 로드맵 이행을 위해 해양의 탄소 흡수 기능 강화를 추진하겠다고 밝힌 바 있다. 2022년 서울대학교 연구팀의 조사 분석 결과에 따르면, 우리나라의 갯벌은 약 1300만 톤의 탄소를 저장하고 있으며, 연간 최소 26만에서 최대 49만 톤의 탄소를 흡수하는 것으로 밝혀졌다. 갯벌은 탄소 흡수력이 높기 때문에 탄소중립을 실천하기 위해서는 이를 잘 활용할 필요가 있다.

해양수산과학부는 2030국가온실가스감축목표 및 2050탄소중립로드맵 달성을 위해 '블루카본 추진 전략'을 수립했다. 이것은 크게 세 가지 전략으로 나뉘는데 해양의 탄소 흡수력 및 기후 재해 대응력 강화, 블루카본 조성 참여 확대, 신규 블루카본 인증 및 장기 추진 기반 마련으로 구성된다. 블루카본의 탄소 흡수력을 강화하기 위해 해양 식생을 조성해서 2050년까지 전체 갯벌 면적(2482제곱킬로미터)의 27퍼센트인 약 660제곱킬로미터에 염생식물을 조성하고, 폐염전이나 폐양식장처럼 방치된 곳은 해수를 유통하여 갯벌로 다시 복원하겠다는 계획이 포함되었다.

또한 기업의 ESG(환경 사회 지배 구조) 경영과 연계하여, 블루카본 파트너십을 조성하려는 노력도 이루어지고 있다. 예를 들면 기아 블루카본 프로젝트로는 염생식물 서식지를 조성했고, KB 바다

숲 프로젝트로는 잘피숲 조성을 추진했다. 이처럼 블루카본은 아직 초기 단계지만 다양한 분야에서 연구되고 있으며 실제 적용을 해가며 그 잠재력을 활용하려는 시도가 활발히 이어지는 중이다.

모래 폭풍과 철 시비

바다에 더 빠른 속도로 탄소를 흡수 및 저장하기 위해, 바다의 탄소 저장 능력을 확대하기 위한 다양한 시도가 이루어지고 있다. 가끔 자연적으로 모래 폭풍dust storm이 바다를 덮칠 때가 있는데, 이 모래 폭풍에 철이 풍부하게 포함되어 있으면 자연적으로 철 시비가 되기도 한다.

얼음에 기록된 정보를 통해 탄소의 양과 수온 그리고 먼지의 상관관계를 살펴보았을 때, 과학자들은 철분이 많은 먼지가 있는 시기에 대기의 탄소량이 적고, 기온이 낮아지는 것을 발견했다. 철 시비는 해양 표면에 철을 인위적으로 공급해, 해양 식물플랑크톤의 성장을 촉진시키는 방법으로 제안되어왔다. 철은 해양 식물플랑크톤의 주요 영양소로, 일부 해양 지역에서는 철의 부족이 이들의 성장을 제한한다.

철을 공급하면 플랑크톤의 성장이 촉진되고, 이 과정에서 CO_2

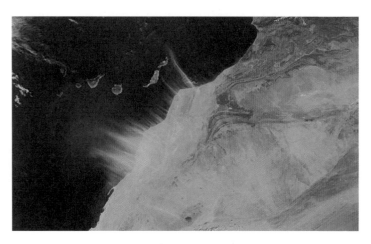

사하라사막과 바다

를 흡수하여 광합성을 통해 유기물로 전환하게 된다. 플랑크톤이
죽으면, 이 유기물이 해저로 침강하여 장기간 탄소를 저장할 수 있
다. 해양학자들은 철 시비가 실제로 기후변화 완화에 효과적인지,
그리고 이 방법이 해양생태계에 미치는 영향이 무엇인지를 면밀히
연구해왔다.

　　그러나 철 시비는 효과의 지속성이 낮고, 생태계 교란 가능성
이 있다는 한계가 존재한다. 이러한 이유로 기후위기에 대응하기
위한 다른 대안으로 탄소 포집 저장 기술CCS이 최근 각광받으
며 활발히 연구된다. CCS는 대기 중 CO_2를 직접 포집
해서 지하나 바다 깊은 곳에 영구적으로 저장하는 기술
인데, 철 시비보다 안정적이고 장기적인 해결책으로 주

목받고 있다. EU의 기후변화 대응 장기 전략에 따르면, CCS는 특히 에너지 집약적 산업 부문에 필요하며, 탄소 배출이 없는 수소 생산에 필수적이다. CCS는 지구온난화의 주범이라고 불리는 이산화탄소를 감축할 직접적, 현실적 대안으로 평가된다. IPCC는 CCS를 이산화탄소를 포집, 분리해 압축 수송 과정을 거쳐 바다 밑 800미터 이상 심부 지층에 저장하여 대기로부터 장기간 격리하는 프로세스로 정의한다. 화석연료에 대한 의존도를 유지하면서 온실가스 감축을 동시에 해결해야 하는 딜레마를 풀어줄 수단인 것이다. 우리나라 역시 탄소중립 달성을 위해 CCS 기술 확보에 노력을 기울이고 있다.

모두의 관심이
필요한 바다

'해양오염' 하면 태안 허베이스피리트호 원유 유출 사고를 떠올리는 사람들이 제법 있을 것이다. 이는 2007년 12월 7일, 충청남도 태안군 만리포와 8킬로미터 떨어진 곳에서 유조선 허베이스피리트호에 선적된 약 1만 2547킬로리터의 원유가 해상으로 유출된 국내 최대 해양오염 사고였다. 태안해안국립공원을 중심으로 해상 203제곱킬로미터, 해안 54제곱킬로미터 해역에서 오염이 발생해 태안, 서산, 보령, 서천, 홍성, 당진 등 6곳이 특별재난지역으로 선포되었다.

피해 지역 주민들은 휘발성 유기화합물에 의한 급성 노출 증상(메스꺼움, 시력 이상, 호흡기 이상)을 호소했고, 인근 양식장의 어패류가 대량 폐사했으며, 사고 이후 이 해역의 종 다양성이 감소했다. 또한 방제 작업 차량 출입을 위한 진입로 개설 때문에 해안사구가 훼손 또는 유실되는 등 피해가 막심했다. 이에 더해 원유가 뭉친 타르 덩어리로 인한 피해가 속출했다. 사고 후 한 달이 채 안 된 시점에 전국에서 모인 120만여 명의 자원봉사자가 삽이나 헌옷 등을 이용해 해안가의 기름을 제거하는 데 힘을 보태기도 했다.

그렇다면 해양오염이 발생했을 때, 어느 정도 시간이 지나야

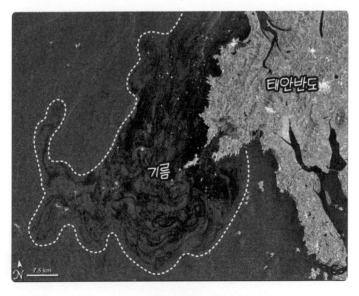

원유가 유출된 후 태안의 위성사진

생태계가 회복되는 것일까? 과학자들이 피해 해역을 추적한 결과, 사건 발생 2~3년 뒤부터 사라졌던 새우와 게 등의 개체 수가 증가하며 회복 징후가 포착되었다. 그리고 사고 직후 태안 지역 전체 해안의 69.2퍼센트에 달했던 잔존유징(유류 사고로 인한 기름이 해변이나 표면 아래로 스며든 정도)이 2014년 기준으로 0퍼센트가 되었다. 해수욕을 하거나 해산물을 섭취해도 아무런 문제가 되지 않을 정도가 되었다고 말할 수 있는 것이다. 한 번의 대형 해양오염 사고가 회복되기까지 거의 10년이 걸린 셈이다. 그렇다면 해양오염은 기름 유출과 같은 예기치 못한 사고만 조심하면 될까?

| 환류와 쓰레기 섬

매년 수백만 톤의 쓰레기가 바다로 흘러 들어가면서 해양생태계는 심각한 위기를 직면했다. 전 세계 연간 플라스틱 소비량은 3억 2000만 톤을 넘어섰는데 생성된 것의 상당량은 일회용이어서 빠르게 폐기되고, 일부만 재활용되거나 소각된다. 대부분은 매립지 또는 해양에 버려진다. 그 때문에 바다의 어떤 곳에 거대한 쓰레기 지대가 생기기도 하는데, 가장 유명한 것이 태평양 쓰레기 섬Great Pacific Garbage Patch, GPGP이다.

이 거대한 쓰레기 수렴 지대는 1997년, 한 배의 선장 찰

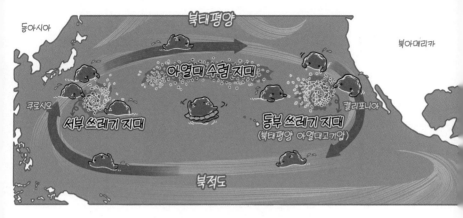

태평양 쓰레기 섬과 북태평양 환류

스 무어^{Charles Moore}가 하와이에서 캘리포니아까지 항행하던 중에 발견했다. 북태평양에 쓰레기가 밀도 높게 모여 있는 것을 일컫는데, 매년 바다에 버려지는 약 1100만 톤의 쓰레기가 북태평양 환류를 타고 모이면서 만들어졌다.

쓰레기 수렴 지대는 프랑스 면적의 3배에 달하는 크기로 알려져 있다. 많은 이가 육지와 같은 거대한 섬을 상상하지만, 약 80퍼센트를 플라스틱이 차지하고, 이 중 60퍼센트가 미세플라스틱^{microplastics} 같은 작은 입자들^{marine debris}로 이루어져 있다. 따라서 육안이나 위성사진으로는 규모와 확산을 파악하기가 어렵다. 이 해양 쓰레기들은 한 지역만이 아니라 여러 곳에 집중되어 있으며 쓰레기 조각 ^{debris}의 크기, 내용물 그리고 정확한 위치 등을 예측하기가 쉽지 않다. 특히, 미세플라스틱은 바다의 보이지 않는 살인자로 불리는데,

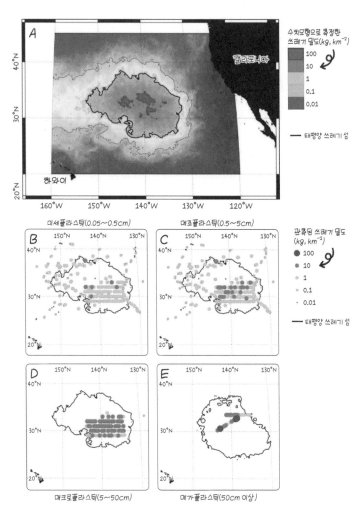

관측과 수치모형을 통해 측정한 쓰레기 섬의 쓰레기 밀도

물고기와 해양 생물의 건강을 위협하며 결국 우리의 식탁에까지 영향을 미친다. 미세플라스틱으로 인한 해양오염은 원유 유출 사

고와는 다르게 모두가 평소에 사용하는 플라스틱에 의해 발생하기 때문에 주의를 기울일 필요가 있다.

미세플라스틱의 위험

그렇다면 최근 해양 쓰레기 중에서 특히 문제가 되는 미세플라스틱은 무엇일까? 미세플라스틱은 의도적으로 작게 제조되었거나 기존 제품이 풍화 등을 거치며 조각나 미세화된 크기 5밀리미터 이하의 합성고분자화합물로 정의한다. 우리가 흔히 사용하는 생수병, 비닐봉지, 일회용 포장 용기, 치약이나 세안제에 든 비즈, 수세미에서 마모된 플라스틱, 물티슈 등등 플라스틱 쓰레기가 자외선이나 파도에 의해 크기가 작아지면 여기에 해당될 수 있다.

분해가 잘 되지 않는다고 알려진 플라스틱도 자연 풍화로 예상보다 짧은 기간에 어마어마한 양의 미세플라스틱을 만들어낼 수 있다는 연구도 존재하니, 플라스틱을 쓰면 어쩔 수 없이 엄청난 미세플라스틱을 생산하는 셈이다. 이것은 크기가 매우 작아서 발생 지점, 오염 원인자 특정, 확산 범위 파악이 쉽지 않고 제거 자체도 어렵다. 미세플라스틱이 그저 바다 위에 떠다니는 것도 문제지만 해양 생물들이 먹이로 착각해서 섭취하면 내장 손상이나 장폐색을 일으키고, 먹이사슬을 통해 우리가 섭취하게 되는 데 그 심각성이 있다.

1960년대 이후부터 해양 쓰레기를 섭식하는 해양 생물의 피해가 보고되었다. 플라스틱의 크기가 작아질수록 해양에 존재하는 미세플라스틱을 섭식하는 생물은 무척추동물까지 영향 범위가 확대되며 이는 먹이망에 따라 피해가 확대 축적된다. 실제로 브라질 마젤란펭귄의 위, 유럽 연안의 바닷가재, 우리나라 남해 거제도 해변의 진주담치와 지렁이류 체내에서 미세플라스틱 조각이 확인되었다.

미세플라스틱은 물속에 존재하는 잔류성 오염 물질을 쉽게 흡착해 고농도로 축적할 수 있고 플라스틱의 제조 과정에서 첨가되는 다양한 화학물질을 동시에 포함해 오염 물질의 칵테일로 불린다. 이 첨가제에는 중금속, 잔류성 유기 오염 물질, 내분비계 장애 물질 등이 들어 있다. 이에 따라 첨가제로 인한 2차 피해도 발생 가능성이 존재해 매우 위험하다. 2022년 연구에 따르면, 살아 있는 사람의 폐 깊숙한 곳에서 미세플라스틱이 검출되었으며 그중 폴리프로필렌PP(주방 용품, 가전 부품, 배관 등), 폴리에틸렌 테레프탈레이트PET(비닐봉지, 생수병, 식품 용기 등)가 약 40퍼센트를 차지했다. 미세플라스틱은 해양 환경이나 해양 생물에만 위협이 아니다. 이미 우리 일상 가까이까지 와 있다.

우리나라 주변 해역의 미세플라스틱 농도는 전 세계적으로도

외우지 않아도 괜찮아 지구과학

폐에서 발견되는 미세플라스틱 종류

손꼽힐 만큼 높은 것으로 밝혀졌다. 2018년에 발표된 한 해외 연구에 따르면 선정된 28개 지역에서 미세플라스틱 농도를 조사한 결과 인천 경기 해안가와 낙동강 하구가 각각 2위와 3위를 차지했다(1위는 영국 머지강). 이들 지역의 평균 농도는 단위면적당 1만 개를 초과하는 수치를 기록했다. 또한 해양수산자원연구소에서 화성방조제와 시화방조제를 포함한 5개 지점에서 미세플라스틱을 분석한 결과, 총 8종의 미세플라스틱이 검출되었다. 자세히 살펴보면 스티로폼[PS], 폴리프로필렌(일회용 배달 음식 용기), 폴리에틸렌[PE](종이컵, 비닐봉지 등) 세 종류가 98.9퍼센트를 차지했다. 이는 어패류 같은 해산물을 즐겨 먹는 우리나라 식탁에 직접적인 영향을 미칠 수 있다.

이러한 심각한 상황에서 미세플라스틱을 저감하기 위한 노력이 절실하다. 연구자들은 플라스틱의 발생지를 추적하고, 효과적인 해결책을 마련하기 위해 다양한 방안을 모색한다. 그러나 미세 플라스틱을 줄이기 위해서는 플라스틱 사용 자체를 가급적 자제해야 하며 이를 대체할 친환경 소재를 개발해 상용화해야 한다. 우리는 개인의 실천을 통해 미세플라스틱을 줄이는 데 기여할 수 있다. 예를 들어, 일상에서 텀블러, 다회 용기, 대나무 칫솔이나 손수건 등을 사용하는 작은 실천이 큰 변화를 가져온다. 조깅을 하며 쓰레기를 줍는 소셜 활동 플로깅Plogging에 참여해보면 어떨까? 우리의 실천이 모이면 깨끗한 바다와 건강한 생태계를 만드는 데 큰 힘이 될 것이다.

해양에서
일어나는 일을
이해하려는 노력

해양관측의 역사는 인류가 바다를 탐험하기 시작한 때로 거슬러 올라간다. 초기 해양탐사는 주로 항해와 상업을 목적으로 했으며, 바람과 해류의 패턴을 이해하는 것이 항해의 성공을 좌우하는 중요한 요소였다. 고대 그리스인과 페니키아인 들은 지중해 전역에 상업 네트워크를 구축하면서 일찍이 해류의 중요성을 깨달았다. 그리고 그들은 항해 기술을 발전시키며 해양의 물리적 특성에 대한 최초의 관찰을 기록했다.

19세기 중반, 해양학의 기초를 다지는 중요한 탐사가 이루어졌다. H.M.S. 챌린저호는 최초의 해양 연구선이라고도 부르는데, 이 배는 해양 조사에 투입되어 1876년 5월 24일, 영국으로 다시 돌아오기까지 전 대양을 이동하며 12만 7580킬로미터를 항해했다. 챌린저호 탐사를 통해 심해를 포함한 다양한 해양 환경에서 물리적 및 생물학적 데이터가 수집되었고, 해양의 물리적 특성을 체계적으로 이해하게 되었다. 이후 다양한 탐험과 기술 발전이 이루어졌고, 챌린저호 탐사는 오늘날 해양 연구의 기반을 마련하는 계기라 여겨진다. 선박을 활용한 관측은 지금까지도 여전히 해양 종합 조사의 핵심으로 자리 잡고 있다.

해양관측의
오늘과 내일

제2차 세계대전 이후 해양관측 기술은 급격히 발전했다. 특히, 수온염분측정기Conductivity temperature and deapth, CTD의 개발은 해양물리 관측에 혁신을 가져왔다. CTD는 전기전도도와 온도, 수압을 측정하는 센서들로 구성되어 있으며, 과학자들이 원하는 수심까지 물속으로 내려가면서 전기전도도와 온도 등을 측정한다. 장비에 따라 다르지만, 일반적으로 초당 12~24회(12~24헤르츠)의 간격으로 자료를 수집한다. 또한 CTD는 니스킨Niskin 채수 통을 장착한 로제트

rosette 샘플러와 함께 사용할 수 있다. 이 채수 통을 이용하여 과학자들은 원하는 수심에서 해수를 직접 얻기도 한다. 과학자들은 CTD로 수괴의 구조와 분포를 분석하고, 채수된 해수를 분석해 해양생태계와 생지화학 순환 과정을 연구한다. 선박을 활용한 전 세계적인 해양관측 프로그램으로는 1980년대에 세계해양대순환실험 프로그램 WOCE Hydrographic Program이 있었고, 현재는 GO-SHIP 프로그램으로 이어지고 있다.

위성 기술의 발전과 함께 해양관측은 전환점을 맞이했다. 직접 배를 타고 바다에 나가지 않더라도 위성을 통해 접근이 어려운 해양을 광범위하게 모니터링할 수 있게 된 것이다. 1978년 'Seasat' 미션 이후, 1992년 'TOPEX/Poseidon'의 발사는 위성 고도계를 활용해 해표면 고도Sea surface Height, SSH의 변동을 전 지구적으로 정밀하게 관측할 수 있는 기반을 마련했다. 이러한 기술의 발전으로 전 지구에서 나타나는 해수면 변화, 해류, 해양 순환 등을 살펴볼 수 있게 된 것이다. 또한 우리는 위성으로 해표면 고도와 해수면 온도 등을 관측할 수 있을 뿐 아니라, 해색ocean color 원격탐사를 통해 해양생태계도 모니터링할 수 있게 되었다. 해색위성은 가시광선-근적외선 영역에서 바다에 의해 반사되는 태양광의 반사 스펙트럼을 측정하여 엽록소chlolorphyll-a를 추정하고, 이로써 식물플랑크톤과 해양 1차생산력 등 다양한 정보를 우리에게 제공한다. 1990년대 이후 SeaWiFS Sea-viewing Wide Field-of-View Sensor를 비롯한 많은 해색위성 센서가 개발되었다. 우리나라는 세계 최초로 정지궤도에서 운영되는 해색위성인 천리안 해양관측위성 Geostationary Ocean Color Imager, GOCI을 2010년 6월에 발사했고, 이후 2020년 2월에 천리안 해양관측위성 2호기 GOCI-II를 쏘아 올려 우리나라 주변 해역에서 나타나는 녹조, 갈조, 양쯔강 저염수 등을 감지하고 있다.

위성 관측이 광범위한 해양의 변화를 모니터링할 수 있도록 했다면, 무인 관측 기술은 인간이 직접 접근하기 어려운 바다 깊은 곳까지 탐사할 수 있는 길을 열었다. 무인 해양관측은 크게 이동형(라그랑주 방식)과 고정형(오일러 방식)으로 나눌 수 있다. 이동형 플랫폼은 해류에 따라 움직이며 시공간적인 변화를 측정하는 방식으로, 표층 뜰개 surface drifter, 중층 플로트 ARGO floats, 수중 글라이더 underwater glider, 자율 수중 로봇 Autonomous Underwater Vehicle, AUV 등이 대표적이다. 이런 장비들은 태풍과 같은 극한 환경에서도 관측이 가능하다는 강점이 있어서 글로벌 해양관측에서 핵심적인 역할을 하고 있다. 특히 자율 수중 로봇은 인간이 접근하기 어려운 심해나 극한 환경에서도 고해상도 자료를 수집할 수 있어 해저 탐사 등에 활용된다. 반면, 고정형 플랫폼은 계류선 mooring이나 해저 부착 장비 bottom mounts를 이용해 한 위치에서 연속적인 시계열 자료를 수집하는 방식이다. 이는 단주기 변동을 포함한 다양한 해양 현상을 감지하는 데 유리하

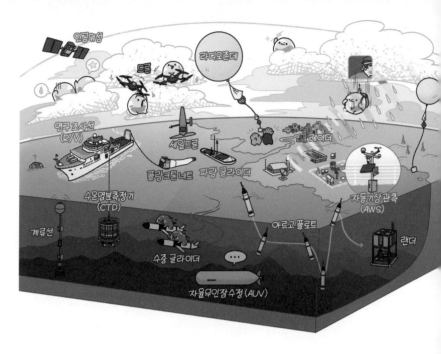

지만, 설치나 유지 비용이 크다는 단점이 있다. 그럼에도, 전 세계 해양관측 시스템Global Ocean Observing System, GOOS과 같은 국제 관측 네트워크를 통해 'OceanSITES'와 같은 국제 해양 시계열 관측 프로그램이 운영되고 있으며, 고정형 플랫폼은 이동형 관측과 함께 점차 확대되고 있다.

해양관측 기술이 발전했음에도, 여전히 관측만으로 해양의 모든 현상을 완벽히 이해하기 어렵다. 시공간적 제약이 크고, 직접 관측할 수 없는 영역이 많기 때문이다. 수치모델과 인공지능AI은 이러한 한계를 보완하는 데 중요한 역할을 한다. 수치모델은 해양의 물리적 과정을 수학적으로 표현하여 해류, 파랑, 해양 순환 등을 예측하는 도구다. 초기에는 단순한 방정식을 사용했지만, 20세기 중반 컴퓨터 기술이 발전하면서 더욱 정교한 해양모델이 개발되었다. 해양모델(ROMS, HYCOM, MOM, NEMO 등)은 대기(WRF 등), 파랑(SWAN, WAVEWATCH III 등), 해빙(CICE) 모델과 결합해 보다 현실적인 해양 시뮬레이션을 수행할 수 있다. 이런 수치모델은 오차가 존재하는데, 이 오차를 줄이기 위해 과학자들은 자료동화data assimilation 기술을 적용하여 관측 자료와 수치모델을 결합하기도 한다. 최근에는 AI와 기계학습이 해양 연구에 도입되고 있다. AI는 방대한 해양 데이터를 분석해 패턴을 발견하는데, 엘니뇨 예측이나 해양 자료의 결측 등에서 활발하게 활용되고 있다. 이러한 기술의 발전은 해양 연구의 정확성을 높이고, 미래의 해양 환경 변화를 보다 효과적으로 이해하는 데 중요한 역할을 할 것이다.

우리나라의
해양관측의 역사

우리나라 해양관측의 역사는 1700년대 외국 탐험가들이 일부 해역을 조사하면서 시작되었다. 하지만 본격적인 우리 주도의 해양탐사의 출발은 1900년대 중반, 해군 본부에 수로과가 창설되면서부터다. 이후 수로과가 1963년, 교통부 수로국으로 개편되면서 해양 조사 업무가 더욱 활성화되었다. 수로국은 선박이 안전하게 항행할 수 있도록 수로(바다의 도로)를 조사·관리하는 업무를 수행하며 해도 제작과 함께 조석, 조류 등 다양한 해양 정보를 체계적으로 축적했다. 1996년, 수로국은 국립해양조사원으로 개편되면서 기존 업무뿐 아니라 해양 영토를 관리하고 해양 정보 제공을 담당하는 국가기관으로 자리 잡았다. 한편, 국립수산과학원은 우리나라 수산 분야를 연구하는 국립기관으로 1921년, 수산시험장으로 설립되었다. 설립 이후 1961년부터 현재까지 동해, 서해, 남해, 동중국해 등 25개 정선 207개 정점에서 수온, 염분, 용존산소 등을 연 6회 관측하여 한반도 주변 해양 환경과 기후변화의 변동 특성을 이해하는 데 중요한 자료를 축적하고 있다. (이때 해양학자들에게 가장 기본이 되는 조사 방식인 정선 해양관측을 활용해 기초 자료를 얻게 된다. 정선 해양관측은 선박을 이용해서 우리나라 연근해의 정해진 관측선을 따라 매년 일정한 시기에 해양 환경을 조사하는 것을 말한다. 예를 들어 동해에는 8개의 정선이 있고, 이 정선은 69개의 관측하는 고정 위치인 정점으로 이루어져 있다.)

1973년에는 한국과학기술연구소 부설 해양개발연구소(현 한국해양과학기술원)가 설립되면서 대한민국 최초의 종합 해양 연구기관이 탄생했다. 이를 통해 해양탐사와 연구가 본격화되었으며, 1986년 해양개발연구소가 안산으로 이전한 뒤 심해저 광물자원과 남극 연구가 활성화되었다. 1988년에는 세계 18번째로 남극 킹조지 섬에 세종과학기지를 건설하며 우리나라는 국제 해양 연구에 본격적으로 참여하게 되었다. 1992년 이어도호와 온누리호가 취항하면서 대양 및 심해 연구의 기틀이 마련되었고, 2000년에는 태평양 해양과학기지가 건설되어 원거리 해양 연구의 기반을 다지게 되었다. 2002년 노르웨이령 스발바르 군도, 스피츠베르겐 섬에 다산과학기지가 개소되어, 우리나라는 남극과 북극 모두에 기지를 보유한 몇 안 되는 국가 중 한곳이 되었다.

2003년에는 국내 최초 해양과학기지가 이어도에 건설되었으며, 이후 가거초 해양과학기지, 소청초 해양과학기지가 추가로 구축되면서 실시간 해양 정보 제공이 가능해졌다. 이들은 국제 OceanSITES 네트워크에 등재되어 전 세계와 데이터를 공유하고 있다. 특히, 이어도 종합해양과학기지는 우리나라로 향하는 태풍의 길목에 위치해서 북상하는 태풍이 내륙에 상륙하기 전, 태풍 예측에 필요한 해양 및 기상 자료를 관측하고 있다. 2005년에는 해저 6000미터급 무인 잠수정 해미래가 개발되어 심해 탐사에 성공했으며, 2010년에는 세계 최초의 정지궤도 해양관측위성 천리안이 발사되면서 우리나라는 위성 기반 해양관측 시대를 열었다. 2016년에는 대형 해양과학연구선 이사부호가 취항하는 등 우리는 전 세계 어디서나 해양 연구를 수행할 수 있는 역량을 갖추게 되었다.

우리나라의 해양관측 역사는 국제 협력과 기술 혁신을 바탕으로 지속적으로 발전해왔으며, 앞으로도 관측과 연구를 통해 해양의 비밀을 푸는 데 중요한 역할을 할 것이다.

EARTH SCIENCE

Part 2

대기

ATMOSPHERIC
SCIENCE

날씨, 기후

둥근 모양으로 기울어져 자전하는 일이 만들어낸 것

기상이변, 기후변화 이야기를 자주 듣고 있으니, 이번 기회에 기상과 기후에 대해 제대로 알아보자. 기상은 대기에서 일어나는 물리적인 현상으로 우리가 일상에서 경험하는 맑은 날, 더운 날, 추운 날, 비 오는 날, 바람 부는 날 등을 생각하면 된다. 기후는 이러한 대기 현상의 장기적인 특성이다.

대기에 대한 이야기를 시작하면서, 하늘을 보며 한번쯤 가졌을 법한 가벼운 질문부터 다루어보자. 하늘은 왜 푸를까? 지구의 대기는 대부분 질소와 산소 분자로 이루어져 있다. 햇빛은 이러한

129

Part 2. 대기

일상 속 기상 요소

분자들과 부딪혀 파장이 짧은 보라색과 파란색으로 산란되는데 우리의 시각세포가 파란색을 더 우세하게 인식해 하늘이 푸르게 보이는 것이다. 일출과 일몰 때는 햇빛의 입사각이 낮아져 지표에 빛이 도착하기까지 대기를 통과해야 하는 거리가 길어진다. 짧은 파장은 우리 눈에 다다르기 전에 모두 산란되고 긴 파장인 빨간색이 도달하여 붉은 노을을 보게 된다.

가을이 되면 하늘이 높고 푸르게 느껴진다. 미세 입자와 수증기는 공기 분자보다 커서 산란된 빛이 뿌옇거나 하얗게 보이는데 가을에는 이동성고기압의 영향으로 맑은 날이 많아져 미세 입자와 수증기가 적어지기 때문이다. 이렇게 우리는 가을에 맑은 날이 많다는 사실을 자연스럽게 아는데, 바로 이것이 기후다.

요즘 겨울은 짧고 여름이 평소보다 길고 더우며, 비가 갑자

외우지 않아도 괜찮아 지구과학

기 너무 많이 오거나 적게 오는 경험을 한다. 우리가 오랜 시간 체득한 계절의 특성이 변하는 것을 느낀다. 이렇게 장기간의 통계치를 크게 벗어나는 것이 기후변화다. 세계기상기구World Meteorological Organization, WMO에서는 최근 30년의 평균을 통계의 기준으로 삼고 변화의 양상을 이야기한다. 현재 세계기상기구와 기상청에서 사용하는 기준은 1991~2020년이고 10년마다 이 기간을 최신으로 갱신하기 때문에 다음 평년값의 기준은 2001~2030년이 될 예정이다.

대기에서 일어나는 물리 현상

이제 본격적으로 대기에서 일어나는 물리적인 현상에 대해 알아보자. 지표에서 상공까지 하나의 대기 기둥이 있다고 가정할 때, 이 기둥이 바닥을 누르는 힘을 기압이라고 한다. 지구는 중력으로 대기를 끌어당기고 있어 지표에서 대기의 밀도가 가장 높고 상공으로 갈수록 줄어든다. 기압의 차이로 생기는 힘을 기압경도력이라고 하는데 힘의 방향은 기압이 높은 쪽에서 낮은 쪽을 향한다. 기압은 지표에서 가장 높고 고도가 올라갈수록 낮아지기 때문에 기압경도력은 지표에서 상공을 향하게 되며, 지표로 향하는 중력과 균형을 이루게 되면 공기의 이동은 없다. 이러한 상태를 정역학

평형이라고 한다.

이때 공기에 열이 가해져 부피가 늘어나면 공기의 밀도가 낮아지고 아래로 향하는 중력이 줄어든다. 이렇게 위로 향하는 기압경도력과 아래로 향하는 중력의 균형이 깨지면 그 차이가 부력이 되어 공기는 상승한다. 다시 말해 따뜻해진 공기는 가벼워져 상승하고 반대로 차가워진 공기는 무거워져 하강하는데 이것이 대류다.

태양 복사에너지가 지표를 데우고, 데워진 지표가 지구 복사에너지를 방출하면서 대기를 데우기 때문에 대류권에서는 지표에서 기온이 높고 고도가 상승할수록 기온이 하강하는 구조를 가진다. 이러한 구조는 바로 대류가 일어나기 좋은 조건이다. 오존층에서 자외선을 흡수해서 고도가 상승할수록 기온이 증가하는 성층권에서는 대류가 일어나기 어려워 높게 발달하는 적란운의 꼭대기는 대류권과 성층권의 경계인 대류권계면까지 발달하고 이후에는 수평으로 퍼진다.

이처럼 기온, 기압, 부피는 서로 관계를 맺고 있다. 공기의 분자 수가 같다면 기온의 변화는 기압과 부피의 변화를 가져오는데 이를 이상 기체 방정식이라고 한다. 고정된 부피에서 기온이 올라가면 분자의 운동이 활발해지면서 기압이 올라간다. 기온이 일정하다면 부피가 줄어들

$$pV = nRT$$

압력 / 부피 / (몰 수) / (기체상수) / 온도

때 기압은 올라간다.

이제 기온과 기압에 수증기를 추가해보자. 공기는 열전도율이 낮아 지표 부근에서 대기로 열이 전도되는 것을 제외하면 외부와 열교환을 잘 하지 못한다. 따라서 대류하는 공기를 외부와의 열교환이 차단된, 단열된 공기덩어리로 생각할 수 있다. 건조한 공기는 단열 상승하면서 기압이 낮아지고 부피 팽창에 쓰인 분자의 운동에너지로 인해 고도가 1킬로미터 상승할 때마다 약 섭씨 9.8도 기온이 하강한다.

앞서 대류권에서 고도가 상승할수록 기온이 하강한다고 했는데 평균적인 대기는 1킬로미터 고도가 상승할 때 약 섭씨 6.5도 기온이 떨어진다. 이때 수증기가 포화된 공기는 출발 시점의 온도와 고도 등에 따라 다르지만 1킬로미터 고도가 상승할 때 약 섭씨 4~6도로 하강하게 된다.

이렇게 건조한 공기와 수증기를 포함하는 공기가 고도 상승에 따라 온도 변화가 다른 이유는 수증기의 상변화로 인한 잠열 때문이다. 기체인 수증기가 액체인 물로 응결할 때 열을 방출하고 반대로 물에서 수증기로 증발할 때는 열을 흡수하게 된다. 따라서 하층의 습윤한 공기가 단열 상승하면 건조한 공기에 비해 기온의 하강이 적다. 수증기로 포화된 공기가 단열 상승하면 평균 대기의 기온하강보다 온도가 적게 떨어져 주변 공기에 비해 상대적으로 따뜻하다. 따뜻한 공기는 가벼워지고 주변 공기와 기온이 같아질 때까지 계속 상승한다. 이렇게 계속 상승하는 대기를 불안정하다고 말한다. 상층에 주변보다 낮은 기온의 공기가 유입되어도 대기의 불안정이 커질 수 있다. 단열 상승해온 공기가 상대적으로 더 따뜻해질 수 있는 환경이기 때문이다.

| 고기압과 저기압

이번에는 상대적인 기압 차이인 고기압과 저기압에 대해 살펴보자. 하층이 따뜻해진 공기 기둥은 위로 팽창해서 키가 커지고, 차가워진 공기 기둥은 아래로 수축하여 키가 작아진다. 상공의 같은 높이에서 두 공기 기둥의 기압을 비교해보면 따뜻해진 공기 기둥 쪽의 압력이 더 높다. 앞서 이야기한 기압의 기울기, 기압경도력을 떠올려보자. 고기압에서 저기압으로 기압경도력이 작용해 공기의 이동이 일어난다.

이렇게 상층에서 상대적으로 고기압인 따뜻한 공기 기둥에서 저기압인 차가운 공기 기둥 쪽으로 바람이 불어 나간다. 상층에서 공기가 빠져나간 따뜻한 공기 기둥의 하층에서는 기압이 낮아져 저기압이 되고 상층에 공기가 들어간 차가운 공기 기둥의 하층에서는 기압이 높아져 고기압이 된다. 하층에서는 상대적으로 고기압인 차가운 공기 기둥에서 저기압인 따뜻한 공기 기둥 쪽으로 바람이 불어 들어간다.

이를 바탕으로 육풍과 해풍을 이해해보자. 낮 동안 태양 복사에너지가 지표로 들어오면서 온도가 상승하는데, 육지와 해양의 비열 차이로 인해 육지의 온도가 바다보다 빠르게 상승한다. 육지 위의 대기가 더 따뜻해지면서 같은 상층에서 육지 위의 공기가 바다 위의 공기에 비해 고기압이 된다. 이때 기압경도력이 바다로 향하면서 상층에서 바람은 바다로 불어 나간다. 상층에서 공기가 빠져나간 육지의 하층은 상대적으로 저기압이 되고 바다의 하층은 고기압이 된다. 이때는 기압경도력이 바다에서 육지를 향하게 되고 이렇게 하층에서, 바다에서 육지로 부는 바람을 해풍이라고 한다.

밤에는 태양 복사에너지가 들어오지 않고 지표에서 지구 복사에너지만 방출되어 복사냉각이 일어난다. 비열의 차이로 바다보다 더 빠르게 식은 육지는 하층에서 고기압이 되고 바다는 하층에서 저기압이 된다. 이렇게 밤에 육지에서 바다로 불어 나가는 바람을 육풍이라고 한다.

여름과 겨울에도 지표로 들어오는 태양 복사에너지의 차이가 생기고, 이는 낮과 밤의 차로 일어나는 해풍과 육풍 같은 양상을 만들어낸다. 이러한 계절풍을 몬순이라 부른다. 우리나라 여름몬순은 해풍으로, 남쪽에서 습하고 따뜻한 바람이 불어오고 겨울몬순은 육풍으로, 북쪽에서 건조하고 차가운 바람이 불어온다. 이러한 바람은 강수와 밀접한 관련이 있는데 몬순에 대해서는 '변동성 증가와 우리의 대응(221쪽)'에서 더 자세히 살펴보자.

| 지구가 둥글어서 생기는 일

시야를 넓혀 우주에서 지구를 바라보자. 지구의 축은 23.5도 기울어져 태양 주위를 1년 주기로, 반시계 방향으로 공전한다. 북반구가 태양을 향해 기울어지는 하지(6월 하순)에는 남중고도(천체가 자오선을 통과할 때의 고도)가 가장 높고 낮의 길이도 길어져 태양복사에너지를 많이 받아 여름이 된다. 하지보다 동지(12월 하순)에 지구와 태양의 거리는 더 가깝지만 북반구는 태양의 반대 방향으로 기울어져 있어 남중고도가 낮고 낮의 길이도 줄어 겨울이 된다.

적도는 항상 남중고도가 높을 것 같지만 춘분(3월 하순)과 추분(9월 하순)에 태양을 향하고 있어 이때가 가장 높다. 따라서 적도에 위치한 케냐에서 저기압대가 형성되어 상승기류가 일어나는 우기는 봄과 가을이다. 이렇게 지구가 기울어져 태양 주위를 공전하기 때문에 우리는 계절의 변화를 겪는다. 기후를 뜻하는 영어 단어 'climate'는 '기울다'라는 뜻의 고대 그리스어에서 왔다고 한다. 위도별 태양에너지의 차이가 지역의 기후를 결정한다는 걸 이해한

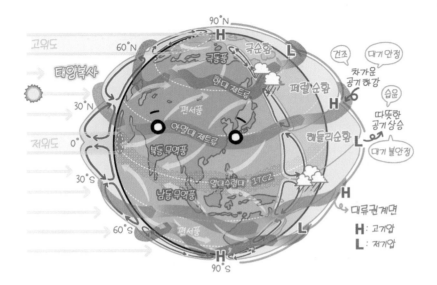

에너지 불균형과 대기대순환

용어인 것이다.

　이제 지구는 둥글다는 사실에 집중하자. 같은 태양 복사에너지가 들어와도 입사각에 따라 면적당 도달하는 에너지량이 달라진다. 저위도에 비해 고위도에서는 태양의 입사각이 낮고 대기를 통과하는 거리도 길어져 중간에 산란 또는 흡수되면서 지표에 도달하는 에너지는 더 줄어들게 된다. 이렇게 지구가 둥글기 때문에 위도별로 들어오는 태양 복사에너지가 달라지고 열에너지의 불균형이 생기면서 이를 해소하고자 대기대순환이 만들어진다.

　면적당 태양에너지를 많이 받은 저위도에서는 지상에 저기압대를 형성하고 상승한 공기는 각각 극을 향해 이동하다 열을 잃고 무거워져 30도 부근에서 하강한다. 이러한 하강류로 아열대고기압이 형성되는데 단열압축으로 공기가 건조하고 기온이 높다. 육지에 생기는 아열대고기압은 사막을 형성하고, 바다에서 생기는 아열대고기압은 마찬가지로 건조하지만 바다 위를 지나며 습윤해진다. 우리나라가 속한 북서태평양 지역 해양에 위치한 아열대고기압의 활동이 여름철 장마와 태풍 활동에 미치는 영향이 매우 크며 이는 이후에 '태풍이 많이 생기는 곳(177쪽)'과 '변동성 증가와 우리의 대응(221쪽)'에서 다시 다룰 예정이다.

이렇게 하강한 공기는 저기압대인 적도 지역으로 향하는데 이것이 무역풍이다. 여기서 잠시 지구의 자전에 대해 짚고 넘어가자. 지구는 하루 동안 반시계 방향으로 자전하는데 지구의 모양은 둥글기 때문에 적도에서 대기는 극에서보다 더 빠르게 회전한다. 이러한 대기가 저위도에서 상승해서 고위도로 향하면 자전하는 지구의 둘레가 줄어든 만큼 반시계 방향으로 회전하는 힘이 더 작용하게 된다. 이를 코리올리힘 Coriolis force(전향력)이라고 한다.

이 힘은 북반구에서는 바람이 이동해 가는 오른쪽으로, 남반구에서는 왼쪽으로 작용한다. 앞서 바람은 기압경도력이 작용하는 방향으로 분다고 했는데 코리올리힘 때문에 북반구에서 저기압은 반시계 방향으로 회전하고 지상에서는 마찰력이 더해져 저기압 중심으로 바람이 불어 들어가게 된다. 고위도로 갈수록 강해지는 코

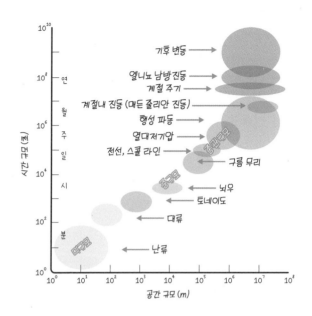

시공간 규모에 따른 대기 현상

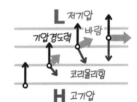

리올리힘에 의해 마찰력이 작용하지 않는 상층에서는 기압경도력과 코리올리힘이 균형을 이루어서 지균풍이 분다. 고기압에서 저기압으로 향하는 바람이 오른쪽 수직 방향으로 꺾이며 저기압을 왼쪽에 두고 바람이 불게 되는 것이다. 이는 중위도 상층의 아열대 제트류가 생기는 원인이다.

다시 저위도를 향해 부는 무역풍으로 돌아가자. 북반구에서는 진행 방향의 오른쪽으로 작용하는 코리올리힘에 의해 북동풍이 불고 남반구에서는 남동풍이 불며 서로 수렴하게 되는데 여기에 열대수렴대가 형성된다. 이렇게 저위도에서 상승해서 아열대고기압대에서 하강하여 저위도로 돌아오는 남북 순환을 해들리순환^{Hadley} ^{circulation}이라고 한다. 중위도에서 고위도로 향하는 지상의 바람은 코리올리힘에 의해 동쪽으로 꺾이며 서풍 계열로 불게 된다.

위도별 태양 복사에너지의 차이로 대류권계면의 높이는 저위도에서 높고 고위도로 갈수록 낮아진다. 상층의 기압을 비교하면 저위도에 비해 고위도는 항상 저기압이 된다. 상층에서는 저기압을 왼쪽에 두는 지균풍이 불어 강한 편서풍대를 형성한다. 하층에서는 아열대 지역의 따뜻하고 가벼운 공기가 극의 차갑고 무거운 공기를 만나 상승하면서 한대전선이 생긴다. 한대전선의 상층에서는 남북의 큰 기온 차이로 생긴 강한 서풍인 한대 제트류가 위치한다. 이렇게 30~60도 부근에서의 순환을 페렐 순환이라고 한다. 고위도의 하층에는 고기압이 형성되고 남쪽을 향하는 바람은 코리올리힘에 의해 극편동풍이 된다. 이러한 바람은 한대전선에서 상승해서 다시 극으로 돌아가게 되는데 이것이 극순환이다.

이렇게 기온, 기압, 수증기 등의 물리적 변화와 함께 지형과 지구 자전 효과가 어우러지며 다양한 대기 현상이 일어난다. 대기 현상은 시간과 공간의 규모가 비례하는 경향을 보이는데 수 분 동안 일어나는 난류부터 수 분에서 수십 분 지속되는 토네이도, 수일간 이어지는 열대저기압 그리고 1년 이상 계속되는 엘니뇨 남방진동까지 시간 규모가 늘어날수록 미규모, 중규모, 종관규모로 공간적인 규모도 늘어나는 경향이 있다. 이러한 대기 현상의 장기 자료를 가지고 통계 분석을 거쳐 얻은 특성이 바로 기후다.

대기의 상태와 운동

1922년, 대기과학 역사에 중요한 책 한 권이 출판되었다. 혁신적인 아이디어가 역사에 등장하는 모습이 그러하듯 2달러였던 이 책《수치 과정을 이용한 일기예보Weather Prediction by Process》은 750부 판매에 그쳤다. 이에 앞서 노르웨이 기상학자 빌헬름 비야크네스Vilhelm Bjerknes가 대규모 대기의 운동과 상태를 지배하는 원시 방정식을 정리했다. 연속방정식, 운동량 보존, 열역학 에너지 방정식을 주축으로 구성된 이 수학적 모델은 공기덩어리의 상호작용으로 질량, 운동량, 에너지, 수증기가 어떻게 보존되는지를 표현했다.

하지만 이 미분방정식들은 너무 복잡해서 이상적인 조건에서만 해석적으로 해를 구할 수 있었다. 앞에서 언급한 책은 바로 이 수식을 기초로 연속적인 공간과 시간을 유한개의 단위로 나누어 산술 계산을 반복하면 즉, 유한 차분법을 이용하면 대기의 미래 상태를 수치로 추정해 일기예보를 할 수 있다는 내용을 담았다.

저자인 영국의 기상학자 루이스 프라이 리처드슨Lewis Fry Richardson 은 유럽 지역의 지상 기압에 대한 6시간 변화량을 꼬박 6주 동안 직접 계산했고, 그 결과 오차가 큰 지역은 실제 관측값과 150배까지 차이가 났다. 현대 수치예보의 가능성을 최초로 제시한 이 혁신적인 시도의 오차가 어디에서 왔는지는 뒤에서 더 자세히 살펴보자.

| 수치예보의 시작

시간이 흘러 1940년대에 세계 최초의 범용 컴퓨터 에니악ENIAC 이 나왔다. 그 과정에서 헝가리 출신 개발자인 폰 노이만John von Neumann은 컴퓨터의 성능과 효용성을 입증하는 데 비선형적 복잡계인 일기예보야말로 가장 매력적인 과학적 문제라고 보았다. 이렇게 기상학자와 컴퓨터 공학자가 미국 프린스턴대학교에 모였다. 하지만 당시 컴퓨터 성능으로는 여전히 복잡한 방정식을 풀기에 한계가 있었다.

1948년, 미국의 기상학자 줄 그레고리 차니Jule Gregory Charney가 합류하며 또 한 번의 중요한 진보가 있었다. 대기 현상의 복잡성에 따라 지배 방정식의 복잡성도 달라져야 한다는 발상을 한 것이다. 지배 방정식을 단순화하면서 1950년대 에니악으로 대기 중층 기압골의 이동과 발달 과정을 정량적으로 계산할 수 있었다. 이때 24시간 예측에 계산 시간도 24시간이 걸려, 미래 의사 결정에 이용하는 예보의 측면에서는 아쉽지만 컴퓨터를 이용한 수치예보의 시작이었다.

이후 미국의 기상학자 노먼 필립스Norman Phillip는 미분방정식을 풀기 위해 수치적인 방법을 더욱 정교하게 다듬으면서 1955년 중반, 처음으로 컴퓨터에서 구현되는 대기대순환모델을 만들었다. 그 뒤 도쿄대학교 출신인 3명의 일본 기상학자가 각각 미국 지구물리유체역학연구소Geophysical Fluid Dynamics Laboratory, GFDL, 미국 캘리포니아대학교 로스앤젤레스UCLA, 미국 국립대기연구센터National Center for Atmospheric Research, NCAR에 합류하며 대기대순환모델 개발의 혁신을 이끌었다.

2021년 노벨물리학상을 받은 GFDL의 슈쿠로 마나베Syukuro Manabe 박사와 아라카와격자계로 유명한 UCLA의 아키오 아라카와Akio Arakawa 교수, NCAR 모델 개발을 주도한 아키라 가사하라Akira Kasahara 박사가 바로 그들이다. 마나베 연구 그룹은 최초로 대기대순환모델을 이용해 이산화탄소를 2배 증가시켜 지구온난화를 정량적으로 제시했다. 이후 대기대순환모델을 해양과 결합했으며 마찬가지로 이산화탄소 2배증 실험의 1000년 장기 적분도 수행했다. 마나베 박사는 이러한 기후모델링의 업적을 인정받아 노벨상을 수상했다.

이렇게 수치예보와 기후모델링 분야를 선도하던 미국이지만, 지금은 전 지구 수치예보 성능이 세계 3위에 머무르며 후발 주자였던 유럽중기예보센터European Centre for Medium-Range Weather Forecasts, ECMWF에 1위 자리를 내주었다. 1975년 유럽의 독립적인 정부 간 조직으로 설립된 ECMWF도 초기에는 미국 세 기관의 연구 성과에 도움을 받았다. 후발 주자기에, 한정된 컴퓨터 자원과 기술, 인력을 집약해 정확도 높은 기후 자료 생산과 중기예보(10일)를 목표로 했다. 수치모델은 개발 및 유지에 많은 자원과 인력이 요구되는데 시작부터 자원과 역량을 집중한 ECMWF의 선택이 맞아떨어진 것이다. 특히 중기예보와 500헥토파스칼 중층의 대기 및 해양 파고 예측에 뛰어난 성과를 보여주고 있다.

대기 현상을 표현하는
한 칸 한 칸

이제 앞서 이야기한 리처드슨의 계산에서 큰 오차가 생긴 이

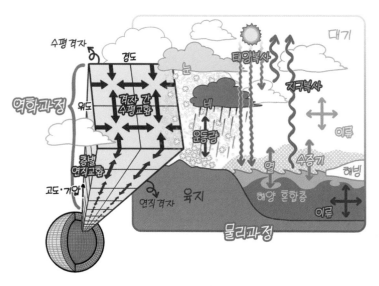

유에 대해 살펴보자. 지구 대기를 바둑판처럼 수평과 연직으로 격
자화했을 때 수치계산을 하기 위해서는 계산을 시작하는 시점에
각 격자점의 평균적인 대기 상태를 대표할 수 있는 기온, 기압, 바
람, 수증기량이 필요하다.

　격자를 하나의 공기덩어리라고 한다면, 이들 공기덩어리가 앞
서 설명한 질량, 운동량, 에너지 보존 원리에 따라 서로 상호작용
하며 이동하는데 이를 격자점마다 계산하는 것이 역학과정이다.
역학과정이 큰 규모의 대기 현상을 다룬다면, 모델의 격자보다 작
은 규모로 일어나는 난류나 깊게 발달하는 적운 대류 등의 자연현
상까지 격자점에 반영시키는 일이 물리과정 모수화다. 다양한 규

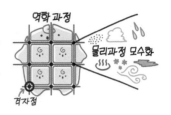

모로 연속하여 일어나는 대기 현상을 유한하게 나누어 계산하고자 하는 수치예보에서 핵심적인 두 과정이다.

지표면의 영향을 받는 대기 하층인 경계층에서 일어나는 열, 운동량, 수증기의 연직 수송, 태양과 지구 복사에너지, 수증기의 상변화가 포함되는 구름물리 등의 복잡한 물리 현상을 단순화한 수식, 관측 또는 고해상도 모델에서 얻은 결과를 통계나 경험식(실험 결과에 맞도록 만든, 여러 양 사이의 관계식)을 통해 격자점의 대기 상태에 반영되도록 한다. 정리하면 물리과정 모수화는 역학과정에서 표현하기 어려운 자연 상태에서 일어나는 구름물리(미세 구름 및 적운), 경계층물리, 복사물리, 지면물리(지면의 수분과 온도), 중력파 항력 등을 모수화를 통해 격자점에 적절히 반영시켜주는 일이다.

예를 들면 중력파 항력은 산악에 의해 발생한 중력파가 상층으로 전파되면서 일정한 조건하에 대기 중에 파동이 흡수되거나 부서지면서 기류의 저항을 유도하는 현상이다. 편서풍이 우세한 중위도에서는 이 중력파 항력으로 인해 서풍 운동이 줄어들게 되는데 이를 모델에 반영하지 않으면 실제보다 시스템이 더 빠르게 이동하는 계산상의 오차를 야기한다.

수치예보는 연속적인 비선형적 현상을 유한하게 나누어 계산하는 과정이고, 이로 인해 필연적으로 계산 불안정성이 생긴다. 따라서 대기 운동을 지배하는 물리법칙을 준수하면서도 계산 안정도를 함께 고려해야 한다. 이를 위해 모의하려는 대기의 파장보다 약 8배 높은 수평해상도가 요구된다.

또한 공간해상도를 높일 때 시간해상도도 함께 따라가야 계산 안정도를 유지할 수 있다. 예를 들어 모델의 공간해상도를 2배 높인다면 즉, 동서, 남북의 수평해상도와 연직해상도 증가로 8배 계산량 증가에 그치지 않고 시간해상도를 2배 높이면서 계산량은 총 16배까지 증가할 수 있는 것이다. 해상도뿐 아니라 전 지구의 지상, 해양, 고층 관측 자료의 처리와 목적에 따라 해양, 지면, 해빙, 생태계 모델과의 결합까지 고려하면 계산량은 더욱 늘어난다. 수치예보와 기후모델링에 슈퍼컴퓨터가 필요한 이유다. 컴퓨터 자원

이름과 성능	슈퍼컴퓨터와 도입 시기	주요 성과
국가기상슈퍼컴퓨터 1호기 0.224TF	NEC SX-5 2000년 도입	객관적 기상예보 체계 구축
국가기상슈퍼컴퓨터 2호기 18.5TF	Cray X1E 2005년 도입	동네예보 서비스 실시
국가기상슈퍼컴퓨터 3호기 795TF	Cray XE6 2010년 도입	예보 정확도 획기적 향상
국가기상슈퍼컴퓨터 4호기 6200TF	Cray XC40 2015년 도입 Uri(초기분) Nuri(최종분) Miri(백업)	위험기상 등 선진국형 기상정보 생산
국가기상슈퍼컴퓨터 5호기 52900TF	Lenovo SD650 2021년 6월 도입 Duru(초기분) Maru(최종분) Guru(백업)	한국형수치예보모델 현업 운영

계산 성능이 향상되어온 국가기상슈퍼컴퓨터

외우지 않아도 괜찮아 지구과학

과 모의할 현상, 영역, 시간 규모 등을 고려해서 다양한 해상도로 모델링이 수행된다.

해상도가 높아질수록 더 상세한 모의로 예측 성능이 개선되지만 그만큼 관측 해상도와 품질의 향상도 따라주어야 한다. 또한 미세하고 복잡한 현상의 물리과정을 이해하지 못한 채 해상도를 높이는 것도 답이 될 수 없다. 수치예보에서 강수 모의 성능이 다른 현상에 비해 떨어지는 이유는 대기 중의 수증기를 정확하게 관측하기 어렵고 강수 과정에 대한 물리적인 이해가 아직 완전하지 못하기 때문이다.

지표면과 가까울수록 지형 효과나 난류 같은 미세한 현상까지 고려해야 한다. 상층으로 갈수록 지표면의 영향이 줄어들면서 모델에서 구현해야 하는 사항이 줄어들어 수치예보 정확도는 상승한다. 앞 장에서 이야기한 것처럼, 대기 현상의 시간 규모와 공간 규모가 비례했듯이 대기 현상의 예측성도 그 규모에 비례해서 증가한다. 이는 반대로 기상 현상이 국지적이고 단발성이면 그만큼 수치예보의 정확도도 떨어진다는 이야기다.

수치예보 성능 향상을 위해서는 상세한 지면과 경계층의 정확한 모의가 요구되는데 위험기상이 증가하면서, 우리나라의 지형과 국지 현상을 잘 반영할 수 있는 독자적인 수치예보모델의 필요성이 대두되었다. 이에 발맞추어 2011년 한국형수치예보모델개발사업단이 설립되었다. 한국의 유능한 박사급 인재들의 노력으로 한국

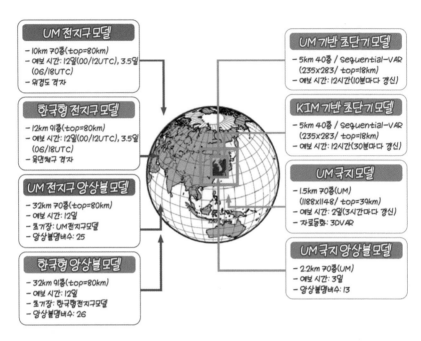

UM 전지구 모델
- 10km 70층(top=80km)
- 예보 시간: 12일(00/12UTC), 3.5일 (06/18UTC)
- 위경도 격자

한국형 전지구 모델
- 12km 91층(top=80km)
- 예보 시간: 12일(00/12UTC), 3.5일 (06/18UTC)
- 육면체구 격자

UM 전지구 앙상블 모델
- 32km 70층(top=80km)
- 예보 시간: 12일
- 초기장: UM전지구모델
- 앙상블멤버수: 25

한국형 앙상블 모델
- 32km 91층(top=80km)
- 예보 시간: 12일
- 초기장: 한국형전지구모델
- 앙상블멤버수: 26

UM 기반 초단기 모델
- 5km 40층 / Sequential-VAR (235x283/ top=18km)
- 예보 시간: 12시간(10분마다 갱신)

KIM 기반 초단기 모델
- 5km 40층 / Sequential-VAR (235x283/ top=18km)
- 예보 시간: 12시간(30분마다 갱신)

UM 국지 모델
- 1.5km 70층(UM) (1188x1148/ top=39km)
- 예보 시간: 2일(3시간마다 갱신)
- 자료동화: 3DVAR

UM 국지 앙상블 모델
- 2.2km 70층(UM)
- 예보 시간: 3일
- 앙상블멤버수: 13

기상청의 수치예보 시스템

형수치예보모델Korean Integrated Model, KIM이 자체 개발되어 2020년 4월부터 현업에서 활용되고 있다.

이로써 한국은 세계 아홉 번째 자체 개발 수치예보모델 보유국이 되었다. 기상청은 영국 기상청에서 모듈 형식으로 개발한 수치모델인 통합모델Unified Model, UM을 한국형수치예보모델과 함께 병행 운영 중이다. 수치예보모델의 유지 및 개선은 상당한 노하우와 자원을 필요로 한다. 앞서 후발 주자였던 ECMWF가 자원과 인력을 집중시켜 세계 1위로 올라섰듯이 한국형수치예보모델도 기상

재해로부터 국민의 생명과 재산을 지키고, 나아가 우리나라가 기상 선진국으로 발돋움할 수 있도록 꾸준한 관심과 전폭적인 지원이 요구된다.

오차를 극복하기 위한 노력

수치모델의 계산을 위해 격자점에서 대기 상태를 가장 잘 대표하는 적절한 초기조건이 필요하다. 매 계산 시의 초기조건으로, 관측 자료와 이전 시간에 예측된 수치예보의 결과인 예측장 사이에서 적절한 가중치를 구해서 결정한 분석장을 사용하며, 이 분석장을 만드는 과정을 자료동화라고 한다. 다양한 관측 자료는 시공간적으로 산발적이며, 여기에서 모델의 수치계산이 수행되는 시간과 격자점의 위치를 대표하는 값을 찾는 과정에 필연적으로 오차가 포함된다.

실제 관측 자료 역시 기기와 관측 과정에서 오차를 내포하고 있다. 따라서 대기 현상을 근사한 모델의 불완전성과 초기조건의 불확실성으로 인해 수치예보 결과는 완벽할 수가 없다. 로렌츠 Edward Lorenz는 카오스이론을 통해 모델이 완벽하고 초기조건을 실제에 가깝게 구현했다고 해도 이론적인 대기의 예측성은 대략 2주임을 밝혔다. 대기는 불안정한 역학을 가지고 있기 때문에 초기의 아주 작은 오차가 시간이 지남에 따라 성장해서 매우 다른 결과로 이어진다는 것이다.

이를 극복하는 방법으로 초기조건의 불확실성을 반영하고자

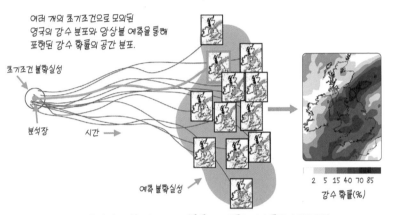

여러 개의 초기조건으로 모의된 영국의 강수 분포와 앙상블 예측을 통해 표현된 강수 확률의 공간 분포.

초기조건 불확실성

분석장   시간

예측 불확실성

2 5 15 40 70 85
강수 확률(%)

ECMWF의 4차원 변분자료동화(4D-VAR)를 통해 자료동화 구간 동안 수집된 관측이 반영된 예측이 수행됨. 이전 단기 예측장(배경장, 하늘색)과 12시간 자료동화 구간 동안 수집된 관측 간의 가중평균을 통해 이전 단기 예측장을 보정한 분석장(초록색)을 만듦. 이 분석장을 초기조건으로 예측을 수행함(분홍색).

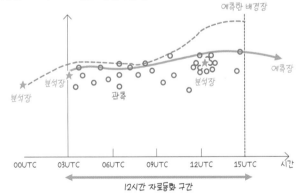

앙상블 확률 예측과 자료동화

초기조건에 작은 섭동을 더한 여러 초기조건으로부터 예측을 시작하거나, 모델의 불확실성을 반영하고자 물리과정에 변화를 주어 다양한 시나리오의 예측장을 생산하는 앙상블 예측 기법이 개발되었다. 단일 수치예보 결과가 결정론적인 단일 해라면, 초기조건과 물리과정 등의 변화로 생산된 앙상블 예측 결과는 가능한 해의 범위를 나타낼 수 있어 대기 현상과 지역에 따른 불확실성을 정량적으로 제시할 근거가 된다. 예를 들어 사용자는 강수 예측 정보를 공간적으로 정량화된 불확실성과 함께 제공받음으로써 합리적인 의사 결정에 활용할 수 있다.

통상 단기 예측을 제외한 예측 시간이 길어질수록 앙상블 예측의 평균값이 단일 수치예보보다 더 나은 성능을 보여준다. 따라서 관측 자료에서 얻을 수 있는 대기의 예측성이 급격히 떨어지는 중기예보(3~10일) 이상에서는 예측성을 보다 장기적으로 확보하면서 불확실성 정보를 함께 제시할 수 있는 확률론적 예보를 활용한다.

이렇듯 현재의 정확한 대기 상태를 모델에 균형 있게 반영해 주는 것이 수치예보 성능을 좌우하므로 초기조건을 최적으로 만드는 작업은 매우 중요하다. 이를 위해 모델이 수행되는 동안 새롭게 제공되는 수많은 관측 자료의 품질을 검사하는 전처리와 수치모델의 내부 균형을 유지하면서 관측 정보를 최대한 잘 반영해주는 자료동화 작업이 수행된다.

세계 1위 ECMWF의 높은 예측성은 뛰어난 자료동화 기술에서 온다. 자료동화는 시간이 지날수록 오차가 증가하지만 시공간적으로 일정한 격자점에 값을 가지는 수치예보의 장점과 시공간적으로 일정하지는 않지만 더 정확한 정보를 가지는 관측 자료의 장점을 모두 취해 현재의 대기 상태를 가장 잘 대표하는 초기조건을 추정하는 과정이다. 자료동화를 통해 관측과 모델이 연속적으로 상호작용하며 수치예보의 오차를 계속해서 보정할 수 있는 것이다. 모델에서 예측한 배경장과 관측 사이의 적절한 가중치를 찾는 과정으로 비용 함수를 최소로 하는 과정이 손실 함수를 최소로 하는 가중치를 찾는 기계학습과 닮은 꼴이라, 자료동화와 기계학습의 시너지를 내는 연구가 이어지고 있다.

리처드슨의 계산 오차는 관측 자료의 부족, 계산 안정성 고려의 부족, 수치계산에 적합한 초기조건을 만드는 기술의 한계 등에서 온 것으로 정리할 수 있다. 그의 혁신적인 시도로 시작된 수치예보의 역사는 관측 시스템과 통신 기술의 발전, 컴퓨터 성능의 향상, 수치예보 기술 개발과 함께 성장해왔다. 현재 방대한 학습 자료를 가진 대기과학 분야에서 인공지능을 활용한 기상, 기후의 예측성을 높이는 연구가 활발히 진행되는 등 다음 도약을 준비 중이다.

예보

기상청
vs. 윈디

날씨가 변덕스러워지면서 '기상망명족'
이 등장했다. 빗나가는 우리나라 기상청의 예보를 못 믿겠다며 윈
디Windy(기상예보를 시각화한 애플리케이션)나 노르웨이 기상청 등 해외
기상정보를 더 신뢰한다는 사람들이다. 그만큼 양질의 기상정보를
필요로 하는 수요와 필요한 정보를 주체적으로 습득하려는 이들이
늘어난 영향이라 생각한다.

체코 공과대학교 출신 기업가 이보 루카초비치Ivo Lukicachović는
취미로 카이트서핑, 헬리콥터와 제트기 조종을 즐기다 보니 날씨

정보에 관심이 많았다. 개발자 출신인 그는 어느 지역에서든 기상 정보에 접근할 수 있게, 가볍고 빠르게 구동되는 서비스를 목표로 2014년 윈디를 설립했다. 지금은 전 세계인이 사용하는 서비스지만 처음에는 재미로 작게 시작한 펫프로젝트Pet Project(개인의 관심사나 취미로 시작하는 프로젝트)였다. 전 지구 기상 가시화 서비스인 어스 널스쿨Earth Nullschool의 개발자 카레론 베카리오Cameron Beccario의 바람장 가시화 오픈 소스 프로젝트인 어스Earth의 소스 코드를 다시 작성하고, 스위스 바젤대학교에서 만든 기상 서비스인 메테오블루Meteoblue 제품 일부의 사용 협약을 맺으며 윈디의 초기 버전을 내놓았다.

우리나라의 네이버와 같은 체코의 포털사이트 세즈남Seznam의 설립자이기도 한 루카초비치는 웹 기반 서비스에 대한 풍부한 경험과 날씨에 대한 관심을 바탕으로 뛰어난 사용자 경험을 제공하며 윈디를 전 세계 많은 사람이 이용하는 기상 서비스로 만들었다.

| 윈디가 주는 정보들

2024년 7월, 필리핀과 대만에 큰 피해를 준 태풍 개미의 사례로 윈디의 활용성을 살펴보자. 위성, 레이더, 바람장, 파도, 구름, 누적 강수량 등의 정보를 사용자가 직접 선택해서 볼 수 있으며 태풍

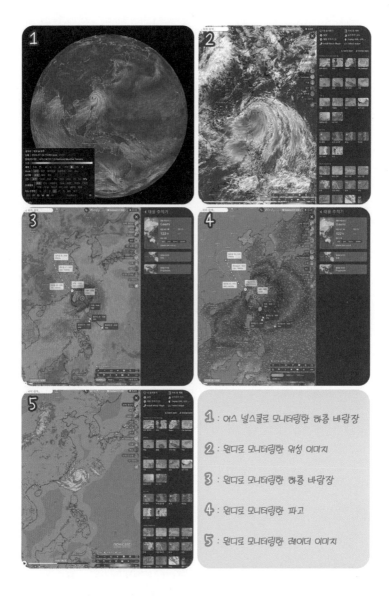

1 : 어스 널스쿨로 모니터링한 하층 바람장

2 : 윈디로 모니터링한 위성 이미지

3 : 윈디로 모니터링한 하층 바람장

4 : 윈디로 모니터링한 파고

5 : 윈디로 모니터링한 레이더 이미지

태풍 개미가 대만에 상륙하기 직전 2024년 7월 24일의 모니터링 정보의 이동과 발달 정도, 해상의 파고를 수치예보와 관측 자료를 통해 직접 모니터링할 수 있게 해준다.

여기서 주의해야 할 사항은 윈디는 예보를 직접 생산하는 것이 아니라 전 세계 예보 기관에서 공개한 자료를 사용자 편의에 맞게 가시화하는 서비스라는 점이다. 수치예보의 불확실성과 기상 자료에 대한 기본적인 이해를 바탕으로 정보를 이용해야 한다. 2024년 현재는 바람, 기온, 기압, 습도의 전 지구 5일 수치예보를 사용자가 원하는 지역과 고도를 직접 선택해 무료로 볼 수 있게 해준다.

사용자의 국가에 따라 제공되는 수치예보모델이 다른데 우리나라 기준, 전지구모델은 ECMWF의 'IFS HRES(해상도 9킬로미터)', 미국 기상청의 'GFS(해상도 22킬로미터)', 독일 기상청의 'ICON(해상도 13킬로미터)'이 제공되며 지역모델은 일본 기상청의 'MSM$^{Meso-Scale Model}$(해상도 5킬로미터)'이 서비스된다. 지역모델은 전 지구가 아닌 일부 관심 영역을 고해상도로 계산하는데, 작은 규모로 짧은 시간에 일어나는 대기 현상을 살펴볼 때 유용하다.

모델을 MSM으로 선택하면 갑자기 일부 네모난 지역에서만 기상정보가 가시화되는데 이렇게 지역모델은 동서남북으로 경계를 가진다. 이 측면 경계 조건으로 인해 수치계산 시 경계에서의 지형이나 기상 현상에 따른 민감도가 발생하며 전지구모델 자료를 초기조건과 경계 조건으로 이용해야 하기 때문에 두 모델 간 균형을 유지해야 한다는 어려운 점이 있다. 태풍 추적기에 이용되는 수치모델도 일본(JMA), 영국(UKM), 호주(BoM-A), 유럽(ECMWF) 등 다양하다.

세계 1위의
ECMWF

여기서 자주 등장하는 'ECMWF'에 대해 잠시 살펴보자. ECMWF 는 전 지구 수치예보와 자료 생산을 하며 연구와 현업 서비스를 모두 수행한다. ECMWF는 의결권을 가지는 23개의 회원국(영국, 노르웨이, 프랑스, 독일 등)과 12개의 협력국(체코, 이스라엘 등)으로 구성된 유럽의 독립적인 국가 간 기구다. 본부는 영국에 위치하며 연간 예산은 각 국가의 국민총소득 규모에 맞추어 조달되고 세계기상기구를 다방면으로 지원한다.

수치예보 성능은 다양하게 평가되는데 그중 500헥토파스칼 지위고도 모의는 지표면과 많이 떨어져 있고, 대규모 순환을 대표하는 고도로서 날씨와 연관되는 종관규모의 대기 현상을 이해하기 좋다는 측면에서 중요한 평가 지표로 사용된다. 이 성능 평가에서 ECMWF는 세계 1위를 오랜 기간 유지하고 있으며 영국 기상청이 2위를 차지했다. 후발 주자인 한국 기상청도 통합모델과 한국형수치예보모델의 꾸준한 성능 향상으로 약진 중이다.

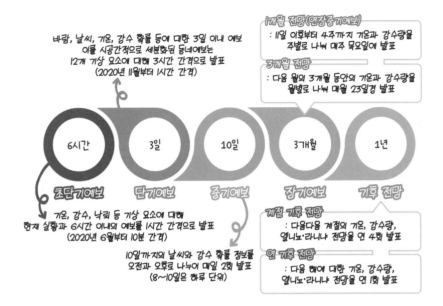

바람, 날씨, 기온, 강수 확률 등에 대한 3일 이내 예보
이를 시공간적으로 세분화된 동네예보는
12개 기상 요소에 대해 3시간 간격으로 발표
(2020년 11월부터 1시간 간격)

1개월 전망(연장중기예보)
: 11일 이후부터 4주까지 기온과 강수량을
주별로 나눠 매주 목요일에 발표

3개월 전망
: 다음 월의 3개월 동안의 기온과 강수량을
월별로 나눠 매월 23일경 발표

| 6시간 | 3일 | 10일 | 3개월 | 1년 |

초단기예보   단기예보   중기예보   장기예보   기후 전망

기온, 강수, 낙뢰 등 기상 요소에 대해
현재 실황과 6시간 이내의 예보를 1시간 간격으로 발표
(2020년 6월부터 10분 간격)

10일까지의 날씨와 강수 확률 정보를
오전과 오후로 나누어 매일 2회 발표
(8~10일은 하루 단위)

계절 기후 전망
: 다음다음 계절의 기온, 강수량,
엘니뇨·라니냐 전망을 연 4회 발표

연 기후 전망
: 다음 해에 대한 기온, 강수량,
엘니뇨·라니냐 전망을 연 1회 발표

예측 시간 규모 간 빈틈없는 예보 시스템

ECMWF의 500헥토파스칼 지위고도 예측 성능을 보면 3~10일 중기예보의 경우 6일 예측은 10년 전 5일 예측 정확도와 같은 성능을 보여주며 10년에 하루씩 예측 정확도를 개선해나가는 속도로 발전하고 있다.

ECMWF IFS$^{Integrated Forecasting System}$(통합예측시스템)는 중기예보뿐 아니라 경제적, 사회적 가치가 큰 2주~ 2개월 규모의 계절내 Subseasonal to seasonal, S2S 예측 분야도 앞서 나간다. 계절내 규모 이상의 예측에는 지면, 해양, 해빙으로부터 예측성을 이용하는 것이 중요해 결합모델이 필수다. 이렇게 초단기예보부터 계절과 기후 전망까지, 시간 규모 간 빈틈없는 통합예측시스템 개발이 세계적 추세이며 우리나라 기상청도 이에 발맞추어 나아가는 중이다.

예보관의 역할

윈디에서 다양한 수치예보 결과를 제공하고 있는데, 우리나라 기상청도 이러한 정보를 모니터링할까? 너무 당연한 이야기지만 기상청은 전 세계 예보 기관과 긴밀히 협조하며 이보다 더욱 다양한 수치예보모델 결과를 모니터링한다. 앞 장에서 언급했듯이, 수치예보시스템을 통해 목적에 맞는 다양한 수치예보를 직접 생산해 활용한다. 영국 기상청과의 긴밀한 협업으로 한반도 실정에 맞게 운영되는 통합모델과 자체 개발한 한국형수치예보모델이 전 지구 및 지역 모델링을 수행하고 있다.

수치예보 결과는 격자점의 수치로 주어지기 때문에 예보에 활용 가능한 일기도와 예보 가이던스 형태로 변환해 이용된다. 모델의 연직층에서 계산된 결과를 실제 지형 및 고도에 맞게 변환하는 작업이나 최저 및 최고 기온, 맑음 또는 흐림과 같은 하늘 상태 등의 예보 요소로 변환하는 작업, 수치예보와 관측 정보와의 계통적인 오차를 통계적으로 보정Model Output Statistics, MOS하는 후처리 과정을 거친다. 기상청의 숙련된 예보관들은 이러한 예보 가이던스, 레이더와 위성 영상 등의 실황 자료를 바탕으로 분석 및 토론을 거쳐 최종 예보를 결정한다.

수치예보의 성능은 물리과정과 자료동화에 크게 좌우되므로 한반도 실정에 맞는 수치예보시스템을 활용하고 실시간의 다양한 관측 정보 입수가 가능한 기상청의 정보력이 압도적으로 우위에 있다. 또한 특정 현상에 대한 과소 및 과대 모의 같은 수치모델의 시스템적 오차도 예보에 활용 가능한데 이를 위해서는 전문성이 바탕이 된 해석이 필요하다.

전문 지식을 기반으로 방대한 자료에서 중요한 정보를 해석해 내는 경험의 축적이 중요한 예보 업무에 숙련된 예보관의 역할은 너무나 중요하다. 더군다나 돌발적이고 국지적인 위험기상에는 예보의 정확도와 신속함이 줄다리기를 한다. 불확실성을 내포하는 예보 업무에 국민의 생명과 안전을 지키기 위한 최종 판단을 해야 하는 예보관의 정신적 중압감과 책임감은 상상을 초월한다. 여기에 4개 조가 1일 2교대로 일하며, 잦은 야근 및 초과 근무로 육체적인 업무 강도 또한 높다.

기상 선진국은 예보 교육과 기술 연구를 병행할 여력이 있지만 우리는 인력 부족과 업무 과부하 그리고 높은 기준의 기상 서비스를 요구하는 국민의 질타까지 삼중고에 시달린다. 많은 사람의 생명과 재산을 지킨다는 사명감, 자연에 대한 순수한 호기심 충족

이외에 업무 중요도에 걸맞은 대우가 주어져야 한다.

주말에 날씨가 맑다고 해서 야외 활동 계획을 세웠는데 대기 불안정으로 갑자기 소나기가 내려 기상청의 오보를 원망한 경험 정도는 누구에게나 있을 것이다. 소나기는 맑은 날 지면이 강하게 데워지면서 대기 불안정이 생길 때 일어나는 현상이라는 점, 국지적이고 단시간에 일어나는 대기 현상은 그만큼 예측이 어렵다는 점을 이해한다면 조금은 너그러운 마음으로 기상청을 바라볼 수 있지 않을까? 모델의 불완전성과 초기조건의 불확실성 그리고 대기 내부의 불안정성으로 인해 예보는 완벽할 수가 없다.

우리가 일상에서 무료로 접하는 기상정보는 실제로 고도의 과정을 거쳐 생산된 아주 값비싼 자료다. 기상청의 날씨누리(웹사이트)와 날씨알리미(애플리케이션)는 분명 양질의 기상 및 기후 정보를 제공하고 있다. 하지만 사용자의 시선으로 출발한 윈디가 주목받는 이유인 뛰어난 사용자 경험과 게시판에서의 활발한 소통은 배울 점이 있다. 기상청 날씨누리에 접속해 왼쪽 탭을 하나하나 누르면 국가기후데이터센터, 아시아·태평양 경제협력체 기후센터[APCC](아태기후센터), 차세대수치예보모델개발사업단(1단계 사업인 한국형 수치예보모델 사업단의 후속인 2단계 사업단), 기후감시예측정보 서비스 등 양질의 기상 및 기후 정보가 존재함을 알 수 있다. 기상청의 블로그와 유튜브에도 많은 정보가 있지만 조회 수가 낮다. 예를 들면

시간당 강우량에 따른 체감 정보

기상청 유튜브에서 시간당 강우량에 대한 체감 정보를 볼 수 있는데, 이는 기상청과 국민 사이에 실시간 예보에 대응하는 공통된 기준점을 제시한다는 데서 중요한 교육 자료다.

다른 사례를 살펴보면, 영국 기상청은 애니메이션 〈엘리멘탈〉의 주인공을 활용해 기상 요소들을 캐릭터화해 교육 자료를 만드는 등 소통을 이어가고 있다. 또한 개발된 지 10년이 지난 어스 널스쿨의 개발자 카레론 베카리오는 기후변화를 위해 이 프로젝트에 전념하겠다는 의사를 밝혔는데, 어스 널스쿨과 윈디 같은 가시화 서비스는 기상 분야의 교육용으로도 활용성이 높다. 지금과 같이 자료가 개방되고 언어의 장벽이 번역기 등을 통해 낮아진 상황에서, 해외의 다양한 기상 및 기후 정보를 직접 찾아보는 것도 매우 좋은 방향이라 생각한다.

기상망명족이라면 'ECMWF charts' 방문을 권하며, 기상 및 기후에 대한 학습을 위해서는 'ECMWF Media centre', 'Climate.gov', 'Met Office'를 찾아보아도 좋다. 무엇보다 한반도의 기상정보는 우리나라 기상청 자료를 가장 신뢰할 수 있다. 최신 자료일수록 신뢰도가 높아지는 기상정보의 특성이 있으니 자주 확인해 대비하는 습관을 가져보면 어떨까?

더욱 중요해지는 기상관측

일기예보의 정확도는 현재 대기의 상태와 운동을 얼마나 정확하게 관측하는지에 달려 있다. 우리가 사는 북반구 중위도는 편서풍대로, 서에서 동으로 이동하는 시스템의 영향을 많이 받는다. 상층 편서풍 파동의 남북 출렁임은 여름철 폭우와 겨울철 한파의 원인이 되기도 한다.

상층 편서풍 제트류는 보통 일본 상공에서 가장 강한데, 1920년대 일본인 기상학자 와사부로 오이시^{Wasaburo Oishi}가 다테노(도쿄에서 북동쪽으로 60킬로미터 떨어진 지점)의 고층기상관측소 초대소장으로 있을 때 관측용 풍선을 띄워 연직 바람장을 측정하면서 상층에 매우 강한 서풍의 존재가 드러났다. 이후 이것이 제트류로 밝혀졌고, 세계 최초의 제트류 관측으로 기록되었다. 일본은 제2차 세계대전 때 이 제트류를 이용해 풍선에 폭탄을 실어 미국을 공격하는 '후고Fu-Go' 작전을 실행했는데 태평양 상공의 흐름을 실제보다 느리게 추정해 대부분 목적지에 도달하지 못하고 태평양 바다에 떨어졌다고 한다.

남북의 온도 기울기가 커지는 겨울에 더 빨라지는 제트류는 빠를 때는 시속 300킬로미터 이상이 나오고 수일이면 지구 한 바퀴를 돈다. 그뿐 아니라 엘니뇨 남방진동ENSO, 인도양 쌍극진동IOD, 매든 줄리안 진동MJO 등 적도 지역의 크고 강한 대류 현상이 파동의 형태로 중위도로 전파되어 날씨 및 기후에 영향을 준다. 이것이 한반도의 날씨를 예측하기 위해 전 세계의 관측 자료가 필요한 이유다. 이는 다른 나라에도 똑같이 적용되며 제로섬게임이 아니라 서로 나눌수록 더 좋아지는 훈훈한 게임인 것이다.

| 기상청의 관측

세계기상기구는 기상관측 체제 수립, 관측의 표준화, 자유롭고 제한 없는 기상정보의 국제적 교환을 위해 만든 정부 간 기구다. 전 세계적으로 동일한 시각에 표준화된 절차에 따라 관측이 이루어진다. 이렇게 생산된 관측 자료는 세계기상통신망Global Telecommunication System, GTS을 통해 국제적으로 교환된다. 우리나라는 이 통신망을 통해 북한이 전송한 27개 지점의 관측 자료를 이용할 수 있으며 북한도 같은 방식으로 우리 자료를 활용할 수 있다.

우리나라의 근대적 기상 업무는 1904년 부산, 목포, 원산, 용암포에 '기상관측소'를 설치하면서 시작되었고 1949년 '국립중앙관상대'에서 1990년, 지금의 '기상청'이 되었다. 현재는 기상청 본청, 지방기상청, 국립기상과학원, 수치모델링센터, 국가기상위성센터, 국가태풍센터, 기후변화감시소 등 전국의 기상 전문가 네트워크가 구성되어 관측과 예보로 기상, 기후 자료를 생산하고 연구한다.

기상청은 '날씨누리'와 '기상자료개방포털' 사이트를 통해 관측과 수치예보 자료를 제공한다. 기상청의 관측 업무는 크게 직접관측과 원격탐사로 나눌 수 있다. 직접관측은 보다 장기적인 자료가 존재하고 정확하지만 시공간적으로 균일하지 못하다. 원격탐사는 시공간으로 균일하고 조밀하지만 가공 및 추론으로 정확도가 떨어지고 장기적인 자료의 확보가 어렵다.

먼저 직접관측을 위해 지상에 설치된 자동기상관측장비Automatic Weather Station, AWS를 살펴보자. 기온, 풍향, 풍속, 강수량, 강수 유무 등을 측정하며, 관측 장소는 해당 지역의 기상을 대표할 수 있는 곳으로 통풍이 잘되고 관측에 영향을 주는 장애물이 없는 35제

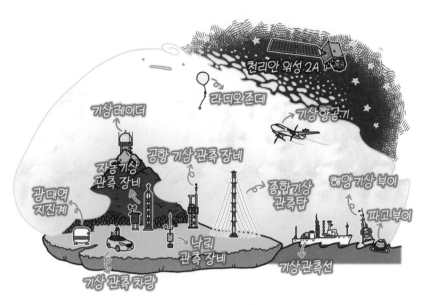

기상청에서 수행하는 대기-해양 관측 네트워크

곱미터 이상의 평탄한 지역을 선정한다.

지방기상청, 기상대, 관측소 등에 설치된 종관기상관측(ASOS) 105개 지점과 산악 지역, 섬처럼 사람이 관측하기 힘든 지역에 설치된 방재기상관측(AWS) 554개 지점이 전국에서 운영 중이다. 관측 센서로부터 수신된 신호는 디지털로 변환되어 일정한 처리를 거쳐 자동기상관측장비 표준규격으로 편집 후, 종합기상정보시스템에 매 1분 간격으로 전송된다.

고층기상관측은 라디오존데가 담당하는데 9시와 21시에 2회 관측을, 위험기상 발생 시 3시와 15시를 추가한 특별기상관측을 수행한다. 지상에서부터 성층권이 있는 고도 30킬로미터 이상 상공까지 연직으로 기온, 습도, 풍향, 풍속, 기압을 라디오존데를 통해 관측한다. 수치예보 결과를 관측 자료와 비교하는 관측 검증 시 세계기상기구가 지정한 지점의 고층기상관측(라디오존데) 자료를 이용한다. 이때 관측 지점과 가장 가까운 수치예보의 격자점 수치를 검증에 활용한다.

2017년 11월 도입된 기상항공기 나라호^{NARA}는 대기 화학 성분, 강수 및 구름 입자 등을 측정할 뿐 아니라 드롭존데^{Dropsonde}를 떨어뜨려 상공에서 지상으로, 라디오존데와는 반대 방향으로 대기의 연직 상태를 관측하며 위험기상 관측, 환경 기상 감시, 구름물리 관측과 기상 조절 실험 업무를 수행한다.

반도인 우리나라는 해양 기상관측 또한 중요하다. 기상청은 해양기상부이와 파고부이를 이용할 뿐 아니라 2011년 5월 취항한 기상 1호$^{GISANG 1}$가 AWS와 CTD$^{conductivity, temperature and depth}$ 등의 관측 장비를 장착하고 연간 160일 정도 한반도 주변 바다를 누비며 기상과 해양을 관측하고 있다.

기상위성과 기상레이더

원격탐사에는 기상위성과 기상레이더 등이 이용된다. 기상위

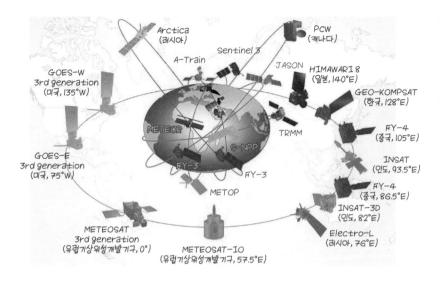

성은 정지궤도 위성과 극궤도 위성으로 나뉜다. 정지
궤도 위성은 적도 상공 3만 6000킬로미터 궤도
에서 지구와 함께 자전하는데, 지상에서 보면 항
상 같은 위치에 있다. 극지방을 제외한 지구의 약 4분의 1을 관측
할 수 있다. 전 세계적으로 정지궤도 기상위성은 미국의 'GOES',
유럽의 'Meteosat', 일본의 'Himawari', 중국의 'FY^Feng-Yun', 인도의
'INSAT' 등이 운영된다.

우리나라가 현재 운영 중인 천리안위성 2A호^GEO-KOMPSAT-2A, GK2A
는 국내 기술로 개발된 최초의 기상위성이며 정지궤도에 위치해 있
다. 2010년 6월에 발사된 국내 최초의 기상위성인 천리안위성 1호

는 2020년 3월에 임무가 종료되었다. 천리안위성 2A호는 관측 시 반사거울을 회전해 동서나 대각선 방향으로 조금씩 움직이며 지구 반구를 10분, 한반도 영역은 2분 간격으로 관측을 수행한다. 태풍

기본 산출물	부가 산출물
구름 탐지	산불 탐지
대기 안정도 지수	식생 지수
연직 습도 프로파일	식생율
연직 온도 프로파일	지표면 방출율
대기 운동 벡터	지표면 반사도
오존량	적설 깊이
대류운 발생 탐지	해류
강우 강도	운형
운상	운량
운정 고도	구름 광학 두께
운정 기압	구름 입자 유효 반경
운정 온도	구름 수액 경로
복사량	구름 빙정 경로
황사 광학 두께	구름층, 고도
에어로졸 광학 두께	강수 확률
화산재 탐지	잠재 강수량
황사 탐지	에어로졸 입자 크기
에어로졸 탐지	시정
해빙	상향단파복사(대기 상한)
적설	하향단파복사(표면 도달 일사량)
지표면 온도	흡수단파복사(지표면)
해수면 온도	하향장파복사(지표면)
안개	상향장파복사(지표면)
	상향장파복사(대기 상한)
	착빙
	성층권 침투 대류운 탐지
	이산화황 탐지
	가강수량
	대류권계면 접힘 난류 탐지

天리안 기상위성 2A호의 기본 및 부가 산출물

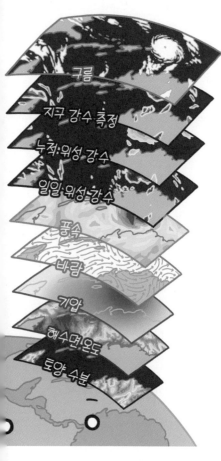
정지궤도 위성의 산출물

이나 산불 같은 위험기상 및 재해 시에는 특정 관측 영역을 2분 간격으로 고정 또는 추적 관측하는 특별관측이 수행된다.

정지궤도 위성은 관측 위치를 일정하게 함으로써 위험기상을 계속해서 추적하고, 연속적으로 관측하는 구름의 움직임을 통해 풍향과 풍속을 산출할 수 있다는 것이 장점이다. 가시채널, 단파적외채널, 수증기채널, 적외1채널 등 총 16개 채널을 통해 관측을 수행하며 강우 강도, 구름 탐지, 해수면 온도, 지표면 온도, 대기 운동 벡터, 에어로졸 탐지 등 23종의 기본 산출물과 산불 탐지, 식생 지수, 시정, 가강수량 등의 부가 산출물 29종을 생산한다.

천리안위성 2A호는 2019년 7월부터 10년간 임무를 수행하고 종료될 예정이며, 후속 기상위성으로 천리안위성 5호가 개발 중이다. 이는 우리나라 최초 민간 기업이 개발하는 정지궤도 위성으로,

현재 최대 500미터 공간해상도를 약 250미터 공간해상도로 높여 위험기상을 보다 정밀하게 관측할 예정이다.

극궤도 위성은 지구를 남북으로 일주하며 하루에 두 번 같은 장소를 관측한다. 정지궤도 위성보다 훨씬 낮은 고도인 800~1000 킬로미터 궤도에서 관측을 수행하므로 고도에 따른 기온 분포나 신호가 약한 마이크로파복사 등도 측정이 가능하다. 1960년 NASA 가 발사한 세계 최초의 기상위성 TIROS-1이 극궤도 위성이었다. 현재 운영되는 극궤도 기상위상은 미국의 TIROS-N/NOAA 시리즈와 중국의 FY-3 시리즈가 있다.

이제 레이더에 대해 잠시 짚고 넘어가자. 제2차 세계대전 때 적의 항공기와 선박을 탐지하기 위해 개발된 레이더는 에코echo가 비, 눈, 우박을 탐지할 수 있다는 점이 발견되면서 기상관측에 활용되기 시작했다. 기상레이더는 발사된 전파가 강수 입자에 산란되어 돌아오는 신호를 이용해 강수 현상을 입체적으로 파악할 수 있어 강수의 강도, 분포, 형태(비, 우박 등), 이동속도 등을 원격으로 탐지한다. 집중호우나 태풍 같은 위험기상의 감시와 초단기예보에 활용도가 높다.

기상청은 관악산과 구덕산 등 현업용 기상레이더관측소 10개소를 운영한다. 이외에도 인천공항 기상레이더 1개소, 기술 개발용 1개소, 연구용 소형 기상레이더 3개소를 운용하며 환경부 7개소, 국방부 10개소의 기상레이더 자료를 실시간으로 주고받으며 공동으로 사용하고 있다. 또한 중국, 일본, 러시아 등 주변 국가의 43개소의 레이더 자료를 교환하여 활용 중이다.

관측과 수치예보의 유기적 발전

이렇게 우리나라를 비롯한 전 세계 관측 네트워크가 발전한 덕분에 수치예보 성능도 함께 개선되어왔다. 특히 위성 관측은 직접 관측하기 어려운 지역의 대기, 육지, 해양, 해빙에 대한 정보를 제공하며 공백을 메우는 데 큰 역할을 한다. 예를 들어 육지보다 해양이 차지하는 영역이 큰 남반구는 직접관측이 어려워 관측 자료가 북반구보다 부족하다. 이로 인해 ECMWF의 500헥토파스칼 지위고도 모의 능력이 북반구에 비해 많이 떨어졌는데 2000년대 들어 그차이가 확연히 줄어들었다. 변분법을 이용해 위성 자료를 활용하는 돌파구를 마련해 남반구 모의 능력이 크게 개선된 것이다.

수치예보 분야에서 최고의 성능을 보이는 ECMWF 통합예측 시스템에 자료동화되는 관측 자료의 80퍼센트 이상(2020년 3월 1일 기준)이 위성 자료로, 항공관측, 라디오존데 등 다른 관측 자료에 비해 압도적이다. ECMWF는 위성 자료 가운데 적외선채널 자료를 가장 많이 이용하고 있고, 특히 구름과 강수의 영향을 받는 마이크로파채널 자료 활용을 개척하며 수치예보 성능을 높이는 데 크게 기여했다. 위성 자료는 다시 수치예보 결과의 검증에도 활용되며 중기예보 기술을 향상시키는 핵심 역할을 하고 있다. 수치예보 생산 자원의 많은 부분을 자료동화에 쓸 만큼 중요도가 크기 때문에 새로운 관측 자료의 잠재적 영향을 평가하고 발굴하는 노력도 함께 이루어진다.

우리나라의 차세대수치예보모델개발사업단도 신규 첨단 관측 자료의 활용과 앙상블 기반 자료동화 기술 개발에 힘쓴다. 호우 세포와 같이 작은 규모를 모의하는 고해상도 모델 개발을 위해 가변 격자 체계 기반 역학코어와 물리과정을 개발 중이며 예측 기간 연장을 위한 경계모델 결합 연구도 수행하고 있다.

하지만 과학적으로 이해된 현상을 수학적으로 표현해 활용하는 수치예보의 특성상 수치예보모델의 해상도를 높이는 것만이 능사는 아니다. 관측 네트워크의 해상도 증가와 과학적 무지의 빈틈을 메우는 작업이 함께 병행되어야 한다. 또한 관측 네트워크가 늘어나고 모델의 해상도와 복잡성이 증가할수록 자료의 양도 방대해지므로, 이를 관리할 인프라와 기술도 함께 확충되어야 한다. 따라서 예보 향상을 위해서는 관측 네트워크와 통신 기술, 컴퓨팅 인프라, 자료동화 시스템, 수치예보모델이 유기적으로 함께 발전해나가야 한다.

태풍이 많이
생기는 곳

2003년, 태풍 매미가 상륙했을 때 강풍 때문에 부산항의 크레인이 넘어간 사고는 유명하다. 발생 13년 만에 자연재해가 아닌, 부실 시공 문제가 제기되며 시공사와 크레인 제작 업체에 거액을 배상하라는 판정이 나기는 했지만, 태풍 매미는 1959년 태풍 사라 이후 한반도에 상륙한 가장 강력한 태풍으로, 많은 인명과 재산 피해를 남겼다. 그 뒤 강한 태풍의 상륙이 예견될 때마다 상징적으로 거론되는데 2022년 제11호 태풍 힌남노 예보에도 어김없이 등장했다.

우리나라 제주 동쪽 해상을 지나 거제에 상륙한 힌남노는 태풍의 중심이 한반도 끝자락에 걸쳐지는 경로로 동해상을 빠져나갔다. 특히 포항시에 큰 피해를 주었는데 태풍으로 인한 폭우와 배수 시스템 문제가 겹치며 냉천이 범람했다. 포스코 포항제철소에 침수 피해가 일어나 창립 이후 처음 가동 중단이라는 초유의 사태가 일어났으며, 아파트 지하 주차장 침수로 인명 피해 또한 컸다.

태풍 예보의 한계점과 위험기상에 대한 경각심을 상기시킨 힌남노의 생애는 태풍 활동 연구의 종합 세트라고 할 수 있다. 태풍 활동은 발생, 강도, 진로, 강수 등 생애에 따른 특성을 포괄하는 개념인데 힌남노는 이 모두를 매우 이례적으로 보여주었다.

힌남노로 읽는
태풍의 생애

우리 뇌리에 각인된 태풍 매미와 비견되는 강도의 태풍이 한반도에 올 것이라는 예보로 힌남노는 상륙 전부터 큰 관심을 받았다. 평균적인 태풍 발생 위치보다 상대적으로 높은 위도에서 생겼음에도 평년에 비해 따뜻해진 해양 위를 빠르게 서진하며 5등급 강도로 급격히 발달했다.

여기서 잠시 태풍의 급강화와 급약화를 살펴보고 가자. 하루 동안 일어나는 태풍의 강도 변화가 과거 자료의 통계상 95퍼센타일 기준으로 강화되거나 약화되는 현상을 각각 급강화(하루에 10미터 풍속 15.4m/s 이상 강화)와 급약화(하루에 10미터 풍속 20.6m/s 이상 약화)라고 부른다.

일본 오키나와현으로 이동하던 힌남노는 자신의 남쪽에 위치한 열대저압부tropical depression, TD와 결합해 덩치를 키웠는데, 이후 주변의 기압 배치로 인해 대만의 북쪽 해상에서 약 60시간을 정체하게 되고 이때 지속되는 해양과의 상호작용으로 급약화되었다. 태풍의 저기압과 하층 반시계 방향의 바람은 해수면 아래의 차가운 해수를 위로 끌어 올리는 용승을 일으킨다. 또 강한 하층 바람은 해수면의 수증기 증발과 해양의 강한 혼합을 만들어내며 해수면 온도를 크게 낮출 수 있다. 이러한 태풍-해양 상호작용 때문에 1등급(사피르-심슨 강도 등급)으로 약해진 힌남노는 북상하는 과정에서 다시 해수온이 높은 해양 위를 지나며 재강화되었다.

이후 제주 부근을 지나면서 해양과 대기의 조건이 모두 태풍의 구조를 와해시키며, 예상했던 강도와 진로에 비해 약하게 오른쪽으로 치우치며 거제에 상륙 후 동해상으로 빠져나갔다. 힌남노는 나이키의 스우시Swoosh 로고를 연상케 하는 급격한 방향 전환(전향)을 보인 진로 외에도 강도 또한 급격한 강화 및 약화를 보여준 사례였다.

또 다른 특징을 들면, 위성에서 바라본 힌남노의 전체 크기는

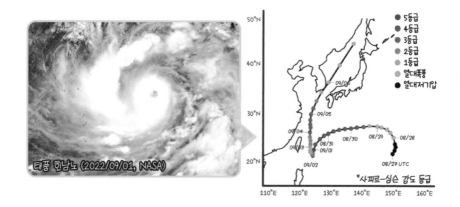

태풍 힌남노 (2022/09/01, NASA)

시간은 UTC, 9시간을 더하면 한국 시간.
태풍 자료는 강도를 지상 10m 바람의 1분 평균 풍속을 기준으로 하는
미국 합동태풍경보센터(JTWC) 자료를 이용.

───────── **2022년 제11호 태풍 힌남노의 진로와 강도** ─────────

컸지만 태풍의 눈이 핀으로 찍은 것같이 작다는 뜻의 '핀홀아이
pinhole eye' 태풍이어서 강도 예보에 어려움을 안겼다는 점이다. 태풍
의 평균 눈 지름은 30~65킬로미터인 것과 달리, 핀홀아이 태풍은
16킬로미터 이내로 태풍의 중심부에서 바람 회전이 매우 강하고
강도 변화도 아주 급격한 것으로 알려져 있다.

    힌남노는 서진하며 강화되는 발달 초기에 빠른 속도로 따뜻한
해양을 지났기 때문에 해양에서 열에너지는 공급받되, 태풍의 저기
압과 하층 바람으로 인한 해수면 온도 하강의 영향은 상대적으로
적게 받을 수 있었다. 이렇게 빠른 이동속도는 해양에 의한 태풍 강
도 약화를 막는 역할을 한다. 태풍-해양 상호작용은 태풍의 이동속

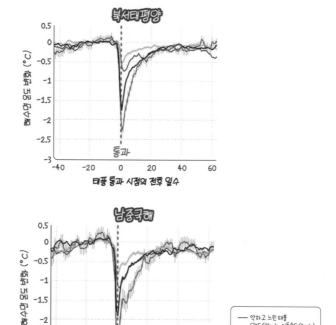

태풍이 지나간 전후의 해수면 온도 변화

도, 크기, 강도, 해양 상층의 성층화(연직 안정도)의 영향을 받는다. 태풍이 느리게 지나갈수록, 크기는 클수록, 강도는 강할수록, 태풍으로 인한 해수면 온도 하락이 큰 경향이 있고 이는 다시 태풍의 강도를 약화시킨다. 이러한 반응은 혼합층의 심도가 깊은 북서태평양보다 혼합층의 심도가 얕은 남중국해에서 더 크게 나타난다.

이렇게 태풍 힌남노를 통해 태풍 활동에 대한 전반적인 그림을 살펴보았다. 그동안 태풍 진로 및 강도 예측에 많은 향상이 있었음에도 급격한 강도 변화에 대한 이해와 예측은 아직까지 어려운 실정이다. 태풍 활동에 대한 꾸준한 관측과 연구가 지속되어야 하는 이유다.

| 열대저기압이란?

지금까지 편의상 태풍이라고 불렀지만 여기서 열대저기압 tropical cyclone이라는 개념을 짚고 넘어가자. 열대저기압은 북반구 하층에서 바람이 반시계 방향으로 회전하며 수렴 상승하고 상층에서는 시계 방향으로 회전하며 발산하는 2차 순환 구조를 가진다(남반구에서는 바람 회전 방향이 반대). 중상층에는 이러한 바람 구조의 엔진 역할을 하는 온난핵warm core이 있다. 주변의 어떠한 강제력 없이 이러한 구조가 유지될 때 우리는 열대저기압이 '발생'했다고 한다.

정량적으로는 지상 10미터 최대 풍속이 초속 17.5미터 이상이 될 때이며, 북서태평양 지역은 관측 기관에 따라 1분 평균(미국 합동태풍경보센터JTWC) 또는 10분 평균(도쿄 지역특별기상센터RSMC Tokyo) 풍속을 기준으로 한다. 발달하는 과정을 따라가보면 열대요란tropical disturbance에서 열대저압부로 조직화되고 다시 열대폭풍tropical storm (17.5m/s 이상)으로 강화되는데 이때부터 열대저기압으로 다루어지며 발생 위치도 열대폭풍 강도 이상이 되는 시점을 기준으로 한다.

여기서 더 강화되어 지상 10미터 최대 풍속이 초속 33미터 이상이 되면 태풍typhoon 강도가 되고 이때부터 우리가 뉴스에서 접하는 1등급, 5등급과 같은 '등급'이 붙기 시작한다(우리나라 기상청의 예보 기준은 다르다). 현재는 5등급이 가장 강한 강도이며 국제적으로 열대저기압의 강도를 나타내는 기준에 대해서는 지구온난화에 따른 연구 측면과 대중이 받아들이는 경보의 의미 측면에서 새로운 논의가 진행 중이다.

발생하는 대양에 따라 북서태평양에서는 태풍, 대서양과 동태평양에서는 허리케인, 인도양과 남태평양에서는 사이클론이라 불린다. 대양에 따라 해양과 대기의 고유한 특성이 다르고 관측 자료의 기간과 산출 방법도 달라 열대저기압에 대해 이야기할 때는 지역별로 나누어 살펴보아야 한다.

태풍 발생의
비밀을 밝혀라

이제 한반도가 위치한 북서태평양에 집중해보자. 전 지구 열대저기압의 3분의 1이 북서태평양에서 발생하며 그중 태풍 활동이 가장 활발한 곳이 필리핀 앞바다다. 우리는 경험적으로 여름과 초가을을 태풍 활동 시기라고 느낀다. 실제로 7~10월에 가장 활발하며 한반도에 영향을 주는 태풍의 발생은 7~9월에 집중된다.

하지만 동아시아가 위치한 북서태평양 지역은 태풍이 연중 발생 가능한 조건을 갖추고 있다. 기후적으로 태풍이 언제든 발생할 수 있는 곳은 전 지구에서 북서태평양이 유일하다. 이유를 우리는 필리핀 앞바다에서 찾을 수 있다. 이곳은 무역풍에 의해 따뜻한 해수가 계속해서 쌓이는 웜풀warm pool 지역이다. 따라서 대류가 일어나 태풍 발생을 돕는 해수면 온도의 기준인 섭씨 26.5도 이상을 연중 유지한다. 이렇게 대류가 활발히 일어나는 조건과 함께 잠재적으로 태풍으로 발달할 수 있는 열대요란의 생성과 소멸 또한 활발하다.

해수면 아래에도 따뜻한 해수가 깊은 곳까지 자리하고 해양의 상층이 연직적으로 안정화되어 있어 태풍이 이곳을 지나가면 해양에서 열에너지는 공급받으면서도 태풍으로 인한 해양의 냉각은 적어 급강화가 되기 좋다. 이와 달리 한반도의 서해안은 수심이 얕고 해양 상층부의 수온이 낮아 이곳으로 북상하는 태풍은 태풍-해양

월	1	2	3	4	5	6	7	8	9	10	11	12	연평균
태풍수	0.3	0.3	0.3	0.6	1.0	1.7 (0.3)	3.7 (1.0)	5.6 (1.2)	5.1 (0.8)	3.5 (0.1)	2.1	1.0	25.1 (3.4)

발생일 기준으로 최근 30년(1991~2020년) 동안 평균한
월별 태풍 발생과 한반도 영향 태풍 수(괄호 안)

상호작용으로 인해 약화될 가능성이 높다.

종합하면 필리핀 앞바다는 해양의 측면에서 태풍 활동에 매우 좋은 조건을 갖추고 있다. 이제 대기의 조건이 함께 좋다면 태풍이 활발하게 발생하게 되는데 그 시기가 바로 7~10월인 것이다. 즉 북서태평양 지역에서 태풍 발생의 키는 대기가 잡고 있다. 1990년 대 중반 이후 해수면 온도는 상승했지만 북서태평양 지역 태풍의 발생은 감소했고 발생 위치는 북서쪽으로 이동했는데, 이는 북태 평양고기압이 북서쪽으로 확장됨에 따라 북서태평양 지역 남동쪽 먼바다의 대기 환경이 태풍 발생에 비협조적이었기 때문이다.

여름철이 되면 강한 남서풍의 계절풍(여름 몬순)이 발달하면서 열역학적으로 남쪽의 따뜻하고 습한 공기가 더 많이 공급되고, 역 학적으로 반시계 방향의 순환이 증가해 주변 환경이 태풍 발생에 좋은 조건을 갖추게 된다. 상하층 바람장의 차이(200-850헥토파스칼 바람)가 작으면 태풍의 엔진 역할을 하는 중상층 온난핵의 유지에 유리하며 하층에서 상층으로 열에너지 전달이 더 효율적으로 일어 난다.

남서풍의 몬순류가 동쪽으로 확장되면 이 상하층 바람장의 차 이가 작아지는 해역이 동쪽으로 함께 확대되며 태풍 발생 가능 지 역도 넓어진다. 열대요란이 이러한 대기의 호조건 아래에서 열대 저기압으로 발달할 수 있는데 주변 환경이 좋다고 해서 열대요란 이 반드시 열대저기압으로 발달하는 것은 아니다. 바로 이 지점에서 현재 태풍 연구의 한계가 존재한다. 관측과 과학적인 이해 부족으로 아직은 태풍의 발생과 강도 변화에 대한 기작이 모두 밝혀지지 않았다.

기후학적으로 이해되는 태풍 발생에 대해 간략히 정리하면 다음과 같다. 먼저 활발하게 일어나는 작은 규모의 대류를 조직화하기 위해서는 더 큰 규모에서 대기의 흐름이 서로 수렴하며 풍부한 수증기와 상승기류가 공급되어야 한다. 여기에 더해 앞서 이야기한 상하층 바람장의 차이가 크지 않아야 하며 기압경도력에 의한 바람 방향을 꺾어줄 수 있는 코리올리힘이 필요하므로 적도 근처에서는 태풍이 발생하지 않는다. 종합하면 북서태평양 지역의 대기 측면에서는 북동쪽에 북태평양고기압이 자리하면서 남쪽에서 남서풍이 불어오는 여름철과 이른 가을철이 태풍 발생에 최적의 시기가 되는 것이다.

태풍의 진로는 무엇이 결정할까

지금까지 살펴본 태풍의 발생 및 발달에 관한 연구와 비교하면 진로에 대한 연구는 상대적으로 많은 진전이 있었다. 태풍의 진로는 무풍지대를 가정하면 지구 자전의 영향으로(코리올리효과) 북서진하게 된다. 이에 더해 태풍 주변의 우세한 연직 평균 바람장을 따라 태풍이 이동하게 되는데 이러한 바람장을 지향류steering flow라고 한다. 마치 선장이 바다에 떠 있는 배에서 키를 잡고 항해하는 것처럼 바다 위의 태풍 진로를 지향류가 결정하는 모습을 표현한 것이다.

태풍의 진로는 계절과 발생 위치에 따라 다른 양상을 보인다. 여름철에는 남서풍의 몬순류 강화와 북태평양고기압의 서쪽 확장에 따라 북동아시아로 태풍의 길이 열려 한반도로 북상해오는 태풍의 수가 늘어난다. 가을철에는 중위도 상층의 강한 서풍 제트류가 남하하고 북태평양고기압이 동쪽으로 후퇴함에 따라 태풍의 길이 한반도 남부 아래와 일본 주변부를 향해 열려 북상하던 태풍이 일본을 향해 전향하여 북동진하는 경향을 보인다.

실제로 기상청에서 제공하는 평년값을 보면 여름철 한반도에 영향을 주는 태풍의 수가 가을철에 비해 2.7배 이상 많다. 하지만 우리의 기억 속에는 가을 태풍의 위력이 더 크게 각인되어 있을 것이다. 앞서 이야기한 해양 상층의 이야기를 떠올려보자. 필리핀 앞바다의 따뜻한 수온이 깊게 발달한 해역은 가을철이 되면서 동쪽으로 더 확장되고, 여름철 북쪽으로 확장되었던 대기장의 호조건도 남하해 남동쪽에서 발생하는 태풍의 수가 늘어나게 된다.

남동쪽 먼바다에서 발생한 태풍이 필리핀 앞바다를 지나 긴 진로를 보이는 것이 해양에서 오랜 기간 열에너지를 공급받아 태풍 강화에 더 유리한 편이다. 편의상 열대저기압을 태풍이라고 표현하지만 강도의 구분을 하지 않는 열대저기압의 수는 8월이 가장 많고 태풍 강도 이상의 열대저기압 수는 9월이 가장 많은 것도 이러한 이유다. 종합하면 기후적으로 가을철 한반도에 영향을 미치는 태풍의 수는 여름철에 비해 적지만 강도는 여름철에 비해 더 클 수 있다.

이렇게 태풍 활동의 기후적인 계절 특성은 비교적 이해가 되어 있지만 변동성을 만드는 규모 간 상호작용의 비선형성과 자연의 무작위적인 특성으로 인해 개별 태풍이나 계절내 규모의 태풍 활동에 대해서는 상대적으로 밝혀지지 않은 부분이 많다. 태풍 연구자들이 이해하지 못한 태풍 발생 및 발달에 관한 연구를 위해서는 위성 관측 이외에 충분한 기간 동안 다양한 태풍 사례의 직접관측 자료와 수치모델을 이용한 연구가 병행되어야 한다.

여기에는 큰 비용과 숙련된 인력이 요구된다는 어려운 점이 있다. 특히 북서태평양 지역은 전 지구에서 태풍이 가장 많이 발생하는 지역임에도, 1987년 이후 상시 비행 관측이 중단된 상태이며 이에 따라 장기 태풍 자료에 대한 신뢰도 문제가 있어 지구온난화로 인한 태풍 활동 변화의 분석에 어려움을 겪고 있다. 우리나라에서 태풍 연구가 올바른 방향으로 나아가기 위해 지금이라도 양질의 장기 자료 확보와 연구자 양성이 필요함을 강조하고 싶다.

마지막으로 태풍 피해 측면에서도 다각적인 연구가 진행되어야 한다. 2019년 한반도에 상륙한 태풍 링링은 바람에 의한 피해가, 태풍 타파는 비에 의한 피해가 강조되었던 것처럼, 태풍의 개별 특성 및 우리나라에 영향을 주는 시점의 기상 상태 등에 따라 피해 양상이 달라질 수 있다. 그에 따른 대비책 역시 달라져야 하기 때문에 중요한 과제다.

2016년 태풍 차바는 부산을 지날 때 1등급의 강도로 약화되었음에도, 만조로 높아진 수심 때문에 해안가의 방파제가 무용지물이 되었다. 당시 울산에서는 집중호우로 태화강이 범람 위기까지 가는 등 큰 피해를 입었다. 이외에도 바람은 고도가 높아질수록 강해지는데 해안가 주변 고층 빌딩이 밀집한 곳은 빌딩 사이로 부는 바람의 영향까지 겹쳐 더 큰 피해가 예상되는 지역이다.

태풍은 그로 인해 발생되는 피해가 큰 자연현상인만큼 국민의 안전을 위해 다소 과한 예보를 낼 수도 있다. 처음 예보와 다르게 큰 피해를 주지 않고 지나갈 수도 있고 피해가 있더라도 태풍의 비대칭성과 지형 구조의 차이로 지역별 피해 양상이 달라져 체감하는 정도가 다를지 모른다. 하지만 태풍은 단 한 번의 영향으로도 심각한 인명 및 재산 피해를 발생시킬 수 있는 무서운 자연현상임을 기억하자. 우리는 태풍 루사와 매미를 겪었다. 위험기상으로 대표되는 태풍에 대한 대비책과 예보에 대한 국민적 이해를 높여 만에 하나 발생할 위험기상의 피해를 최소화할 수 있었으면 하는 바람이다.

적도 태평양을
모니터링하는 이유

현대 일기예보를 이끈 대기과학의 명문가라면 노르웨이의 비야크네스 가문이 아닐까? 앞서 이야기했듯, 수학과 물리에 밝았던 빌헬름 비야크네스가 대기의 원시 방정식을 정리하며 수치예보 가능성의 토대를 닦았다면, 그의 아들 야코프 비야크네스는 중위도 한대전선과 엘니뇨 남방진동의 개념을 정립한 것으로 유명하다.

이들이 주축이 된 노르웨이의 베르겐^{Bergen} 학파는 현대 일기예보의 실무와 기상학의 기틀을 마련했다. 미국 캘리포니아로 이주한 야코프 비야크네스는 UCLA 기상학과를 설립했고, 재직할 당시 동태평양의 해수면 온도가 이상적으로 따뜻해지면 동풍이 약해지면서 폭우가 일어나는 것을 관찰하게 된다. 이후 그는 대기-해양 상호작용으로 이러한 현상을 설명했다.

엘니뇨와 라니냐를 통칭하는 엘니뇨 남방진동은 2~7년 주기를 가지고 발달하며 전 지구의 대규모 순환장을 변화시켜 전 세계 기상과 기후에 영향을 미치는 중요한 이벤트다. 발생부터 소멸까지 수개월에서 1년 이상 지속되고 발생 몇 달 전부터 예측이 가능하다는 점이 계절 예측 분야에서 중요하게 모니터링되고 연구되는 이유다.

엘니뇨 해일까, 라니냐 해일까?

페루 지역 어부들이 크리스마스 시기 즈음에 적도 동태평양 지역의 해수온이 뚜렷이 올라가는 해와 내려가는 해를 겪으면서 경험적으로 이 현상을 발견했다. 적도 동태평양 지역은 차가운 해수가 영양염과 함께 용승하는 곳인데, 용승이 줄면 어부들의 어획량도 줄어들기 때문이다. 해수온이 평년에 비해 높아지는 현상이 크리스마스 즈음에 관찰되어 스페인어로 크리스마스의 남자아이

(아기 예수)라는 뜻의 'El Niño de Navidad'라고 부르기 시작한 것이 지금의 엘니뇨다. 반대로 여자아이라는 뜻의 라니냐$^{La Niña}$는 해수온이 평년에 비해 더욱 낮아지는 현상을 일컫는다.

엘니뇨와 라니냐는 앞서 이야기한 페루 앞바다인 'Niño 1+2' 구역부터 날짜 변경선(180도)을 포함하는 'Niño 4' 구역까지 적도 태평양 감시 구역 4곳의 해수면 온도 편차를 통해 모니터링된다. 적도 지역 동풍 계열인 무역풍으로 인해 서쪽 지역에는 따뜻한 해수가 쌓이고 동쪽 해안에서는 차가운 해수가 용승한다.

이렇게 서쪽에 따뜻한 해수면 온도를 보이는 웜풀(Niño 4 구역)과 동쪽에 차가운 해수면 온도를 보이는 콜드텅$^{cold tongue}$(Niño 3 구역)으로 대표되는 동서 해수면 온도의 기울기를 가장 잘 나타내는 지점이 'Niño 3.4' 구역으로, 이 지역의 해수면 온도 편차가 엘니뇨 남방진동을 대표하게 된다. 엘니뇨의 형태, 지속성, 강도 등의 다양

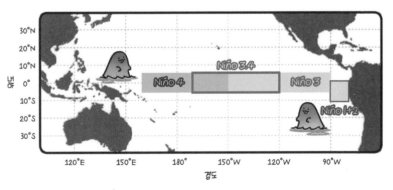

적도 태평양 엘니뇨와 라니냐 감시 구역

성을 분석할 때는 다른 구역의 해수면 온도 편차도 중요하게 다루어진다.

전통적인 엘니뇨 해와 라니냐 해의 정의는 Niño 3.4 감시 구역의 해수면 온도 편차를 3개월 이동평균moving average한 값인 ONI Oceanic Niño Index를 이용한다. 3개월 이동평균은 예를 들어 1~3월의 평균, 2~4월의 평균과 같이 값을 한 달씩 뒤로 이동하며 3개월 평균을 구하는 방식이다. 이 값이 5번 연속 섭씨 +0.5도(-0.5도) 기준과 같거나 넘어서게 되면 엘니뇨(라니냐) 해로 정의된다. 미국 기상청 기후예측센터에서는 매주 엘니뇨·라니냐의 진행, 현황 그리고 예측을 다방면으로 분석한 〈ENSO: 최근 진행, 현황 및 예측ENSO: Recent Evolution, Current Status and Predictions〉 리포트를 공개하고 있다.

현업 예보에서는 Niño 3.4 감시 구역의 월별 해수면 온도 편차가 섭씨 +0.5도(-0.5도) 기준을 충족하는지 여부와 대기의 구조가 엘니뇨(라니냐)의 특성과 일치하는지를 고려해 판단한다. 이때 해양과 대기의 편차 예측이 3개월 연속 지속되어야 최종적으로 엘니뇨(라니냐) 해로 주의보를 발표한다. 우리나라 아태기후센터에서는 '전 지구 기후 예측 해수면 온도 정보'에서 다중모델앙상블을 통한 엘니뇨 남방진동 계절 전망을 서비스하고 있다.

엘니뇨와 라니냐 현상을 머릿속에 그리려면 우선 평년 상태에 대한 이해가 선행되어야 한다. 30년 또는 더 긴 기간 동안의 평균값인 평년 상태를 기준으로 각각 양의 편차와 음의 편차를 더하는

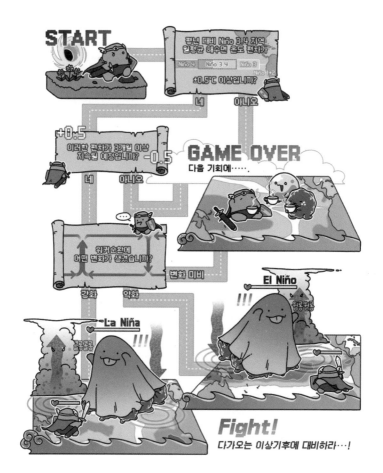

엘니뇨, 라니냐 예보 판단 알고리즘

방식으로 두 현상을 이해할 수 있기 때문이다. 앞에서 이야기했듯 적도 태평양 지역 대기 하층에서는 동에서 서로 무역풍이 분다. 이 동풍에 의해 서태평양 지역에는 따뜻한 해수가 쌓이고 동태평양 지역에는 차가운 해수가 올라오면서 동서 해수면 온도의 기울기가 만들어진다.

풍부한 수증기와 열에너지를 가지는 서태평양에서 강한 대류가 일어나고 상대적으로 차가운 동태평양 지역에서는 하강류가 생기며 서태평양에는 저기압이, 동태평양에는 고기압이 위치하게 된다. 바람은 기압이 높은 곳에서 낮은 곳으로 부는데 적도 태평양 하층에서는 동서 기압 차이로 고기압이 위치한 동쪽에서 저기압이 위치한 서쪽으로 바람이 불게 된다.

반대로 대기 상층에서는 서쪽에서 상승한 공기가 발산하고 동쪽에서 수렴하며 하강하는 구조로, 서쪽에서 동쪽으로 바람이 분다. 이렇게 동서와 연직으로 태평양에서 대규모의 대기 순환이 나타나는데 이를 워커순환Walker circulation이라고 한다. 길버트 워커Gilbert Walker는 인도양과 태평양 지역의 기압 차이가 적도 지역 기온 및 강수 패턴과 연관이 있음을 처음으로 주목한 기상학자다. 그는 호주 다윈 관측소와 타이티 관측소의 해면 기압의 동서 기울기 변화를 '남방진동'이라 부르고, 인도 몬순과의 연관성을 연구했다. 야코프 비야크네스는 앞서 설명한 적도 태평양 지역 동서 기압 차이에 의한 연직 순환장에 그의 이름을 붙여 워커순환이라고 명명했다.

엘니뇨는 이 워커순환이 약해지며 일어나는 현상이다. 날씨 규모의 확률적으로 무작위적인 바람, 매든 줄리안 진동, 태풍 활동 등 다양한 이유로 적도 태평양 대기 하층에 강한 서풍이 지속적으로 불어 무역풍이 약해지면 서태평양에 쌓여 있던 따뜻한 해수가 동

중립 상태(평년)의 대기-해양 상호작용

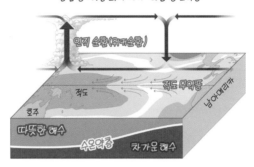

엘니뇨의 대기-해양 상호작용

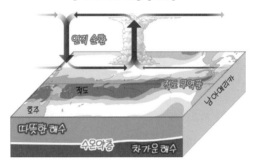

라니냐의 대기-해양 상호작용

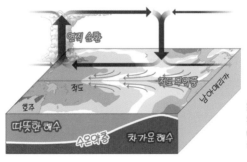

음영으로 나타낸 해수면 온도는 빨간색이 진할수록 따뜻하고 파란색이 진할수록 차갑다.

———— 엘니뇨 남방진동 관련 대기와 해양의 모습 ————

쪽으로 이동하고 동태평양의 용승이 억제된다. 이때 서태평양에서의 강한 대류도 동쪽으로 옮겨 가서 일어나게 된다. 기존의 동풍이 불던 자리에 서풍 편차가 생기게 되고, 이는 기존의 워커순환을 약화시킨다. 이 현상은 다시 해수면 온도의 동서 간 차이를 줄인다. 이렇게 양의 피드백이 작용하면서 적도 동태평양의 해수면 온도가 평년에 비해 더욱 높아지며 엘니뇨가 발달하는 것이다.

이와 달리, 어떠한 이유에서 적도 태평양 대기 하층의 동풍이 강해지면 워커순환이 강화된다. 이는 따뜻한 해수를 서태평양에 더 많이 쌓이게 하고 동태평양에서는 용승을 강화시켜 기존 해수면 온도의 동서 간 차이를 더 크게 만든다. 이는 다시 워커순환을 강화시키는데, 이러한 양의 피드백은 적도 동태평양의 해수면 온도를 평년에 비해 더욱 낮게 만들면서 라니냐를 발달시킨다.

야코프 비야크네스는 엘니뇨와 라니냐의 발달을 설명하며 '비야크네스 피드백'을 정립했다. 이것은 무역풍의 변화가 해수면 온도의 동서 기울기에 변화를 주고, 이는 해면 기압의 동서 기울기 변화를 가져와 다시 무역풍의 변화를 가속시키는 양의 피드백으로, 엘니뇨와 라니냐의 발달을 해양-대기 상호작용으로 설명한다. 엘니뇨 남방진동이라는 이름은 해수면 온도의 동서 기울기 변화를 대변하는 엘니뇨와 해면 기압의 동서 기울기 변화를 대변하는 남방진동의 결합으로 대기-해양 상호작용이 이 현상을 설명하는 주요한 기작임을 잘 나타낸다.

엘니뇨와 라니냐를 바꾸는
바닷속 모습

엘니뇨와 라니냐 시기에 따라 해양 상층 구조 또한 달라지게 된다. 해수면 아래에 잘 섞인 혼합층과 깊은 수심 아래 차가운 심해층 사이에 해수면 깊이에 따라 수온이 하강하는 구간을 수온약층이라고 한다. 수온약층은 적도에서 동쪽으로 이동하는 큰 규모의 행성파인 해양 켈빈파Kelvin wave에 의해 깊어지기도 얕아지기도 한다. 평년 상태에서는 적도 지역 동풍이 따뜻한 해수를 서쪽으로 누적시켜 서태평양의 수온약층이 깊고 동태평양은 얕은 형태를 띤다.

어떠한 이유로 적도 무역풍이 약화되면 서쪽에 쌓였던 두껍고 따뜻한 해수가 동쪽으로 이동하며 수온약층을 아래로 밀어내고, 이렇게 하강하는 해양 켈빈파가 아래로 밀어낸 수온약층으로 인해 심해층의 낮은 수온이 해양 상층까지 영향을 주기 힘들어 해수면 온도는 평년에 비해 올라가는 현상이 일어난다. 199쪽에 보이는 해양 상층, 상어 모양의 따뜻한 수온이 하강하는 켈빈파의 동진을 보여준다. 재미있게도 마치 상어가 적도 동쪽 해양 상층의 차가운 해수를 잡아먹는 형태인데 해수면 아래에서는 이미 몇 달 전부터 엘니뇨 발달을 준비하는 모습을 볼 수 있다.

이렇게 하강하는 해양 켈빈파가 지나간 후 뒤따라 상승하는 해양 켈빈파가 발생하기도 하는데 하강하는 해양 켈빈파와 반대로

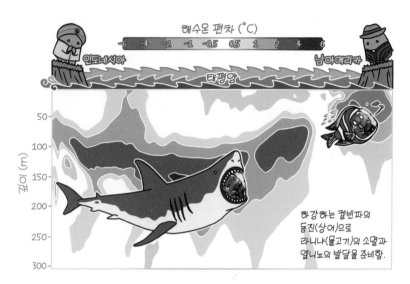

해수온 편차 (°C)

-6 -4 -2 -1 -0.5 0.5 1 2 4 6

인도네시아   태평양   남아메리카

깊이 (m)

50
100
150
200
250
300

하강하는 켈빈파의
등진(상어)으로
라니냐(물고기)의 소멸과
엘니뇨의 발달을 준비함.

───── 적도 태평양 해양 상층 해수온 편차의 연직 단면도 ─────

심해층의 차가운 물이 용승하고 수온약층이 해수면 표면으로 가까워져 해수면 온도가 평년에 비해 낮아지는 현상이 일어난다.

여기서 주의할 사항은 하강하는 해양 켈빈파가 강한 강도로 전파된 후 뒤따라 상승하는 해양 켈빈파가 꼭 강한 강도로 전파되는 것은 아니라는 점이다. 이는 바람이 강제력으로 작용하는 현상이어서 반대의 현상이 꼭 같은 강도로 일어나는 것은 아니기 때문이다.

이렇게 해양 켈빈파와 해양 상층 구조 변화를 설명한 이유는 해양 켈빈파의 전파가 엘니뇨와 라니냐 발달을 예상하는 하나의 근거로 활용되기 때문이다. 해양 켈빈파가 동쪽으로 전파하게 되면 적도 태평양을 지나가는 데 2~3개월의 시간이 걸리고 이를 통해 기후학자들은 엘니뇨와 라니냐 발달을 예상할 수 있다. 이때 염두에 두어야 할 사항은 해양 켈빈파의 전파로 인해 해양 상층의 수온이 변할 수 있지만 이것이 반드시 해수면에서의 온도 변화를 보장하는 것은 아니라는 점이다.

엘니뇨 남방진동이
우리에게 미치는 영향

엘니뇨 남방진동 현상이 전 지구적으로 이렇게 큰 영향을 주는 이유는 무엇일까? 적도 지역에서 섭씨 28도 이상이 되면 강한 대류 현상이 일어나는데 엘니뇨나 라니냐가 발생하면 기존 대류의 강도나 위치를 바꾸고 이것이 다시 대기의 흐름을 직접적으로 바꾸게 된다. 그뿐 아니라 적도 지역의 강한 대류는 대기의 파동 형태로 먼 지역의 기상과 기후에 영향을 줄 수 있다. 이를 원격상관이라고 하는데, 강한 대류로 인해 강수가 발생하면 대기 중층에서 잠열을 방출하게 되고 이는 대기의 파동을 유발한다. 또한 적도 지역의 강한 해수면 온도 변화는 남북의 온도 차이에 변화를 주어 중위도 상층 제트에도 영향을 미친다. 이러한 원격상관으로 중위도 지역 기압, 기온, 강수 등을 변화시킬 수 있다.

예를 들어 엘니뇨가 발생한 해에는 전 지구 평균기온이 상승하고 미국 허리케인의 활동이 줄며 캘리포니아와 플로리다까지 이어지는 남부의 강수가 증가하는 경향이 있다. 또한 인도네시아에서는 가뭄과 산불이 증가하는 경향이 있고, 우리나라에서는 여름철 강수가 증가하고 겨울철 기온이 상승하는 경향이 있다. 2023년이 전 지구적으로 더웠던 해가 된 데는 지구온난화에 더해, 2020년부터 3년 연속 이어져온 라니냐가 끝나고 강한 엘니뇨가 발생한 것이 영향을 미쳤다. 적도 태평양 해수면 온도 변화 이외에도 대기-해양 상호작용으로 엘니뇨 시기에는 해양에서 대기로, 라니냐 시기에는 대기에서 해양으로 열이 이동되는 경향이 있다. 그뿐 아니라 북서태평양 고기압의 발달로 남풍이 한반도로 유입되며 2023년 우리나라 겨울철 기온과 강수량이 평년에 비해 증가했다. 이렇게 엘니뇨 남방진동은 전 지구적으로 기상과 기후의 변화를 가져와 농업, 어업, 환경, 건강, 에너지 수요 등에 미치는 영향이 크다.

엘니뇨와 라니냐는 반대 현상으로 여겨지지만 공간적인 형태나 발달, 쇠퇴의 특성이 거울 이미지처럼 정반대 특성을 가지지는 않는다. 하지만 주기성이 있으며 발생과 소멸이 1년 이상 지속되는 장기성과 공간적으로 대규모의 현상이라는 특성을 바탕으로 전 지구의 기상 및 기후를 예측하는 데 중요하게 이용된다.

이를 위해 역학모델과 통계모델이 꾸준히 발전해왔으며 엘니뇨·라니냐 감시 구역의 관측과 모니터링도 장기간 이루어지고 있다. 아직 엘니뇨와 라니냐의 비대칭적 특성 및 엘니뇨 다양성에 대한 이해가 더 깊어져야 하지만 인도양, 대서양에서의 변동성과 북태평양 지역 적도-중위도 상호작용의 영향 등이 하나씩 밝혀지고 있는 등 엘니뇨 남방진동의 비선형성에 대한 연구가 활발히 진행 중이다. 연구자들의 이러한 노력을 바탕으로, 일상생활은 물론 산업계에 유용한 정보를 줄 수 있는 엘니뇨 남방진동에 대해 더 깊은 이해와 예측성 향상을 기대해본다.

자연 변동성과 인간 활동의 복합적 영향

지구온난화와 자연 변동성의 합작

지금의 온실 기체는 미움의 대상이다. 폭염, 가뭄, 폭우, 산불 등의 피해를 입으면 그 원인을 지구온난화를 일으키는 이산화탄소로 돌린다. IPCC 제6차 보고서에 따르면 관측과 기후모델 실험을 통해 인간 활동으로 인한 지구온난화는 과학적 사실이고 지역과 현상에 따라 신뢰도의 차이는 있지만 그로 인한 자연재해가 늘어나고 있다고 제시한다.

하지만 사실 온실효과를 일으키는 수증기, 이산화탄소, 메테인은 우주로 빠져나가는 지구 복사에너지를 흡수해서

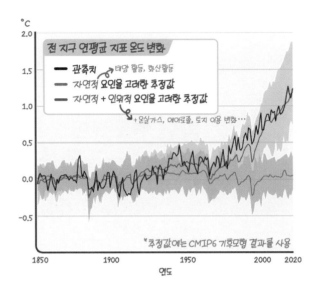

℃
2.0

전 지구 연평균 지표 온도 변화

━━ **관측치** ↗ 태양 활동, 화산활동

━━ 자연적 요인을 고려한 추정값

━━ 자연적 + 인위적 요인을 고려한 추정값

↘ + 온실가스, 에어로졸, 토지 이용 변화…

*추정값에는 CMIP6 기후모형 결과를 사용

1.5

1.0

0.5

0.0

-0.5

1850   1900   1950   2000 2020
연도

— **1850~2020년 기간의 전 지구 평균 지표 온도의 연변화(1850~1900년 대비)** —

다시 지표로 방출해 생명체가 살기 좋은 기온으로 유지해주는 고마운 존재다. 일론 머스크가 인류의 이주를 목표로 하는 화성의 대기는 이산화탄소가 주성분이긴 하지만 대기의 밀도가 지구의 1퍼센트에 불과해 온실효과가 매우 적다. 이로 인해 평균기온은 영하 63도이며 일교차도 아주 크다. 화성 이주를 목표로 하는 과정에서 발전될 기술은 어떤 방향으로든 인류 문명에 기여할 것이지만 지구온난화를 완화하고 기후변화에 대비하는 방향이 더 쉬운 선택 같다.

이산화탄소보다는
수증기

대표적인 온실 기체인 이산화탄소는 인간 활동으로 인해 대기 중 배출량이 늘어났지만 그 자체로는 대기에서 차지하는 비중이 매우 작다. 그렇다면 왜 이산화탄소가 문제일까? 복사는 전자파의 형태로 에너지를 전달하는 것으로, 모든 물체는 자신의 온도에 맞는 복사에너지를 방출한다. 온도가 높을수록 전자파의 파장은 짧아지고 낮을수록 길어지기 때문에 태양이 지구로 복사에너지를 방출하는 것을 태양복사 또는 단파복사라고 하며 지구가 우주로 복사에너지를 방출하는 것을 지구복사 또는 장파복사라고 한다. 이 태양 복사에너지와 지구 복사에너지가 균형을 이루어 우주에서 지구로, 지구에서 우주로의 에너지 출입이 평형상태가 되어 지구의 평균기온이 일정하게 유지된다. 하지만 이산화탄소의 증가로 온실효과가 일어나 기온이 상승하면 연쇄 작용으로 지표에서 수증기 증발이 늘고 대기가 수용할 수 있는 수증기량 또한 늘어나게 된다.

사실 이 수증기에 의한 온실효과가 훨씬 강력하다. 수증기의 온실효과는 일교차에서도 경험할 수 있다. 가을이 되면 날씨가 쾌청해지면서 일교차에 주의하라는 일기예보를 접한다. 사막의 밤을 떠올려봐도 대기가 건조할수록 일교차가 커진다는 것을 알 수 있다. 태양복사가 없는 밤에는 지표에서 지구복사로 에너지가 방출되며 냉각이 일어나는데 온실효과를 일으키는 수증기가 대기 중에 적어 기온의 하락이 큰 것이다.

반대로 여름철 열대야는 낮에 상승한 기온이 밤이 되면서 복사냉각으로 떨어져야 하는데 대기 중의 수증기가 온실효과를 일으켜 기온이 잘 떨어지지 않는 것이다. 이외에도 기온의 상승은 빙하와 해빙을 녹여 지구의 반사도를 낮추게 되고 더 많은 태양 복사에너지가 흡수되어 기온 상승을 가속시킨다. 이렇게 대기 중 조성 비율이 적은 온실 기체지만 여러 피드백에 의해 복사에너지 균형을 무너뜨려 지구온난화를 일으키는 것이다.

2023년은 미국 해양대기청의 공식 기록상 1850~2023년 중 연간 전 지구 평균 지표 온도(육지+해수면)가 가장 높았던 해가 되었다(이 책이 집필되던 2023년 시점 기준으로 작성된 내용이며, 1850~2024년 기간 동안 2024년이 전 지구 평균 지표 온도가 가장 높은 해로 공식 기록되었다). 대륙별로 북아메리카, 남아메리카, 아프리카는 기록상 가장 더운 해였으며 유럽과 아시아는 두 번째로, 오세아니아는 열 번째로 더운 해였다. 또한 해양 상층 2킬로미터까지의 열용량이 사상 최고치를 경신했고 남극의 연간 해빙 면적이 최소를 기록했다. 2023년의 지표 온도는 20세기 평균 대비해서 섭씨 1.18도 증가했으며, 산업화 이전(1850~1900년) 대비로는 1.35도 증가한 수치다.

2015년에 채택된 파리협정에서 기후변화 저지선으로 전 지구 평균기온 상승을 섭씨 2도 이하로 유지하고 가능한 1.5도 이하로 제한하자는 수치에 근접한 것이다. 2018년에 IPCC는 섭씨 1.5도 특별보고서를 통해 전 지구 평균기온을 1.5도 상승으로 제한하기 위한 과학적 근거를 제시했다. 여기에서 2050년까지 이산화탄소 배출량은 줄이고 흡수량은 늘려 넷제로 즉 탄소중립을 달성해야 한다고 권고했다. 지구 전체로는 분명 이로운 행동이지만 개별 국가와 개인에게 탄소중립이라는 슬로건이 얼마나 와닿는 일인지 그리고 진정 실효성 있는 방법은 무엇일지 고민해야 한다. 지구온난화가 미치는 영향은 지역과 시기별로 다르다. 국가와 개인이 여기에 대비할 수 있도록 IPCC 제6차 평가보고서에서 기후변화의 ❶ 과학적 근거, ❷ 영향, 적응, 취약성, ❸ 완화로 잘 정리하여 제시하고 있다.

오로지 지구온난화 때문일까

그런데 2023년의 유독 가파른 온도 상승이 지구온난화만의 탓일까? 지구에는 자연 변동성이라고 부르는 시공간적으로 다양한 내부 현상이 동시에 일어난다. 우리가 관찰하고 경험하는 현재는 인간 활동으로 인한 지구온난화의 영향과 자연 변동성이 어우러진 모습이다. 긴 시간으로 보면 전 지구 평균 지표 온도는 꾸준히 최고 기록을 경신하고 있지만 그 증가의 폭이 사이사이 주춤하거나 가파른 해들이 있다. 앞서 우리는 대표적인 대규모 자연 변동성인 엘니뇨 남방진동에 대해 살펴보았다. 대기-해양 상호작용으로 엘니뇨와 라니냐 현상이 2~7년 주기로 시소처럼 반복해서 나타나 전 지구 기후의 연간 변동성에 영향을 준다.

엘니뇨 시기에는 적도 동태평양(또는 중앙태평양) 해수면 온도가 평년에 비해 높아지고 상승한 해수면 온도가 대기를 데워 해양과 육지의 지표 온도 상승에 기여하게 된다. 1950년 이후 대표적으로 강한 엘니뇨들은 1972/73년, 1982/83년, 1997/98년, 2015/16년, 2023/24년에 일어났다. 엘니뇨의 정점인 겨울을 전후로 당해 연도 봄철부터 이듬해 봄철 또는 이른 여름철까지 평년에 비해 높은 해수면 온도를 보이며 열에너지를 해양에서 대기로 방출해 전 지구 평균 지표 온도 상승에 기여했다.

공식 기록상 두 번째로 가장 더웠던 해는 2016년으로, 20세기 평균 대비 2023년과는 섭씨 0.15도 차이다. 2016년에도 역대 가장 강한 강도를 보였던 2015/16 엘니뇨의 영향이 있었다. 2023/24 엘니뇨의 영향으로 2023년에 이어 2024년 또한 전 지구 평균 지표 온도의 증가가 기록적일 것으로 예상된다(집필 시점의 예상대로 2024년이 가장 더운 해로 기록되었다). 반대로 라니냐 시기에는 적도 중앙태평양 해수면 온도가 평년에 비해 낮아지고 해양에서 대기로 방출하는 열이 줄어들어 전 지구 평균 지표 온도 상승을 주춤하게 한다. 실제로 2000년대 들어 지표 온도 상승 폭이 주춤해졌고 이는 지구 온난화 회의론자들의 관심을 사기에 좋았다. 하지만 이는 1997/98 강한 엘니뇨 이후 라니냐의 발생 빈도가 늘어난 영향이었다.

여기에 엘니뇨 남방진동과 유사한 공간 패턴이지만 수십 년 주기의 장기 변동성인 태평양수십년진동Pacific Decadal Oscillation, PDO이 음의 패턴을 보이며 라니냐와 유사한 영향을 주었다. 기후학자들의 연구 결과 2000년대 이후부터 해양 상층의 수온이 뚜렷하게 상승하는 것이 관찰되었다. 이는 음의 태평양수십년진동의 영향으로 해수면에서의 바람이 강해지게 되고, 이것이 해양의 표면과 상층에서 해수가 더 잘 섞이도록 하여 열을 해수면 아래로 전달하는 역할을 한 것이다. 온실 기체로 인해 증가한 대기 열에너지의 90퍼센트 이상이 해양으로 들어가 저장된 것으로 추정된다. 이외에도 태양 활동이 줄어들어 지구로 도달하는 태양에너지가 적어지는 태양 활동의 극소기, 크고 작은 화산 폭발, 성층권의 수증기량 감소도 영향을 미쳤다.

이렇게 자연 변동성이 인간 활동의 영향과 합쳐질 때 지구온난화의 속도가 빨라지기도 느려지기도 하는 것이다. 잊지 말아야 할 점은 지구온난화는 현재도 진행 중이며 지표에서의 증발을 강화하고, 빙하와 해빙을 녹이면서 해수면을 상승시키고, 해양을 산성화하는 등 우리에게 꾸준히 경고의 신호를 보내고 있다는 것이다. 또한 2023년의 지표 온도가 산업화 이전 대비 섭씨 1.35도 따뜻해진 수치가 그리 크지 않아 보일 수 있지만 이는 어디까지나 연간 전 지구 평균값임을 기억하자. 계절별, 지역별로는 훨씬 큰 수치로 나타날 수 있다는 말이다.

기후변화를 분석하는 방법

이렇게 기후변화에는 인간 활동에 의한 영향과 자연 변동성에 의한 영향이 어우러져 있으며 서로 비선형적으로 상호작용하기 때문에 정확하게 둘의 영향을 구분하는 것은 어렵다. 하지만 미래의 기후변화는 지역과 시기별로 다르게 나타날 것이기 때문에 이에 대비하기 위해서는 이 둘의 영향을 정량적으로 분석할 필요가 있다. 이를 위해 기후학자들은 수치모델을 이용해 모의실험을 수행한다.

IPCC 보고서에서 과학적 근거로 제시하는 CMIP^{Coupled Model Intercomparison Project}의 결과도 이러한 모의실험의 결과다. CMIP는 1995년 WGCM^{Working Group on Coupled Modelling}의 후원으로 처음 시작되었다. 인간 활동에 의한 온실효과를 복사 강제력으로 처방하여 모의한 실험과 자연 변동성만으로 모의한 실험을 통해, 과거·현재·

미래의 기후변화를 여러 결합모델 간 비교를 통해 이해하기 위한 프로젝트다. 과거 기후의 모의 능력 평가와 다양한 미래 기후 모의 결과의 원인을 정량화하는 작업이 이루어진다. 모델들 간의 객관적인 비교를 위해 온실가스 배출 시나리오, 공간과 시간 해상도, 모의 기간, 산출 변수 등의 기준을 제시하고 그에 맞게 모의실험이 진행되어 표준화된 결과를 대중에게 제공할 수 있게 한다. 현재는 보다 다양한 이상적인 실험의 결과를 모델 간 상호 비교하며 기후 시스템을 이해하는 데 도움을 준다. 지금은 CMIP6까지 수행되었고 CMIP7이 진행될 예정이다.

이외에도 기후 연구에서 중요하게 다루어지는 사항인, 관측 자료의 불확실성과 기후 연구를 위해 전 지구를 시공간적으로 빠짐없이 표현하면서도 일관된 방식으로 생산된 신뢰도 있는 장기간의 자료에 대해 알아보자. 예를 들어 앞서 다루었던 전 지구 평균 지표 온도의 관측에도 불확실성이 내재한다. 오랜 시간을 거치면서 기상관측소가 이동하고 시간에 따라 관측 기기나 관측 방식도 바뀌어왔기 때문이다. 관측 자료의 수가 지역마다 고르게 분포하는 것도 아니다. 관측이 존재하지 않는 곳은 주변의 자료를 활용하거나 다른 정보로 추정하는 식으로 메우는 노력을 한다. 일관되고 신뢰도 있는 기후 모니터링을 위해 관측 자료를 꾸준히 보정하고 검증하면서 품질을 높이는 노력이 수반된다.

하지만 관측 자료는 시공간적으로 균일하지 못한 단점이 있다. 이에 반해 시공간적으로 균일하면서 일관된 방식으로 생산된 신뢰도 있는 장기 자료를 '재분석자료'라고 한다. 앞서 수치예보모델에서 초기조건을 위해 예측장과 관측 자료를 자료동화하여 분석장을 만들었던 것을 기억할 것이다. ECMWF IFS와 같이 현업에서는 정해진 시간에 예보가 수행되어야 하므로 실시간으로 수집된 관측 자료만을 이용해 수치예보가 수행된다. 이와 유사하지만 사후에 더 많이 확보된 관측 자료를 분석장에 자료동화하여 다시 수치계산을 수행한 것이 재분석자료인 것이다. 이때 품질 검증을 거친 가용한 관측 자료를 최신의 수치예보모델과 자료동화 시스템에 장기간 일관되게 적용하면서 수치계산을 진행하기 때문에 정확도와 신뢰도가 높은 일관된 방식의 장기 자료가 만들어지게 된다. 현업의 수치예보에 비해서는 저해상도로 생산되는 편이다.

국제적으로 다양한 기관에서 생산된 재분석자료가 있지만 ECMWF의 ERA5 the fifth generation ECMWF atmospheric reanalysis가 가장 최신의 정확도 높은 장기 자료로써 널리 활용된다. 기상위성으로 관측한 복사에너지의 파장대별 특성을 활용한 알고리즘을 통해, 우리가 필요로 하는 정보로 산출하여 직접관측이 어려운 공간과 변수의 자료로 사용할 수 있다. 따라서 기후 연구에서는 위성 관측 자료가 확보되어 수치모델의 자료동화에 의미 있게 활용되는 1979년 이후의 재분석자료를 더 신뢰도 있는 기간의 자료라 여긴다.

앞서 전 지구 평균 지표 온도 변화에 대해 관측과 기후모델의 모의 결과를 비교해 인간 활동이 미친 영향의 과학적 근거로 제시했듯이, 기후변화 연구에는 관측, 재분석, 수치모델 자료를 비교 분석해서 인간 활동과 자연 변동성에 의한 영향을 정량적으로 구분하여 이해하려는 접근 방법이 사용된다.

기후모델에서 모의되는 상태에 어떠한 변화를 가했을 때, 그에 따른 영향을 보고자 변화를 가하는 대상을 강제력이라 부르며, 보통은 해수면 온도나 복사에너지 등이 해당된다. 변화는 외부와 내부의 영향으로 구분되는데 보통 외부는 인위적인 요소나 태양 활동을 일컬으며 내부는 지구 시스템 자체에 자연적으로 존재하는 변동성을 이야기한다. 따라서 기후변화 연구에는 외부 강제력과 내부 변동성이라는 대조되는 개념이 쌍으로 잘 등장한다. 여기서 주의할 점은 강제력은 변화를 주는 요소라, 엘니뇨 남방진동 같은 대표적인 내부 변동성도 그 영향을 보고자 해서 이로써 기존 시스템에 변화를 가하면 강제력이라고 표현한다는 점이다. 실험은 기후모델의 바다 경계 조건으로 해수면 온도의 기후값에 엘니뇨 또는 라니냐 해의 변화를 더해주고 그에 따른 영향을 분석하는 방식으로 이루어진다. 기후변화 연구의 예시로 전 지구 열대저기압 활동의 장기 변화에 대해 관측 및 수치모델을 활용하여 분석한 연구들을 함께 살펴보자.

열대저기압 활동의 장기 변화 분석

해양에서 생성되는 열대저기압의 특성상 위성 관측이 본격적으로 이루어지기 전에는 미처 관측되지 못하고 누락된 사례도 존재하며, 시간이 흐르면서 관측 해상도가 증가해 장기간으로 볼 때는 시간에 따라 형평성 있는 비교가 어렵다는 한계가 있다. 또 기관마다 자료 생산의 알고리즘이 다르고 그 또한 시간에 따라 발달하면서 장기간 일관성 있게 생산된 신뢰도 있는 관측 자료를 확보하는 데 어려움이 존재한다.

이때 기후모델을 이용하면 시간에 따른 형평성 있는 비교가 가능하다는 장점이 있다. 이에 미국 GFDL에서 개발한 기후모델(FLOR-FA/FLOR, SPEAR)을 이용해 외부 강제력을 처방하고 그 변화를 살펴보았다. 이 기후모델은 태평양과 대서양의 수십 년 규모의 내부 자연 변동성 및 열대저기압 모의를 잘하는 것으로 평가되는데, 여기서 외부 강제력은 온실 기체와 에어로졸 같은 인간 활동 강제력과 화산 에어로졸과 태양복사 같은 자연 강제력으로 구성되었다.

수치모델의 기본 시스템에서 외부 강제력을 모두 처방한 실험(인간 활동 및 자연 강제력)과, 온실 기체와 에어로졸을 1941년 수준(SPEAR는 1921년 수준)으로 고정해서 자연 강제력만 처방한 실험을

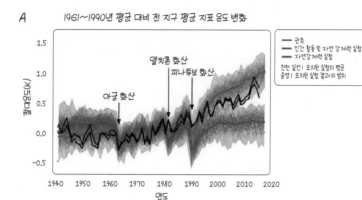

A   1961~1990년 평균 대비 전 지구 평균 지표 온도 변화

관측
인간 활동 및 자연 강제력 실험
자연강제력 실험

진한 실선 | 모의된 실험의 평균
음영 | 모의된 실험 결과의 범위

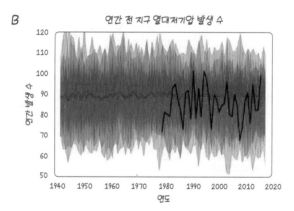

B   연간 전 지구 열대저기압 발생 수

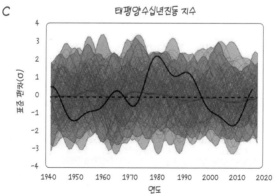

C   태평양 수십년진동 지수

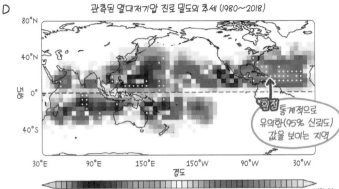

D 관측된 열대저기압 진로 밀도의 추세 (1980~2018)

(연간 수)
-0.15 -0.11 -0.07 -0.03 -0.014 -0.006 0.002 0.01 0.02 0.06 0.100 0.14

확정 통계적으로 유의한(95% 신뢰도) 값을 보이는 지역

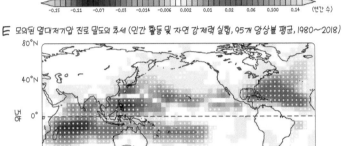

E 모의된 열대저기압 진로 밀도의 추세 (인간 활동 및 자연 강제력 실험, 95개 앙상블 평균, 1980~2018)

(연간 수)
-0.15 -0.11 -0.07 -0.03 -0.014 -0.006 0.002 0.01 0.02 0.06 0.100 0.14

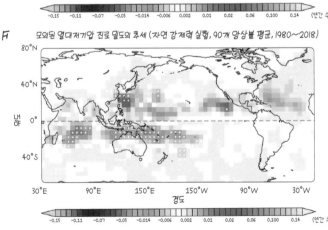

F 모의된 열대저기압 진로 밀도의 추세 (자연 강제력 실험, 90개 앙상블 평균, 1980~2018)

(연간 수)
-0.15 -0.11 -0.07 -0.03 -0.014 -0.006 0.002 0.01 0.02 0.06 0.100 0.14

관측 및 기후모델의 사례

비교하면 인간 활동이 미친 영향에 대한 분석이 가능해진다. 여기서 장기간의 내부 변동성(태평양·대서양수십년진동)과 외부 강제력을 구분하기 위해 초기조건을 다르게 주고 모의하는 사례(앙상블 멤버)를 충분히 늘려 평균을 하는 방법(앙상블 평균)을 취하면 각각의 모의 사례가 가지는 서로 다른 내부 변동성이 상쇄(215쪽 그림 A~C)되면서 외부 강제력의 영향만 남는 효과(215~216쪽 A, E, F)를 볼 수 있다.

기후모델에서 모의된 전 지구 평균 지표 온도 변화는 인간 활동의 영향까지 포함했을 때 관측과 유사한 변화를 보였으며 자연 강제력 실험에서는 인도네시아 아궁(1963년), 멕시코 엘치촌(1982년), 필리핀 피나투보(1991년) 화산활동이 있을 때마다 성층권으로 유입된 에어로졸에 의해 태양 복사에너지가 지표면으로 적게 들어오며 지표 온도의 하락이 나타나는 것을 확인할 수 있다(215쪽 A).

열대저기압의 관측 자료에서는 지표 온도가 상승함에 따라 전 지구 열대저기압 발생 수에 뚜렷한 변화나 추세를 관찰하기 어렵지만 열대저기압의 빈도 분포는 뚜렷한 변화 추세를 보여준다(215~216쪽 B, D). 태평양과 대서양의 수십 년 장기 변동성과 같은 내부 자연 변동성에 의해 태평양 지역에서는 열대저기압의 활동이 줄어들고 반대로 대서양에서는 늘어나는 경향이 있는 것으로 분석된다. 하지만 이러한 내부 자연 변동성만으로는, 관측에서 나타나는 북서태평양, 남인도양, 남태평양에서 유의한 감소가 나타나고 북대서양에서는 유의한 증가가 나타나는 경향을 모두 설명하기 부족하다.

외부 강제력 실험 결과를 보면 인간 활동의 영향으로 인도양, 남태평양, 북태평양의 남쪽은 열대저기압 활동이 감소되고 북태평양의 북쪽과 북대서양은 열대저기압의 활동이 증가하는 추세를 볼 수 있다. 즉 1980~2018년 기간 동안 관측에서 나타나는 열대저기압 활동의 추세가 공간적으로 다른 양상을 보이는 것은 내부 자연변동성뿐 아니라 인간 활동을 포함한 외부 강제력에 의한 영향이 어우러진 결과임을 확인할 수 있는 것이다.

열대저기압 강수 증가 연구

다음으로 위성 관측 자료 분석을 통해 1999~2018년 기간 동안 전 지구 열대저기압 강수가 증가되었다는 연구를 살펴보자. 이를 영역별로 나누어 분석한 결과 전 지구 열대저기압 중심부 강수는 감소하는 경향을 보였고 중심부 외곽의 강수는 증가하는 경향이 관찰되었다. 같은 기간 전 지구 열대저기압이 활동하는 지역과 계절에 대해 대기 안정도와 해양 상부의 열용량도 함께 증가한 것으로 분석되었다. 증가된 대기 안정도는 강한 대류 현상이 나타나

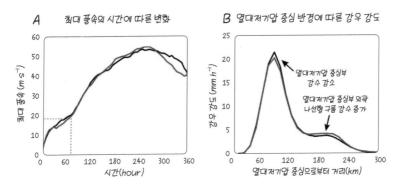

A 최대 풍속의 시간에 따른 변화

B 열대저기압 중심 반경에 따른 강우 강도

열대저기압 중심부
강수 감소

열대저기압 중심부 외곽
나선형 구름 강수 증가

— 규준 실험(서인도제도에서 수행된 여름철 열대 지역 연직 대기를 대표하는 관측 자료인 Jordan's sounding과 해수면 온도를 섭씨 28도로 처방)
— 최근 변화 실험(대기 안정도 2% 증가, 해수면 온도 섭씨 0.5도 증가)

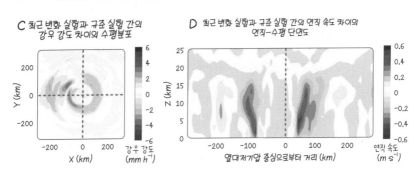

C 최근 변화 실험과 규준 실험 간의
강우 강도 차이의 수평분포

D 최근 변화 실험과 규준 실험 간의 연직 속도 차이의
연직-수평 단면도

─────── 중규모 모델(WRF)에서 모의한 열대저기압 강수 연구 ───────

는 열대저기압의 중심부 강수 감소와 높은 상관성을 보였고 해수

면 온도 상승에 따른 대기 중의 수증기 증가는 열대저기압의 중심

부 외곽의 강수 증가와 높은 상관성을 보였다.

  이에 대한 영향을 검증하고자 대표적인 중규모 모델인 WRF

Weather Research and Forecasting Model를 이용해 대기 안정도를 2퍼센트 증가

시키고 해수면 온도를 섭씨 0.5도 증가시켜 최근의 주변 환경 변화

와 유사한 조건의 수치 실험을 수행했다. 그 결과 규준 실험에 비해 증가된 대기 안정도는 열대저기압의 중심부 대류를 억제시켜 이 영역의 강수를 감소시켰으며 증가된 대기 중의 수증기는 중심부 외곽의 강수를 증가시키는 데 기여한 것으로 분석되었다(219쪽 그림).

이에 지구온난화가 진행됨에 따라 대기의 온도 상승이 하층보다 상층에서 더 크게 일어나 대기가 더 안정화되고 대기 중 수증기가 증가한다면, 미래의 열대저기압 강수를 분석하는 데 이러한 연구 결과가 도움을 줄 수 있을 것이다. 이렇게 기후변화 연구는 관측, 재분석, 수치모델 자료들을 비교 분석하여 과거, 현재, 미래를 조금이라도 더 이해하려는 노력이다.

변동성 증가와 우리의 대응

우리나라는 연 강수량의 절반 이상이 여름철에 집중된다. 장마가 시작되면 비가 올 것에 대비하는데, 제주도에서 시작한 장마전선이 북상해 중부지방을 지나 북쪽으로 이동하거나 전선이 소멸되면 장마철이 끝난다. 이후에 사람들은 무더위를 피해 휴가를 떠나며 한여름부터 초가을까지 태풍이 북상하지 않을지 일기예보를 살펴본다. 하지만 최근 우리의 경험은 이런 풍경과는 사뭇 다르다. 최근 4년(2020~2023년)간 여름철 평년 대비 강수비율을 살펴보면 해마다, 지역마다 변화무쌍한 모습을 볼 수 있다.

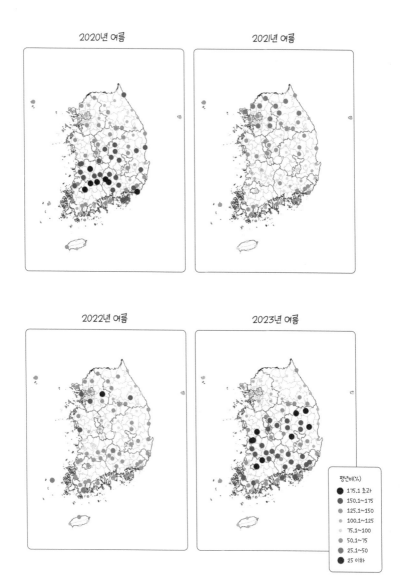

평년(1991~2020년) 대비 해당 연도의 국내 여름철
강수 비율의 공간 분포(전국 85개 지점 관측 자료)

| 여름철 강수 변동성

2020년 여름은 지긋지긋하게 비가 온 해였다. 장마가 54일(중부지방 기준)이나 이어졌고 제5호 태풍 '장미'를 시작으로 '바비', '마이삭', '하이선'까지 연이은 태풍의 영향은 우리나라에 1조 원이 넘는 재산 피해를 남겼다. 2020년 6월 10일 제주에서 시작된 장마가 8월 16일 중부지방(6월 24일 시작)에서 종료되는 동안, 전국적으로 장마철 평균 강수량(356.1밀리미터)의 약 2배인 693.4밀리미터의 비가 내렸다. 6월의 장마 시작은 평년에서 크게 벗어나지 않았지만 7월 중순부터 8월 중순까지 많은 양의 비가 집중되며 1973년 이후 역대 최장 기간 장마이면서 2006년에 이어 두 번째로 많은 장마철 강수량을 기록했다.

2021년은 직전 해가 최장 기간 장마였던 것이 무색하게 1982년 이후 가장 늦은(제주 기준) 7월 3일, 전국에서 동시에 장마가 시작

지역	시작일	종료일	지속 기간(일)	강수 일수(일)	강수량(mm) 평균과 범위
중부지방	6월 25일	7월 26일	31.5	17.7	378.3(103~856)
남부지방	6월 23일	7월 24일	31.4	17.0	341.1(84~647)
제주지방	6월 19일	7월 20일	32.4	17.5	348.7(99~629)

—— **장마의 시작과 종료를 포함한 기후(1991~2020년 평균) 특성** ——

도시명	강수량(mm)
서울	892.1
서귀포	859.1
부산	781.7
대전	774.0
광주	773.2
전주	751.4
여수	735.9
인천	718.3
강릉	661.6
제주	653.7
울산	623.7
대구	598.4
목포	579.9
포항	557.6

여름철 강수량의 기후 평균(1991~2020년)

되어 17일 만에 종료되었다. 적은 강수량과 강수 일수를 보인 것과 대조되게 8월 하순, 남부지방에 많은 비가 내리며 중부지방과 지역적으로 큰 차이를 보였다.

다음 해인 2022년, 남부지방은 기상 가뭄 발생 일수가 227.3일로, 1974년 이후 역대 가장 오래 지속된 기상 가뭄을 겪었다. 이 와중에 6월 30일, 경기 남부와 북부에는 일 강수량 200밀리미터 내외로 6월 일 강수량 최다 극값을 경신했다. 8월 8일부터 11일에는 중부지방에 600밀리미터가 넘는 누적 강수량을 보였고, 8월 평년 강수량의 2배가 넘는 많은 비가 사흘 만에 내렸다.

2022년 1월부터 2023년 4월까지 이어진 남부지방의 기상 가뭄과 크게 대조되게 2023년 장마철에는 남부지방에 712.3밀리미터의 비가 내리며 역대 강수량 1위를 기록했다. 전국적으로는 660.2밀리미터로 1973년 이래 3위의 장마철 강수량을 기록했다. 최근 4년간 장마의 시종(시작과 종료) 그리고 지역별 강수량만 보더라도 커지는 변동성을 체감할 수 있으며 예보의 난도가 올라가는 것을 느낄 수 있다. 마른장마, 극한호우, 최장 기간 장마 등 예전에 없던 용어의 등장도 여름철 강수 변동성을 대변한다.

| 장마

《장마백서》(2022년)에 따르면 우리나라는 기후적으로 6월 하순부터 9월 초까지 강수가 집중되는데 7월 하순에 강수량이 감소하는 휴지기를 보이기 때문에 앞뒤로 두 번의 피크가 나타나는 특징이 있다. 일반적으로 장마철이라 통용되는 1차 우기는 6월 하순부터 7월 하순까지 정체전선의 영향을 받는다. 이후 북태평양고기압이 북쪽으로 확장해 한반도를 덮게 되면 한여름의 무더위인 휴지기가 나타난다. 이후 북태평양고기압이 다시 물러나는 8월 초부터 9월 초까지 2차 우기가 나타나는데 온대저기압, 정체전선, 태풍 등의 복합적인 영향을 받는다. 이때 많은 비가 내려 가을로 접어드는 8월 말에서 9월 초쯤에 최대치를 보이면 가을장마라고 부르게 된다.

지역적으로는 제주 지방에서 6월 19일 시작되어 7월 26일 중부지방에서 종료되며, 전국적으로 약 32일의 장마철이 나타난다. 연 강수량(1333밀리미터)의 절반이 여름철(약 655밀리미터)에 집중되며 서울 및 경기 지역이 연 강수량 대비 장마철 강수의 비율이 높다. 장마철 강수량은 서울이 440.2밀리미터로 가장 많고 대구가 278.1밀리미터로 가장 낮다. 최근 들어 여름철 강수의 시작과 종료 시점이 다소 늦어지는 경향을 보이며 1차와 2차 우기 사이, 뚜렷했던 휴지기에 강수가 증가해 경계가 모호해지는 특징을 보인다.

장마는 동아시아 여름철 몬순이 발달하며 시작되는데 여기서 몬순은 육지와 해양의 비열 차이로 인해 발생하는 계절풍을 말한다. 우리나라는 여름철에는 남풍 계열이, 겨울철에는 북풍 계열이 우세해지며 강수와 기온에 영향을 준다. 기단은 온도와 습도가 일정한 1000킬로미터 이상 큰 규모의 공기덩어리인데 저위도와 고위도는 온도 차를, 대륙과 해양은 습도 차를 보이게 된다.

우리나라는 대륙과 해양의 경계에 위치하며 남북으로도 온도 차가 크게 나타나는 중위도에 있어 여러 기단의 특성을 복합적으로 받는다. 남쪽의 습하고 따뜻한 공기가 북쪽의 차고 건조한 공기를 만나면 강한 대류가 발생하며 전선이 형성된다. 이러한 전선이 한반도에 정체하며 장기간 많은 비를 내리는 것을 장마라고 한다. 해마다 한반도 주변 기단들의 발달 정도나 시기가 달라지며 장마의 특성도 달라지게 된다.

대표적으로 여름철에 세력이 강화되는 북태평양고기압은 해양성고기압으로, 우리나라에 따뜻하고 습윤한 공기를 공급해 여름철 강수에 큰 영향을 준다. 일례로 북태평양고기압이 서쪽으로 확장되어 한반도의 북쪽으로 오는 시기가 1차 우기라면 이후 세력이 약화되어 후퇴하는 시기가 2차 우기에 해당한다. 이러한 북태평양고기압의 계절 변화가 우리나라 여름철 강수와 기온에 큰 영향을 준다.

그뿐 아니라 상층 제트류의 강화 여부도 중요한데 상층 제트류의 골(저기압성 흐름)과 마루(고기압성 흐름) 사이에는 공기의 발산이 일어나며 상층에서의 발산은 아래 공기의 수렴과 상승을 도우며 하층 저기압을 강화시키기 때문이다. 또 중국에서 형성된 종관규모(약 7일 주기)의 온대저기압이 상층 제트류를 따라 동쪽으로 이동하고 서해상을 통과하며 강화되는데, 이러한 이동성저기압의 영향으로 한반도에 폭우가 내렸다가 맑은 날씨로 바뀌는 일이 번갈아 일어나게 된다. 상층에 제트류가 강화되면 이러한 소규모 저기압 시스템 활동이 증가한다. 계절적으로 여름철에 우리나라 상층 제트류가 강화된다. 이렇게 우리나라 여름철 강수는 정체전선과 이동성저기압의 영향 그리고 여름철 북상하는 태풍에 의한 강수까지 결합된 복합적인 영향의 결과물이다.

특히 한반도를 중심으로 남북으로 고기압과 저기압이 배치되면 강한 기압경도력으로 발생한 하층에 강한 남서풍(하층 제트)이 서해안을 지나오며 중부지방에 많은 수증기를 공급할 수 있다. 이때 상층의 강한 제트류 또는 차가운 공기의 유입으로 하층에서 강한 대류가 일어나거나 산맥과 같은 지형 효과로 강한 상승기류가 생기면 단시간에 강한 강수 과정이 진행되어 돌발성 집중호우가 발생되고 큰 피해로 이어지게 된다.

극한호우와
긴급재난문자

집중호우는 시간당 30밀리미터 이상 또는 하루에 80밀리미터 이상이나 연 강수량의 10퍼센트 정도에 해당하는 비가 하루 동안 내릴 때로 정의한다. 최근 집중호우의 빈도가 증가하고 장마철 이후의 강수 패턴도 변화해 예보의 어려움과 더불어 국민의 불편도 늘었다. 이에 기상청에서는 시간당 50밀리미터 이상 및 3시간 누적 90밀리미터 이상의 강수 또는 시간당 72밀리미터 이상의 강수를 극한호우라 정의했다.

그리고 극한호우가 관측되면 행정안전부를 거치지 않고 기상청이 직접 긴급재난문자를 발송하는 호우 긴급재난문자(CBS)를 2023년 6월 15일부터 수도권 지역(서울, 경기, 인천)에서 시범적으로 운영하기 시작했다. 이는 수치예보 결과가 아닌 실제 관측값을 기준으로 하며 읍, 면, 동 단위로 세분화해 긴급재난문자가 발송됨에 따라 위험 상황이 발생한 해당 지역의 국민이 즉각 인지하고 대처하게 하는 강점이 있다.

기상청은 호우 긴급재난문자의 실효성을 확인하고 2024년부터는 수도권을 정규 운영으로 전환하고 시범 운영 지역을 경북권과 전남권으로 확대했다. 이때 129차례 호우 재난문자 중 42차례가 전남권에서 발송되면서 실효성을 확인했지만 전담 인력을 확보하지 못한 전남권은 한 해만 시범 운영된 뒤 안타깝게 종료되었다.

2025년부터는 전담 인력을 확보한 수도권과 경북권에서만 정규 운영이 결정되었는데, 이는 단순히 기준치에 도달했다고 재난문자를 자동으로 발송할 수 있는 것이 아니기 때문이다. 기준치에 도달하기 전, 비구름이 정체할지 또 움직인다면 진행 방향은 어떠할지를 미리 분석해 기준치 도달 시 신속하게 최종 판단을 내리고 문자 발송이 이루어져야 한다. 극한호우 시는 이미 예보에 주력할 사람도 부족하기 때문에 기존 인력 투입 역시 힘든 상황이다. 주의할 점은 극한호우의 이동과 발달을 고려해서 극한호우의 기준치가 관측된 동과 인접한 동에도 함께 긴급재난문자가 발송되는데, 이때 기지국은 동 단위가 아니기 때문에 통신 범위에 따라 미수신되거나 과수신이 일어날 수 있다.

따라서 재난문자를 받은 국민 개개인의 상황에 따라 정보의 정확도와 필요성에 차이가 날 수 있는 점을 인지해야 한다. 국민의 생명과 안전을 책임지는 기상청의 중요한 대국민 서비스인 호우 긴급재난문자의 전국 시행을 위해서는 지역적 편차를 해소할 자동 기상관측장비와 예보관 확충이 필요한 실정이다.

지구온난화로 인해 지표 온도가 상승하면 수증기의 증발도 증가하지만 기온 상승으로 포화수증기압도 상승한다. 이는 대기가 포화될 때까지 머금을 수 있는 수증기량이 증가한다는 뜻이다. 예를 들어 새벽에 복사냉각으로 기온이 낮아지면 이슬이 맺히는 것은 포화수증기압이 낮아지기 때문인데, 기존 수증기량으로도 대기를 포화시킬 수 있게 되면서 남은 수증기가 이슬로 응결되는 것이다. 이처럼 기온이 상승하면 대기 중 수증기량이 증가하면서 집중호우나 극한호우로 이어질 가능성이 커진다. 이렇게 설계 빈도(발생 빈도는 낮지만 피해가 큰 이상기후에 대비하는 기준이 됨. 예를 들어 10년에 한 번 올 정도의 극한호우가 5~6번으로 늘어나는 것에 대비한 기준으로 시설을 설계) 이상의 강수가 시공간적으로도 큰 변동성을 보일 가능성이 커진 가운데, 하천 범람 대비 시설과 하수도 배수 시설의 확충 및 정비, 저지대 배수펌프와 상습 침수 지역의 점검 등을 통해 호우 피해가 일어나기 전 우리의 적극적인 대비가 필요하다.

우리나라 100년의 기후변화

　국립기상과학원에서는 1912~2017년(한국전쟁 기간인 1950~1953년 제외)의 기상관측 자료를 보유한 6개 기상관측소(강릉, 서울, 인천, 대구, 부산, 목포)의 일 자료를 기반으로 〈한반도 100년의 기후변화〉를 발간했다. 분석 기간 동안의 추세 변화나 전반기 30년(1912~1941년)에서 후반기 30년(1988~2017년)의 변화를 통해 한반도의 기후변화를 살펴보았다. 이에 따르면 지난 106년간 연 강수량은 증가했으며 계절별로는 여름에만 유의한 강수량 증가를 보였다. 강수 일수는 뚜렷한 변화가 없었지만 강한 강수는 증가하고 약한 강수는 감소하는 경향을 보였다. 두 번의 강수 피크 모두 강수량이 증가했고 2차 우기는 기간이 길어지며 강수 휴지기가 뚜렷하게 나타나지 않는 특징을 보였다.

　기온 변화는 강수에 비해 더욱 뚜렷하게 나타난다. 일평균 기온으로 계절이 구분되는데 지난 106년 동안 봄과 여름의 시작일이 빨라지고 가을과 겨울의 시작일이 늦어졌다. 계절 길이는 과거 겨울(109일), 여름(98일), 봄(85일), 가을(73일) 순서였는데, 여름(117일), 겨울(91일), 봄(88일), 가을(69일)의 순으로 바뀌면서 여름은 19일이 길어지고 겨울은 18일이 짧아졌다. 연평균 기온이 뚜렷이 증가하는 가운데 겨울과 봄의 기온 상승이 가장 뚜렷했다.

열대야 일수(일 최저기온이 섭씨 25도 이상인 날의 수)는 10년당 0.93일 증가하고 온난야(일 최저기온이 90퍼센타일을 초과한 날의 수)는 10년당 1.01일 증가했다. 서리 일수(일 최저기온이 섭씨 0도 이하인 날의 수)는 10년당 3.19일 감소했고 한랭일(일 최고기온이 10퍼센타일 미만인 날의 수)과 한랭야(일 최저기온이 10퍼센타일 미만인 날의 수) 모두 10년당 1.86일과 2.55일 감소했다. 지난 106년 동안 우리나라의 고온 극한 현상 일수는 증가하고 저온 극한 현상 일수는 감소하는 경향을 보인 것이다.

기후변화가 인간 활동에 의한 영향일 확률과 신뢰도

기후변화에 따른 극한기상, 극한기후 현상을 분석한 IPCC 제 6차 보고서에 따르면 우리나라뿐 아니라 전 지구적으로 고온과 관련된 극한 지수는 증가하고 저온과 관련된 극한 지수는 감소하는 현상이 매우 높은 확률과 신뢰도로 나타난다. 이러한 변화가 인간 활동에 의한 영향일 확률은 극히 높으며 지구온난화가 섭씨 2도 진행될 때 미래 발생 가능성은 거의 확실시된다. 육지 호우의 강도 또는 빈도, 열대저기압에 의한 강수, 고온과 건조의 복합 재해 빈도의 증가가 인간 활동으로 야기되었을 가능성이 있으며 신뢰도는 높게 나타났다. 농업 및 식생 가뭄과 열대저기압 강도 증가가 인간 활동에 의해 야기되었을 가능성은 있지만 신뢰도는 보통으로 나타났다. 지구온난화가 섭씨 2도 진행될 때 이러한 현상의 미래 발생 가능성이 있으며 신뢰도는 높게 나타났다.

다음으로는 지구온난화로 인해 변화된 열대저기압, 온대저기압, 대기의 강, 강한 대류 폭풍의 전 지구 및 지역적 변화를 과거 자료와 기후모델의 미래 모의 결과를 통해 살펴보자. 전 지구적으

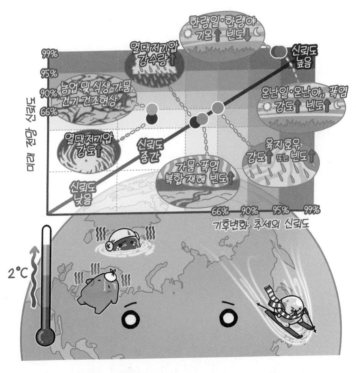

인간 활동이 기여한 기후변화 추세(1950년 이후)와 미래 전망

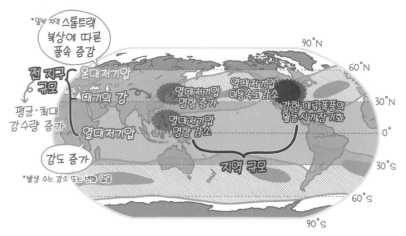

*일부·지역 스톰트랙 북상에 따른 풍속 증감

전 지구 규모

평균·최대 강수량 증가

온대저기압

대기의 강

열대저기압

강도 증가

*발생 수는 감소 또는 변화 없음

열대저기압 영향 증가

열대저기압 영향 감소

열대저기압 이동속도 감소

강한 대류폭풍의 활동 시기 장기화

지역 규모

90°N
60°N
30°N
0°
30°S
60°S
90°S

지구온난화로 인한 전 지구 및 지역별 열대저기압, 온대저기압, 대기의 강, 강한 대류 폭풍의 과거 변화 및 미래 전망

로 열대저기압, 온대저기압, 대기의 강과 관련한 평균 및 최대 강수량의 증가가 나타났으며 과거 변화는 신뢰도 있는 자료가 충분하지 않은 관계로 낮은 신뢰도지만 미래 변화는 높은 신뢰도로 나타났다.

강한 강도의 열대저기압 비율의 증가는, 과거 변화는 중간 신뢰도이며 미래 변화는 높은 신뢰도로 나타났다. 열대저기압의 발생 수가 줄어들거나 변화가 없다는 결과는, 과거 변화는 신뢰도 있는 자료가 충분하지 않은 관계로 낮은 신뢰도지만 미래 변화는 중간 신뢰도로 나타났다. 스톰트랙이 변하면서 지역에 따른 온대저기압 풍속의 증감은, 과거 변화는 신뢰도 있는 자료가 충분하지 않은 관계로 낮은 신뢰도지만 미래 변화는 중간 신뢰도로 나타났다.

지역적으로는 북서태평양 열대저기압 활동이 북쪽으로 이동됨에 따라 남아시아 지역에 미치는 영향은 줄어들고 북동아시아 지역에 미치는 영향은 늘어나는 것으로 나타났다. 이에 대한 과거와 미래 변화 모두 신뢰도 중간으로 나타났다. 미국에 접근하면서 느려지는 열대저기압의 속도로 인해 강수 노출 시간이 늘어나며 증가된 강수량은, 과거 변화는 신뢰도 중간이며 미래 변화는 불충분한 연구 결과로 낮은 신뢰도로 나타났다. 미국 전역의 강한 대류 폭풍(토네이도, 우박, 번개 등)의 평균 및 최대 강수량 증가, 봄철 빈도 증가, 활동 시기의 장기화는 과거 변화는 신뢰도 있는 자료가 충분하지 않은 관계로 낮은 신뢰도지만 미래 변화는 중간 신뢰도로 나타났다.

지구온난화는 공간적으로 균일하게 일어나는 것이 아니다. 해양보다 육지에서, 위도별로는 적도보다 극에서 더 강하게 일어난다. 적도는 상대적으로 대류가 활발하여 기온이 상승함에 따라 강수 과정을 통해 상층에서 잠열이 방출되며 열이 연직으로 이동된다. 이와 달리 대기가 연직으로 더 안정화되어 있는 극 지역에서는 지표 온도의 상승이 낮은 고도에 국한되는 경향이 있어 하층에서 온난화가 더 강화된다. 또한 극 지역의 얼음이 녹으며 반사도를 낮추게 되어 더 많은 태양 복사에너지가 들어와 지표 온도 상승을 가속시킨다.

이외에도 여러 피드백이 복합적으로 작용하면서 지구온난화는 시공간적으로 균일하게 일어나지 않으며 여기에 다양한 시공간 규모의 자연 변동성이 합쳐져 대기의 순환장을 변화시킨다. 따라서 온실 기체 증가에 따른 과거 및 미래 변화에서 열역학적인 측면의 불확실성보다 역학적인 측면에 해당하는 대기대순환의 불확실성이 더 크게 나타난다.

다만 1980년대 이후로 해들리순환이 북쪽으로 확장되며 아열대 제트와 저기압의 활동이 북쪽으로 이동했다는 증거는 가능성이 높게 나타났다. 해들리순환의 북쪽 확장은 지역별 가뭄 발생에 영향을 미치고 열대저기압과 스톰트랙을 북쪽으로 이동시킨다. 엘니뇨 남방진동의 변동성은 21세기 들어 뚜렷한 변화는 없지만 강수로 정의된 강한 강도의 엘니뇨 남방진동의 발생 빈도는 지구온난화에 따라 미래에 증가될 것으로 보인다. 이에 따라 엘니뇨 남방진동에 의해 영향을 받는 가뭄 지역과 열대저기압 활동 등도 함께 변화될 전망이다.

앞서 우리나라 여름철 강수에 대한 설명에서 북태평양고기압과 상층 제트의 변동성을 중요하게 다루었듯이, 대규모 순환장의 변화는 동아시아 강수 변동성에 중요한 역할을 한다. 인도양, 태평양, 북대서양의 해수면 온도 및 북극 온난화로부터 발생하는 원격상관을 통해 이러한 대규모 순환장이 바뀌고 우리나라 여름철 강수의 모습도 해마다 달라지게 된다.

기후플레이션이라는 용어가 등장하고 물가 회의에 기상청장이 처음으로 참석했다고 한다. 기후 변동성이 커지면서 우리의 일상생활에 미치는 영향 또한 커져가는 것을 실감케 한다. 같은 한반도 안에서도 지역에 따라 한쪽은 폭염과 가뭄에, 다른 한쪽은 호우 피해에 시달릴 수 있다. 이렇게 기후 변동성에 대한 이해와 양질의 정보가 더욱 필요한 실정에 발맞추어 기상청 기후정보포털에는 '기후변화 상황 지도'를 비롯해 유용한 정보를 제공하고 있다.

아태기후센터는 계절내-계절 규모의 기후 현황과 예측 정보를 전한다. 특히 '기후 현황-최근 기후'에서 원하는 기간의 시작과 종료일을 설정하고 강수, 지표 기온, 해수면 온도 등을 선택하면 원하는 시점의 기후 변동을 가시화할 수 있다. 우리가 일상에서 체감하는 변동성의 수준과 실제 기후 자료가 제시하는 변동성 간의 차이를 비교해보는 재미가 있을 것이다.

EARTH SCIENCE

Part 3

지질

GEOLOGY

그때 그
흙 먹던 아이는

아직 거동이 서툴 정도로 어렸을 적, 오빠 손을 잡고 놀이터에 가던 시절 이야기다. 그날도 평소처럼 그네를 타려 했는데 처음 보는 아이가 있었다. 세 살은 되었을까 싶던 그 아이는 타이어 그네 앞에 주저앉아 열심히 흙을 먹고 있었다. 지금이라고 다르지는 않지만, 당시 흙을 먹는 건 굉장히 충격적인 행동이었다. 밥이든 간식이든 부모님께 먹거리로 배운 항목이 아니었으니까.

아이 주변에 앉아 한참 구경하다가 왜 흙을 먹느냐고 물었다.

그러자 그 아이는 이곳 흙이 자기 동네 흙과 다르다고 말했다. 그러고는 맛보라며 한 움큼 권하는 것이다. 자신 있게 내미는 손이 어딘가 믿음직해 그 흙을 앙 하고 입에 넣었다. 하지만 깔끄러운 이질적인 식감, 어금니 사이에서 나는 와그작 소리에 반사적으로 뱉어버렸다. 흙을 먹는 건 매우 어려운 일이었다.

첫 시도 만에 직접 흙 먹기를 포기하고, 대신 그 아이에게 '아주 보드라운 미숫가루'를 만들어 선물하기로 했다. 여기서 '미숫가루'라 함은 미숫가루만치 고운 흙으로, 미끄럼틀을 이용해 놀이터 흙에서 고운 입자만 거른 것이었다. 위에서 흙을 내려보낸 뒤 미끄럼틀을 발로 탕탕 차면 우글우글 불순했던 흙덩이도 작고 고운 입자로 걸러졌다. 특히 발길질을 빠르고 강하게 해 미끄럼틀 중간에 안착한 입자만 모은 게 '아주 보드라운 미숫가루'였는데, 정전기 인력에 의해 미끄럼틀에 붙어 있을 정도였으므로 이것의 입자 크기는 몹시 작았을 거라 추정할 수 있다. 그러나 아이는 그것을 거들떠보지도 않았다. 그래서 그냥 주변 흙을 모아주었는데, 곱씹을수록 '아주 보드라운 미숫가루'가 냉대받은 것이 마음 상해 집으로 돌아왔던 기억이 난다.

당시 나이에서 수 배의 세월이 지난 지금까지도, 위 기억은 비교적 선명하게 남아 있다. 귀가 후 '엄마, 나 오늘 어떤 애한테 흙 잔뜩 먹었다?'라고 말해 호되게 혼나기도 했지만, 단지 타박 때문은 아니었다. 흙을 왜 먹고 있느냐는 질문에 '우리 동네 흙과 달라서'라는 대답이 특이했다. 그리고 아이의 말은 지금 돌아보아도 흥미롭다. 너무 자연스러워 존재조차 잊고 사는 흙. 맨발 걷기를 추구하는 이들을 제외하면, 우리 신발을 더럽히는 것. 아니 이제는, 포장도로로 덮여 한껏 밟아본 게 언제인지 기억조차 가물가물한 흙. 흙은 그저 신발 아래 뒹굴던 갈색의 무언가 아니었나? 개중에 차이가 있는 걸까? 시작에 앞서, 과거 그 아이에게 사과하고 싶다. 인체에 유해한 물질의 섭취를 막지 않고 부추겨 미안한 마음이다.

| 땅 위의 흙

'흙'은 무엇일까? 교과서에 나올 법한 단어로는 '토양soil'이라 할 수 있을 것이다. 토양은 지표에 퇴적된 미고결unconsolidated 물질의 집합으로, 아직 암석으로 굳어지지 않은 과도기적 존재다. 이는 풍화를 받아 암석으로부터 떨어져 나온 무기물이기도 하고, 풀이나 나무같이 주변 여러 생물이 살아가며 배출한 유기물이기도 하다. 지표에 노출된 암석은 물리적·화학적·생물학적 요인에 의해 끊임없이 풍화를 받아 약해진다. 그리고 크고 작은 입자로 깨지거나 분해되어 주변에 다양한 무기 광물을 공급한다. 이러한 풍화물은 대개 강이나 바람, 빙하 등 지표 지형을 따라 바다로 유출되지만, 더러는 계속 그 자리 또는 인근에 남아 토양으로서 삶을 시작한다.

초기의 토양은 앞서 언급했듯 풍화를 받은 암석, 즉 모암parent rock의 풍화물인 모재층parent material(C-horizon)으로 이루어져 있다. 그러다 풍화물이 쌓여 모재층이 충분히 두꺼워지면 층 안에 공기와 물을 함유할 수 있게 된다. 공기와 물이 있는 환경은 미생물이나 벌레, 풀 등 동식물이 서식하기 좋은 곳으로, 그들은 생명 활동을 통해 여러 유기물을 배출하고, 유기물 덩어리인 시체를 남기며 죽는다. 이렇게 공급된 유기물은 모재층 위에 쌓여 어두운 빛깔의 유기층organic matter (O-horizon)을 형성한다.

그러나 자연은 소란스러운 곳. 이리저리 땅 위를 오가는 동물과 땅속을 헤집는 식물 뿌리에 의해 유기층은 곧 모재층 상부와 섞이며 혼합층이라 불리는 표토층topsoil (A-horizon)이 된다. '표'라는 글자에서 알 수 있듯이, 표토가 바로 우리가 일상에서 가장 자주 밟고 다니는 땅 위의 토양이다. 육중한 암석뿐 아니라, 표토 역시 지표에 노출되어 있다. 그렇기 때문에 표토를 구성하는 무기물과 유기물은 지속적인 풍화를 받아 점차 작게 분해되고 변질된다. 이때 표토를 분해하는 데 큰 역할을 하는 것이 바로 빗물이다. 빗물은 칼슘이나 마그네슘, 소듐, 포타슘, 황산염, 질산염, 탄산염 등 표토가 갖고 있던 다양한 가용성 물질을 녹여 아래로 운반한다. 운반된 물질은 표토 하부에 쌓이며 집적층이라고도 불리우는 심토층subsoil(B-horizon)을 만든다.

그런데 이러한 물질의 이동이 강하고 지속적으로 발생할 경우, 표토와 심토 사이에는 가용성 물질이 모두 빠져나가 물에 잘 녹지 않는 무기 광물로만 이루어진 층이 하나 더 형성된다. 이러한 토양층을 용탈층eluviated horizon(E-horizon)이라 하며, 주로 물에 녹지 않아 그 자리에서 배수구 역할을 하는 밝은 석영 입자들로 이루어져 있다.

빗물을 타고 용탈층 사이사이를 빠져나가 심토에 쌓이는 물질은 대개 석영 입자보다 작은 점토 광물들이다. 또한 앞서 언급된 가용성 무기 및 유기 이온이 부식물이나 침전물의 형태로 침적沈積되기 때문에 심토는 표토에 비해 밝고 용탈층보다는 어두운 색상을 띠는 것이 특징이다. 심토와 용탈층은 대개 무기물로 이루어져 생물이 살아가기에 척박하므로, 동식물은 주로 표토에 살고 있다.

이렇게 토양은 비록 그 시작이 암석의 풍화물이라는 단일한 구성이었을지라도, 주변 환경과 상호작용하며 점차 여러 층으로 분화된다.

| 흙의 종류

토양이 만들어지고 유지되는 것은 풍화의 정도, 즉 풍화율과 아주 밀접한 관련이 있다. 예를 들어 풍화가 활발히 일어나는 지역

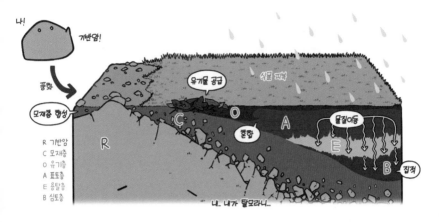

의 경우 모재층의 생성부터 표토층, 심토층과 용탈층까지 토양의 분화가 충분히 이루어진다. 앞서 언급된 네 가지의 층이 잘 발달한 토양층을 '알피졸alfisol'이라 하는데, 중위도같이 온난하고 습윤한 기후의 낮은 지대에서 관찰된다.

이와 달리 경사가 가파른 지대는 풍화를 일으키는 빗물이 빠르게 흘러 내려가기 때문에 토양의 분화가 잘 일어나지 않는다. 혹여 모재층을 이룰 만한 물질이 만들어지더라도, 금세 절벽 아래로 굴러떨어질 것이다. 풍화율이 낮은 지역의 경우 토양은 대개 초기 형태인 모재층에 머물곤 하는데, 이러한 모재층 위주의 젊은 토양층을 '엔티졸entisol'이라 부른다. 그리고 알피졸과 엔티졸 사이 중간자적 발달 단계를 보이는 경우에는 '인셉티졸inceptisol'이라 칭하고 있다.

그러나 분화된 정도가 같더라도, 토양을 만든 모암 자체가 토양층 특징에 지대한 영향을 미칠 경우 그에 따른 별도의 분류가 필요할 것이다. 예를 들어, 화산쇄설암의 풍화물이나 화산재가 쌓여 만들어진 토양은 다른 지역에 비해 식물이 생장하는 데 필요한 영양분이 풍부하다. 그래서 유기물의 합성과 퇴적이 활발히 일어나고, 이는 곧 두꺼운 표토와 심토를 만든다. 또한 철과 마그네슘 등 금속광물이 풍부해 전반적으로 어둡거나 붉은 색상을 띤다. 이렇게 화산 지대에서 발달하는 독특한 토양을 '안디졸andisol'이라 한다.

알피졸, 인셉티졸, 엔티졸, 안디졸… 벌써 우리는 낯선 토양의 이름을 4개나 알았다. 그러나 사실 지구상에 존재하는, 아니 그보다는 학계에서 분류하는 토양의 종류는 훨씬 많다. 전공자 입장에서도, 퇴적학 교재에 표로 정리된 그 토양들을 과연 다 알아야 하는지 의문일 정도였다. 하지만 이왕 토양에 대해 이야기하는 겸, 몇 가지 더 소개해본다. 다만 지질학 교재들의 지독한 특성인 끝이 없는 나열을 피하기 위해, 어느 정도 대표성 있는 토양만 언급하려 한다.

앞서 우리는 시간이 지남에 따라 점차 토양이 만들어지고 분화됨을 알았다. 그리고 여기서 토양의 분화는 풍화와 깊은 관련이 있다고 했다. 풍화는 크게 물리적 풍화와 화학적 풍화로 나뉘는데, 토양은 주로 화학적 풍화를 받는다. 그도 그럴 것이, 토양 입자는 물리적으로 깨지기에 몹시 작기 때문이다. 화학적 풍화를 받아 토양이 만들어지고 발달하는 현상을 '토양 생성 작용pedogenesis'이라 하며, 토양 생성 작용에는 크게 라테라이트화^{laterization}와 포드졸화^{podsolization}, 석회화^{calcification}와 염류화^{salinization} 그리고 글레이화^{gleization}가 있다.

먼저, 라테라이트화는 고온 다습한 환경에서 일어난다. 온도가 높고 습한 환경은 미생물의 활동을 촉진하여 유기물 분해 속도를 높이고, 빗물은 그러한 토양 내 가용 물질을 아래로 운반한다. 이는 심토가 만들어지는 과정으로 이미 아는 사실이다. 그런데 이때, 강수 현상이 몹시 활발하면 어떻게 될까? 저위도 지역의 우기를 상상해보자. 그곳은 많은 강수로 인해 풍화가 활발하게 일어나 표토에 있던 가용성 무기 및 유기 물질이, 나아가 물에 잘 녹지 않는 철과 알루미늄까지 거의 모두 이온화되어 빗물에 녹아들 수 있다.

다량의 빗물은 아래로 배수되며 토양층 내 가용 물질인 규산

대표적인 토양 생성 작용

(Si)과 염류(Ca, Mg, Na, K)를 제거하고, 이온화된 철과 알루미늄을 표토 하부부터 차곡차곡 집적시켜 토양 전체를 심토화한다. 심토에 집적되는 물질은 산화물로 대개 붉은색이나 무색을 띠기 때문에 토양 역시 붉어진다. 이렇게 적갈색 토양이 만들어지는 작용을 라테라이트화라고 한다. 알피졸이 라테라이트화 작용을 받으면 '울티졸^{ultisol}'이 되고, 그 정도가 매우 심해지면 울티졸을 넘어 '옥시졸^{oxisol}'이 된다. 옥시졸은 매우 얕은 표토와 두껍게 발달한 붉은 심토가 특징이다. 여담으로, 라테라이트화의 'later'는 벽돌을 뜻하는 라틴어에서 유래되었다. 빨간 벽돌! 유행이 한참 지나 요즘은 잘 보이지 않지만, 2000년대 이전에 지어진 빨간 벽돌집들이 이 라테라이트 토양으로 만든 것이다.

포드졸화는 라테라이트화와 마찬가지로 습한 곳에서 발생하지만, 고온이 아닌 저온 환경에서 일어난다. 특히 한랭 습윤한 침엽수림 지역에서 활발하다. 지표에 쌓인 침엽수 낙엽은 저온에서도 활동할 수 있는 특정 미생물과 곰팡이에 의해 서서히 분해되는데, 이 과정에서 강한 산성 물질인 유기산이 만들어진다. 유기산은 철이나 알루미늄 같은 표토 내 금속 성분과 적극적으로 반응해 이들을 빗물에 용해시킨다.

이렇게 용해된 물질은 빗물을 타고 표토에서 심토로 운반된다. 그 결과 표토는 점차 철과 유기물을 잃고 회백색을, 심토는 산화물 축적으로 적갈색을 띤다. 포드졸화의 'podzol'은 침엽수림이 많이 분포한 러시아의 말로 '재가 많은 토양'을 뜻하는데, 이는 포드졸화로 형성된 회빛 토양을 본 러시아인 입장에서 자명한 표현이었을 것이다. 포드졸화 작용을 활발히 받은 토양을 '스포도졸spodosol'이라 하며, 스포도졸은 밝게 표백된 두꺼운 용탈층과 적갈색 심토층이 특징이다.

석회화와 염류화는 기온이 높고 건조한 지역에서 일어나는 토양 생성 작용이다. 이 중 석회화는 빗물과 지하수의 반복된 건습으로 토양 내 탄산칼슘($CaCO_3$)이 침전되는 현상으로, 우기에는 토양 공극을 통과해 스미던 빗물이 증발하면서, 건기에는 모세관현상에 의해 지하수가 위로 상승하다 증발하면서 심토에 탄산칼슘을 침전한다. 석회화가 발생하는 핵심 기작은 빗물과 지하수의 반복된 증발이다. 그렇기 때문에 건조하고 이따금 비가 내리는 환경이라면 얼마든지 석회화가 일어날 수 있다. 얼마나 건조하느냐 그리고 얼마나 기온이 높으냐에 따라서 정도의 차이가 있지만 말이다.

예를 들어 스텝기후같이 온난 건조한 지역에서 일어나는 석회화는 심토 내 단괴nodule나 식물 뿌리 표면을 따르는 얇은층lamination의 형태로 탄산칼슘을 침전한다. 이러한 특징을 보이는 토양을 '몰리졸mollisol'이라 하는데, 몰리졸 상부는 온난 건조한 기후에서 서식하는 키 작은 식물이 뿌리를 내리며 살아 표토가 잘 발달해 있다.

한편, 염류화는 지하수에 녹아 있던 염화소듐(NaCl)이나 질산소듐($NaNO_3$), 황산칼슘($CaSO_4$)과 같은 가용성 염류가 극심한 건기에 모세관현상으로 표토까지 이동하여 증발하면서 집적되는 현상으로, 주로 고온 건조한 지역에서 석회화와 함께 발생한다. 고온 건조한 곳이라 했을 때, 가장 먼저 떠오르는 장소는 사막일 것이다. 사막에서는 석회화와 염류화가 오랜 시간에 걸쳐 꾸준히 일어날 수 있다.

이때 표토에는 염류 침전물이 쌓이고 심토 곳곳에는 단단한 탄산칼슘층이 형성되며 심토 전체가 석회화될 수 있는데, 이렇게 석회화와 염류화가 두드러진 토양이 '아리디졸 aridisol'이다. 또한 만약 토양이 팽창성 점토로 이루어져 있을 경우, 반복된 건기와 우기가 토양의 팽창과 수축을 가져와 표토 상부에 미세한 균열을 형성한다. 이러한 균열 구조를 보이는 토양은 '버티졸 vertisol'이라 한다.

마지막으로, 글레이화는 습윤하고 배수가 불량한 지역에서 나타나는 토양 생성 작용이다. 과도한 수분은 토양 내 산소 공급을 차단하여 철의 환원 작용을 일으키는데, 이때 환원된 철은 어두운 잿빛이기 때문에 글레이화 작용이 활발할수록 토양은 암회색에서 청회색 빛을 띠게 된다.

배수가 불량한 습윤 지역, 예를 들어 습지에서는 미생물에 의한 유기물 분해 속도가 매우 느리다. 유기물 분해를 위해서는 산소가 필수적이기 때문이다. 따라서 지표에 쌓인 식물 유해가 표토로

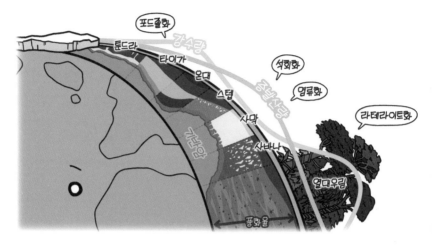

기후에 따른 토양의 발달

분해되거나 혼합되지 못하고 유기층 그대로 겹겹이 쌓이게 된다. 이렇게 두꺼운 유기층을 특징으로 하는 토양을 '히스토졸 histosol'이라 하며, 히스토졸 상부는 썩은 식물 잔해가 쌓여 어두운 빛을 띠며 하부로 갈수록 글레이화를 활발히 받아 회색빛을 띤다.

글레이화는 러시아 북부같이 춥고 건조한 영구동토 지역에서도 일어날 수 있다. 영구동토는 토양 틈을 따라 물이 얼고 녹으며 생긴 동결 교란과 얼음 쐐기가 특징으로, 이러한 토양을 '젤리졸gelisol'이라 부른다. 젤리졸에는 여름철 지표에 쌓였던 눈이나 토양 내 얼음이 녹으며 습윤한 환원 환경이 조성돼 부분적인 글레이화가 일어날 수 있다.

토양은 이렇게 환경에 따라 다양하게 생성되고 발달한다. 그렇다면 이제 다시 처음으로 돌아가보자. 정말 놀이터의 흙과 '그 아이'가 살던 동네 흙이 달랐을까? 만약 달랐다면, 그 동네는 어디 였을까? 아이가 한국인이라면 답은 비교적 쉽다. 대한민국은 면적 이 작아 그 안에 분포한 토양이 한정적이기 때문이다. 아래 그림을 보면 대한민국 토양은 대부분 인셉티졸에 해당하며, 놀이터가 위 치했던 강원도 원주의 경우 인셉티졸이나 엔티졸 또는 알피졸로 조사되어 있다.

좀 더 구체적으로 언급하자면 당시의 놀이터는 산속, 분지였 던 원주 공군 부대 내 관사 놀이터였다. 따라서 풍화가 더딘 엔티 졸이나 인셉티졸보다는 알피졸이었을 거라고 추정할 수 있다. 놀

한반도의 토양 분포

이터의 흙이 알피졸이라 가정해보자. 엔티졸과 인셉티졸은 알피졸에서 풍화를 덜 받은 토양이고, 울티졸은 알피졸에서 라테라이트화를 받은 토양이다. 맛에 유의미한 차이가 있었을까? 삼켜보지는 않았지만, 아마 결은 비슷했을 것이다. 그렇다면 후보는 특정 지역으로 좁혀진다. 아무래도 그 아이는 안디졸이 분포한 제주도에서 오지 않았을까.

돌 보기를
돌같이

"황금 보기를 돌같이 하라."

특정 분야를 다년간 공부하다 보면, 일상에서 전공과 관련된 단어나 문장이 언급되었을 때 관습적인 의미와는 전혀 다른 방향으로 이해할 때가 있다. 이를 이른바 '마구니가 끼었다'고 말한다. 위의 문장은 고려 말 최영 장군의 아버지가 청렴한 삶을 살라는 뜻으로 남긴 유언으로, 우리나라에서 의무교육을 이수한 사람이라면 모를 리 없을 것이다. 그러나 지질학, 특히 암석학을 전공해 하루의 일과가 온통 돌 만지는 것인 이들에게 저렇게 말하면 순간적으로 다르게 받아들일 확률이 높다. 그들은 과연 어떻게 생각할까? 예상 답변은 두 가지다.

"돌인데…."

금덩이는 돌이기 때문이다. 좀 더 구체적으로 말하면, 황금은 광물이고 이 광물이 집합을 이루고 있으면 황금이라는 암석이다. 광물? 암석? 생각보다 이 둘을 구분하지 못하는 사람이 많다. 여담으로, 광물과 암석을 혼용하면 뭇 지질학도를 불편하게 만들 수 있다. 가장 흔한 예로 '대리석'을 보자. 우리는 인테리어 잡지나 가구점에서 하얗고 단단한 암석을 가리켜 대리석이라고 하는 것을 심심찮게 볼 수 있다. 하지만 '-석'은 광물 이름에 붙는 접미사로, 원래는 대리석이 아닌 '대리암'이라 불러야 맞다. 이처럼 일상에서는 지질학 용어를 오용하는 경우가 많기 때문에, 틈새를 이용해 광물과 암석의 정의를 분명하게 짚고 넘어가기로 하자.

| 광물과 암석

'광물mineral'은 ❶ 자연 상태에서 ❷ 무기 화학반응을 통해 생성된 ❸ 일정한 화학 성분과 ❹ 규칙적인 결정구조를 가진 천연 ❺ 고체 화합물을 일컫는 말로, 암석의 구성단위(알갱이)다. 그리고 '암석rock'은 이러한 광물이 하나 이상 모여 집합을 이룬 혼합물이다. 예를 들어 자연에서 산출된 Mg_2SiO_4의 일정한 화학 성분을 가지면서 사방정계의 규칙적인 결정구조를 띠는 '고토감람석forsterite'은 광물 이름이며, 고토감람석과 함께 다수의 사장석plagioclase과 휘석pyroxene, 흑운모biotite나 자철석magnetite 등 부수 광물들과 작은 석기들이 집합을 이룬 '현무암basalt'은 암석 이름이다.

마찬가지로 Au의 금 원소가 입방정계라는 일정한 구조를 띨 때 금 광물, 금 광물이 모이면 금 암석이다. 그러니 누군가에게 '황금 보기를 돌같이 하라'는 것은

광물과 암석

'돌 보기를 돌같이 하라'는 너무나 당연한 말이 된다.

그러면 두 번째 예상 답변은 무엇일까? 이는 안타깝게도 지질학 '마구니'가 단단히 낀, 즉 사고 회로가 돌이킬 수 없게 뒤틀려버린 경우다.

"황금을… 돌만큼…?"

'황금도 돌만큼 소중히 하라고?' 이 답변은 주로 암석학도에게서 나온다. 무엇이 그들을 이렇게 만들었을까… 학위일까, 아니면 오랜 시간 돌 옆에서 동고동락하며 발달한 애착일까? 그들을 찬찬히 이해해보도록 하자.

암석을 연구하는 과정은 생각 이상으로 복잡하다. 암석을 연구하려면 먼저 연구할 암석이 있어야 할 것이다. 그럼 어떤 암석을 연구해야 할까? 이를 위해서는 암석을 알아볼 수 있어야 하며, 암석을 알아보기 위해서는 해당 암석을 이루는 광물이 무엇인지 알아야 한다. 대개 광물의 조성 비율에 따라 암석 이름이 결정되고, 그에 따라 암석이 위치한 지대가 겪어온 과거 역시 해석할 수 있기 때문이다.

그렇다면 훌륭한 암석학도로 성장하기 위해 현재까지 조사된 5000여 종의 광물을 모두 알아야 할까? 이것은 유학을 준비할 때 영어 성적이 중요하냐는 물음과도 같다. 당연히 영어는 잘하면 잘

할수록 좋다. 그러나 영어는 정보를 담는 상자일 뿐, 가장 중요한 건 그 안에 든 연구에 대한 열정과 경험일 것이다. 마찬가지로 암석을 공부할 때 광물은 많이 알면 알수록 좋다. 하지만 분명, 그 앎은 어디까지나 해당 광물과 그 조합이 의미하는 바를 놓치지 않고 해석하기 위함이다. 그러니 광물의 종류를 외우기 위해 절대 무리할 필요 없다. 암석의 근간이 되는 주요 광물만 알고 있다가, 필요할 때 하나씩 하나씩 알아가면 된다.

그러면 유념해야 할 광물에는 무엇이 있을까? 우리가 암석학, 아니 좀 더 넓은 범주로 지질학을 공부할 때 알아야 할 필수 광물은 지각을 구성하는 8개의 주요 광물이다. 이들을 '조암광물[rock-forming mineral]'이라 하며, 종류는 감람석[Olivine]($(Fe,Mg)_2SiO_4$), 휘석[Pyroxene group]($(Ca,Na)(Mg,Fe,Al)(Si,Al)_2O_6$), 각섬석[Amphibole group]($(Ca,Na)_2(Mg,Fe,Al)_5(Si,Al)_8O_{22}(OH)_2$), 장석류[Feldspar group]인 사장석[Plagioclase feldspar]($CaAl_2Si_2O_8 \sim NaAlSi_3O_8$)과 정장석[Orthoclase feldspar]($KAlSi_3O_8$), 운모류[Mica group]인 흑운모[Biotite]($K(Mg,Fe)_3(AlSi_3O_{10})(OH)_2$)와 백운모[Muscovite]($KAl_2(AlSi_3O_{10})(OH)_2$) 그리고 석영[Quartz]($SiO_2$)이 있다.

이때 $(K,Na,Ca)AlSi_3O_8$의 폭넓은 화학구조를 가진 장석류 광물은 포타슘(K)-소듐(Na)-칼슘(Ca) 함량에 따라 세분해 성분에 따른 명칭을 사용하기도 한다. 예를 들어 알칼리 장석[alkali feldspar]은 포타슘과 소듐이 풍부한 장석을 일컫는 말이다. 또한 알칼리 장석 중 포타슘이 우세한 경우 별도로 K-장석[K-feldspar]이라 부르기도 하는

데, 정장석이 K-장석에 속한다. 사장석은 소듐과 칼슘이 풍부하고, 소듐 비중이 큰 경우 조장석albite, 칼슘 비중이 큰 경우 회장석anorthite이라 한다. 조장석과 회장석은 각각 Na-사장석이나 Ca-사장석이라는 직관적인 표현을 사용하기도 한다.

위 여덟 광물은 지구상에 존재하는 광물 중 'TOP 8'로 꼽을 정도로 중요하다. 땅의 시작인 마그마가 식으며 만들어지기 때문이다. 이들은 각자 다른 용융점melting point을 가지고 있다. 그래서 마그마가 냉각될 때 일련의 순서에 맞춰 결정으로 정출crystallization되는데, 이렇게 광물이 순차적으로 정출되어 마그마로 부터 분리되는 현상을 '분별정출Fractional crystallization'이라 한다.

보우엔의
반응계열

캐나다 암석학자 노먼 보우엔Norman L. Bowen은 실험을 통해 광물이 마그마로부터 정출되는 순서를 관찰하고 모델화하여 분별정출 모델인 '보우엔의 반응계열Bowen's reaction series'을 제시했다. 현재 보우엔의 반응계열은 고등학교 지구과학 교과서에서 사라진 지 오래되었지만, 지질학 각 분야 전반에 걸쳐 함유한 정보가 많아 알아두면 좋다. 지질학과에 진학하면 첫 학기에 바로 만날 개념이며, 교수님들은 학생이 당연히 알 거라 생각해 굳이 설명하지 않을 정도로 중요하다.

보우엔의 반응계열은 마그마 냉각 초기인 고온 상태에서 정출되는 광물의 결정구조가 유지되느냐 아니냐에 따라 크게 연속 반응계열과 불연속 반응계열로 구분된다. 연속 반응계열은 광물의 결정구조가 유지되는 경우로, 주요 성분의 비율이 변할 뿐 정출되는 광물 자체는 사장석으로 일정하다. 예를 들어 냉각 초기엔 칼슘 성분이 풍부한 Ca-사장석을 정출하다 점차 마그마 내 칼슘이 고갈되며 소듐 성분이 풍부한 Na-사장석이 정출된다.

이와 달리 불연속 반응계열은 냉각이 진행될수록 광물의 성

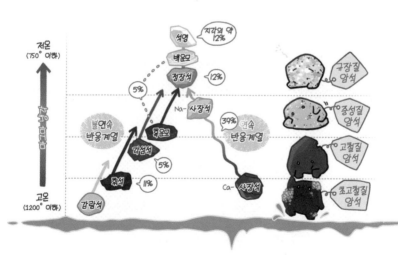

보우엔의 반응계열과 지각을 구성하는 주요 광물

분뿐 아니라 결정구조까지 변화한다. 앞서 광물은 일정한 화학 성분과 규칙적인 결정구조를 가진다고 했다. 즉, 성분과 결정구조가 변한다는 말은 광물의 종류가 달라진다는 것이다. 대체로 금속원소가 비금속원소보다 용융점이 높기 때문에 마그마 냉각 초기에는 마그네슘(Mg)과 철(Fe) 등 금속원소가 풍부한 고철질[mafic, Magnesium+ferrum+ic] 광물이 먼저 정출된다. 위에서 언급한 조 **Magnesium +Ferrum+ic** 암광물 중 감람석, 휘석, 각섬석, 흑운모가 바로 이 고철질 광물이며, 금속원소 특성상 어두운 색을 띠는 것이 특징이다.

냉각 초기, 고철질 광물 중에서도 제일 먼저 마그마로부터 분리되는 건 철과 마그네슘이 가장 풍부한 감람석이다. 고온의 마그마는 사방정계 결정구조를 가진 감람석을 정출하며 점차 철과 마그네슘 원소를 잃는다. 그렇다면 이대로 철과 마그네슘이 모두 소진될 때까지 감람석이 만들어지는 걸까? 만약 여기서 마그마의 온도 변화가 없다면 그럴 수 있겠다. 그러나 냉각이 계속되는 상황에서, 철과 마그네슘에 이은 알루미늄(Al)과 규소(Si), 산소(O)가 차례로 용융점을 맞이한다. 그리고 이들을 수용하기 위해 마그마는 다른 형태의 광물인 휘석, 각섬석, 흑운모를 정출하기 시작한다. 휘석보다는 각섬석이, 각섬석보다는 흑운모가 금속원소 함량이 낮다.

냉각 후기, 철과 마그네슘을 모두 소진한 저온의 마그마는 이제 비금속원소인 규소와 산소 함량이 높은 광물들을 정출한다. 규소와 산소로 이루어진 분자인 이산화규소[silica](SiO_2)가 풍부한 광물을 규장질$^{felsic, Feldspar+silica+c}$ 광물이라 하는데, 이산화규 **Feldspar +Silica+c**
소 덩어리인 석영, 장석류인 정장석과 Na-사장석 그리고 백운모
가 이에 해당한다. 규장질 광물은 이산화규소 특성상 대체로 무색
또는 밝은 색상을 띠는 것이 특징이다. 이산화규소를 포함하지만
비교적 알루미늄 함량이 많은 정장석이 먼저 정출되고, 이후 알루
미늄 비중이 줄어들며 백운모가 정출된다. 그리고 알루미늄이 모
두 소진되었을 때, 비로소 순수 이산화규소 결정체인 석영이 만들
어진다.

우리가 딛고 있는 지각은 이렇게 마그마가 냉각되며 만들어졌
다. 초기 마그마 성분과 냉각 온도에 따라 시작점과 끝점이 달라질
수 있지만, 광물이 정출되는 경향은 크게 달라지지 않는다. 그래서
보우엔의 반응계열을 염두하고 있으면 암석을 만든 마그마 성분과
당시 환경을 대략적으로 추정할 수 있다.

암석학자들이 평생에 걸쳐 하는 일은 이러한 돌을 광물 단위,
나아가 원소 단위로 관찰하며 그것이 지닌 정보를 해석하는 것이
다. 그리고 이를 바탕으로 과거를 복원해 지구 역사의 해상도를 높
이고 있다. 돌은 그냥 만들어지지 않는다. 이 사실을 너무나 잘 알고
있기에, 그들에게 돌은 그저 길가에 흐트러진 아무개 고체가
아니다. 육중한 무게 이상의 과거 이야기를 품은 시크릿 박스
인 것이다.

또한 우리는 돌이 쉽게 얻어지지 않는다는 사실을 알아야 한

다. 원하는 돌을 얻기 위해서는 상당히 많은 시간과 노력 그리고 돈이 필요하다. 시료 채취를 위해 암석이 위치한 장소를 방문할 때 드는 교통비와 식비 및 숙박비, 채취한 시료를 분석하기 위한 장비 대여료나 분석료 등 시간적, 경제적 투자가 요구된다.

그런데 이때, 현장 조사인만큼 개인이나 소속 연구실의 능력 밖 변수로 일정에 차질을 빚기도 한다. 전염병이나 전쟁 등 때문에 해당 국가가 항공편을 닫거나, 진행 중이던 연구 과제 펀딩이 갑자기 삭감 또는 무기한 중지된다거나, 헬기가 착륙하던 해빙 활주로가 기후변화로 녹아 진입할 수 없다거나…. 특히 수년 전 창궐한 코로나19는 지질학, 더 나아가 지구과학 분야 전체에 큰 장애를 일으켜 많은 현장 조사를 좌절시킨 바 있다. 지구과학 연구는 대개 연구소 및 여러 연구실이 연합하여 진행하기 때문에 거리 두기 자체가 불가능하기 때문이다. 예를 들면, 남극 출장을 앞두고 상황이 호전되기를 한없이 기다리다 결국 졸업을 위해 연구지를 국내로 변경했는데, 그마저도 이동 중 확진자와 밀접 접촉자가 나와 취소되는 일이 흔하게 일어났다. 코로나19가 퍼지기 전 남극 항차에 탑승한 연구원들은 감염으로부터 자유로우니 그 인원 그대로 이후 항차까지 연달아 소화하며 한동안 가족과 이별한 경우도 있었다. 이처럼 여러 상황 변수를 극복하고 힘들게 도달한 연구지에서 실수로 전혀 다른 시료를 가져온다거나 귀국 후 암석 시료를 가공하다 깨뜨린다면 어떨까.

따라서 암석학자들은 돌을 볼 때 그 자체가 함유한 학술적 정보나 가치 외에 시간, 노력, 돈 등 투입된 자원이 겹쳐 보인다. 그러니 매우 귀하고 소중한 존재일 수밖에 없다. 실제 들어간 비용을 계산해보면 꽤 많은 경우 동일 질량 금보다 비싸기도 하고 말이다. 오랜 시간 함께하며 인생의 우선순위에 있는 것, 내가 가진 자원을 얼마든지 내어줄 정도로 소중한 것, 돈으로 환산할 수 없는 비싼 것, 편하고 익숙하지만 항상 조심스러운 것. 이것이 암석학도들에게 돌이 갖는 존재감이다. 자, 이제 다시 '황금 보기를 돌같이 하라'는 말을 떠올려보자. 어떻게 들릴까? 아래와 같지 않을까.

"황금 보기를 연인같이 하시오!"

화성암과 광물 관찰

돌, 돌
무슨 돌

원래부터 돌을 좋아하는 사람이 얼마나 있을까? 보통의 사람들에게 돌은 그저 돌이다. 미술을 전공하던 시절, 돌이란 그저 사생 대회에서 풀이나 나무를 덜 그릴 수 있게 가려주는 편리한 사물이었을 뿐 그 자체로 어떠한 재밋거리를 느껴본 적 없었다. 시간이 흘러 대학에서 지구과학을 공부하면서도, 유체의 유동과 색채가 경이로워 대기과학이나 해양학 수업만 줄곧 들었지 투박한 돌에 대해 다루는 지질학은 언제나 관심 밖이었다.

그러던 어느 날, 지질학과에 화성암을 전공하는 젊은 교수님이 부임하셨다. 그 교수님은 '예쁜 것'을 보여주겠다며 야외 지질 실습 수업 수강을 권하셨다. 수업은 굉장히 신선했다. 솔직히 말하면, 교수님과 학생들 구경하는 재미가 있었다. 녹음이 우거진 산에 직접 길을 만들며 들어가 돌을 보고, 상쾌한 파도가 치는 바다를 뒤로한 채 돌을 보고, 일몰에 붉게 물든 하늘과 갈대밭 속에서 돌을 보고, 인부가 자리 비운 틈을 타 몰래 채석장에 난입해 돌을 보고, 불공드리는 사람들 틈에서 석상을 이루고 있는 돌을 보고….

그냥 보는 정도가 아니라 정말 열심히, 돌 하나당 최소 수십 분씩 땅바닥에 코를 박고 엎드려 열렬히 관찰했다. 그런데 여기서 더 면밀히 관찰하자며 암석 일부를 쪼개 가방 가득 돌을 싣고 운반하는 것이다! 돌에 볼 것이 그리 많나? 뭘 보는 거지? 이러한 의문은 지질학 공부를 본격적으로 시작한 뒤에야 풀리기 시작했다.

| 암석과 마그마

암석은 알면 알수록 많은 것이 보이는 이야기보따리다. 암석이 어떤 환경에서 어떻게 형성되었는지를 '성인genesis'이라 하는데, 성인에 따라 암석은 크게 화성암igneous rock, 변성암metamorphic rock, 퇴적암sedimentary rock으로 나뉜다. 이 중 화성암은 마그마가 지표나 지하에서 굳어져 만들어진 것으로, 이제 막 성인식을 치른 젊은 암석이라 할 수 있다. 지표 위 노출된 화성암은 풍화와 침식을 거쳐 퇴적암이 되기도 하고, 지각운동에 의해 높은 열과 압력을 받으며 변성암이 되기도 한다. 이러한 관점에서 화성암은 암석의 순환이라는 무한 루프의 시작점이라 할 수도 있겠다. 물론, 닭이 먼저냐 알이 먼저냐 수준의 생각이지만 말이다.

그런데 이전 장을 읽은 독자라면 '마그마가 굳어져'라는 문구에서 떠오르는 말이 하나 있을 것이다. 바로, 조암광물이다. 화성암은 마그마가 굳어져 만들어졌기 때문에 보우엔의 반응계열을 따라 정출된 조암광물들이 가장 직접적으로 나타나는 암석이다. 따라서 화성암의 광물 구성과 화학조성, 산출 상태를 관찰하면 암석이 형성되던 당시의 여러 정보 즉, 마그마의 성분, 깊이, 냉각 속도, 주변 암석과의 상호작용 등을 추정할 수 있다.

화성암을 만드는 마그마는 상부 맨틀이나 하부 지각이 녹아 생성된 용융체로, 지하에 계속 머물 수도 있고 지표로 분출되기도 한다. 이때 주변 암석에 관입intrusion하여 지하에서 천천히 굳어지면 관입암intrusive rocks, 지표로 분출되어 급격히 굳어지면 분출암extrusive rocks이라 부른다.

잠시 두 사람이 각각 나무 젠가로 첨성대 만드는 과제를 받았다고 상상해보자. 그리고 한 사람에게는 1년이, 다른 한 사람에게는 1분의 시간이 주어졌다고 하자. 제출된 첨성대의 모습은 어떨까? 게으름을 부리지 않았다면, 1년 걸려 만든 첨성대가 훨씬 크고 견고할 것이다. 이와 달리 후자가 만든 첨성대는 작고 엉성할 것이다. 마그마가 광물을 정출할 때도 비슷하다.

마그마가 오랜 시간에 걸쳐 냉각되면 광물은 충분한 시간을 갖고 성장할 수 있다. 그래서 관입암의 경우 광물이 큰 결정형으로 잘 발달한 현정질 조직phaneritic texture을 보인다. 암석을 구성하는 광물들이 모두 결정형에 그 크기가 클수록, 지하 깊은 고온 환경에서 천천히 굳어진 관입암임을 의미한다. 이와 달리 뜨거운 마그마가 차가운 지표나 해수에 노출되면 급격한 냉각을 겪기 때문에 분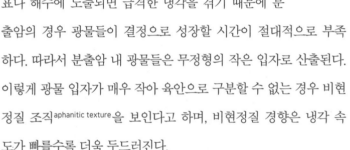출암의 경우 광물들이 결정으로 성장할 시간이 절대적으로 부족하다. 따라서 분출암 내 광물들은 무정형의 작은 입자로 산출된다. 이렇게 광물 입자가 매우 작아 육안으로 구분할 수 없는 경우 비현정질 조직aphanitic texture을 보인다고 하며, 비현정질 경향은 냉각 속도가 빠를수록 더욱 두드러진다.

화산이 폭발하면 용암뿐 아니라 다양한 크기의 화산쇄설물 즉, 화산탄(>64mm), 화산력(2~64mm), 화산재(<2mm)도 배출된다. 이러한 쇄설물이 쌓여 형성된 암석을 화산쇄설암pyroclastic rock이라 하며, 쇄설물이 퇴적되어 만들어진 암석이니만큼 퇴적암처럼 입자 크기에 따라 암석을 분류한다. 예를 들어 화산쇄설암이 화산탄을 포함하면 화산각력암pyroclastic breccia 또는 집괴암agglomerate, 화산력으로 이루어져 있으면 화산력응회암lapilli tuff, 화산재로 이루어진

경우 응회암^{ash tuff}이라 한다.

응회암은 작은 화산재 입자가 지표를 감싸듯 쌓여 굳어진 것이기 때문에 퇴적암처럼 층리가 잘 발달한다. 이때 응회암의 층리 두께와 개수는 과거 화산 폭발 당시의 위력과 빈도를 나타내기도 한다. 큰 폭발일수록 다량의 화산재를 내뿜어 두껍게 쌓였을 것이고, 잦은 폭발일수록 그에 따라 여러 겹의 화산재층이 만들어졌을 것이다.

또한 화산재는 바다보다 육지에 퇴적될 때 더 천천히 냉각된다. 육지에 갓 쌓인 뜨거운 화산재는 아래 쌓여 있던 화산재를 부분적으로 녹이게 되는데, 이러한 재용융 과정에서 화산재 입자들은 서로 융합되어 이전보다 더욱 치밀한 구조를 만들기도 한다. 이

화성암의 생성과 종류

러한 부분적인 치밀 구조를 용결조직^{welding texture}이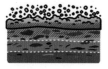라 한다. 바다에서는 화산재가 빠르게 식어 용결작용이 일어나기 어렵기 때문에, 응회암 내 용결조직이 관찰되면 해당 암석은 육상 환경에서 만들어졌을 거라 추정한다.

그런데 여기서 마그마에 대해 생각해볼 필요가 있다. 마그마는 다 같은 마그마일까? 관입암이나 분출암이 될 마그마는 앞서 언급한 바와 같이 맨틀 상부와 지각 하부가 녹으며 만들어졌다는 것을 기억하자. 따라서 마그마의 성분은 맨틀이나 지각 성분을 따를 것이다.

가령, 맨틀의 경우 철과 마그네슘이 풍부해 이들이 용융되어 만들어지는 마그마 역시 철과 마그네슘을 많이 포함할 것이다. 이러한 마그마를 '고철질 마그마'라 하며, 고철질 마그마가 냉각되면 고철질 광물이 주를 이루는 고철질 암석이 만들어진다. 마찬가지로, 규소와 산소 함량이 높은 대륙지각이나 고철질로 이루어진 해양지각이더라도 그것이 부분 용융되는 경우, 규장질 마그마 또는 고철질과 규장질의 중간자적 특성을 띤 중성질 마그마가 생성된다. 그리고 각각의 마그마는 규장질 암석과 중성질 암석으로 굳어질 것이다.

화성암은 이렇게 고철질 마그마와 규장질 마그마 그리고 중성질 마그마가 관입 상태로 굳어졌느냐 분출 상태로 굳어졌느냐에 따라 세분될 수 있다. 예를 들어, 고철질 마그마가 지하에 관입하여 굳어지면 반려암^{gabbro}, 지표로 분출되어 굳어지면 우리가 익히 들어본 제주도의 상징 현무암^{basalt}이 되는 것이다. 규장질 마그마가 굳어져 만들어지는 화강암^{granite}과 유문암^{rhyolite}, 중성질 마그마가 굳어져 만들어지는 섬록암^{diorite}과 안산암^{andesite} 역시 각각 지하에서 굳어졌느냐 지표에서 굳어졌느냐의 차이다.

그런데 이때, 아무개 암석이 관입암인지 분출암인지는 광물 결정의 유무와 크기를 통해 구분한다 치더라도, 어떤 마그마가 식어 만들어진 것인지는 고철질이냐 규장질이냐와 같은 구체적인 광물 동정이 필요하다. 이는 결국 눈 외에 추가적인 도구가 필요함을 의미한다. 암석이 포함하고 있는 광물은 어떻게 관찰하고 식별할 수 있을까?

암석의
미세 구조

육안으로 보기 힘든 암석의 미세 구조는 주로 편광현미경을 사용해 관찰한다. 그래서 지질학과에 입학하면 가장 먼저 접하게 되는 기기가 편광현미경이다. 편광현미경은 암석 시료에 빛을 통과시켜 시료 내 광물의 광학적 특징을 관찰할 수 있게 하는 기기다. 여기서 잠깐! 암석에 빛을 통과시킨다고? 그게 가능한 걸까?

결론부터 말하면 가능하다. 암석을 얇게 갈면 빛이 투과할 정도로 투명해지기 때문이다. 암석을 0.02~0.03밀리미터 두께로 얇게 연마한 것을 '박편thin section'이라 하며, 편광현미경 재물대 위에 올려 놓는 암석 시료가 바로 이 박편이다.

19세기 중반, 영국의 물리학자이자 지질학자인 윌리엄 니콜 William Nicol이 고안한 이래로 과거 지질학도라면 대학원생이든 대학 생이든 박편 제작은 피해 갈 수 없는 과제였다. 그래서 지질학과 건물이 있는 곳에서는 밤낮 구분 없이 돌을 자르고 가는 소리가 흔하게 들렸다. 박편을 제작할 때는 인내와 정밀함으로 도를 닦듯 돌을 닦아야 하지만, 최근에는 효율적인 연구를 위해 전문 업체에 맡기는 추세다. 그러므로 혹여 '성미가 급하고 손 근육이 둔한데 지

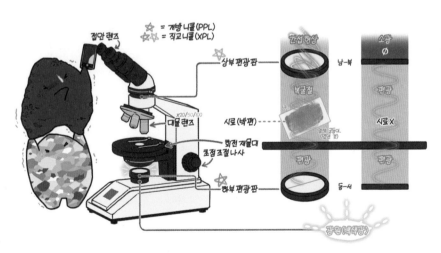

편광현미경의 구조와 원리

질학과에 진학해도 되는 걸까' 하는 고민은 하지 않아도 되겠다.

편광현미경에는 총 2개의 편광판이 있다. 상부와 하부에 각각 하나씩 있으며, 하부 편광판만 사용해 시료를 관찰하는 경우 개방니콜open nicol PPL, 상부와 하부 편광판 모두를 사용해 시료를 관찰하는 경우를 직교니콜crossed nicol XPL이라 부른다. 위에서 언급한 그 사람, '니콜'에서 유래한 것이 맞다. 윌리엄 니콜은 특정 방식으로 가공한 방해석calcite 결정이 백색광을 한 방향으로 진동시킨다는 사실을 발견했다. 이를 '니콜 프리즘Nicol prism'이라 하는데, 편광현미경에 사용되는 편광판은 이 니콜 프리즘의 원리를 이용한 것이다.

광원에서 나온 백색광은 하부 편광판을 통과하며 편광이 되고, 한 방향으로 진동하는 편광은 시료에 의해 굴절되어 다시 여러 방향으로 진동한다. 이때 시료 내 광물이 광학적으로 등방성이면 빛은 모든 방향에서 동일하게 굴절(단굴절)된다. 즉, 하부 편광판이 만든 편광 그대로 시료를 통과한다. 따라서 편광현미경의 재물대를 회전해도 광물의 색은 변하지 않는다.

이와 달리 비등방성 광물의 경우 빛을 방향에 따라 다르게 굴절(복굴절)시킨다. 그래서 재물대를 회전시키면 광물의 색깔이 변할 수 있는데, 이렇게 회전할 때마다 색이 변하는 현상을 다색성pleochroism이라 한다. 다색성은 광물의 결정구조에 따라 달라지는 광학적 특성이기 때문에 광물을 식별하는 데 도움을 준다. 가령, 흑운모는 강한 다색성을 띠는 대표적인 광물로, 개방니콜 상태에서 재물대 회전 시 각도에 따라 적갈색에서 담황색으로 변화한다. 이처럼 개방니콜에서는 광물의 다색성과 함께 빛을 투과시키는 정도인 투명성, 광물의 입자 크기와 결정 형태, 벽개(쪼개짐) 등을 관찰할 수 있다.

한편, 직교니콜은 하부 편광판에 그와 직교하게 배치된 상부 편광판이 더해진다. 따라서 등방성 광물의 경우 하부 편광판과 시료를 통과한 빛이 상부 편광판을 지나며 모두 소광된다. 아무리 재물대를 회전시킨들 광물이 모든 방향에서 검게 보이는 것이다. 그러나 비등방성 광물의 경우, 복굴절을 일으키므로 직교니콜 상태에서 광물 간섭에 의한 여러 편광색이 나타날 수 있다. 이러한 순수 광물 간섭에 의해 나타나는 편광색을 간섭색interference color이라 한다. 간섭색은 광물 종류에 따라 다양해 보는 재미가 쏠쏠하다. 멍하니 수조나 모닥불을 눈요깃거리 삼는 것을 '물멍' 또는 '불멍'이라 한다면, 직교니콜로 간섭색 보는 건 '돌멍'이라 할 수 있겠다.

| 광물의 구분

고철질 광물 중 하나인 감람석은 변질되지 않은 한 개방니콜에서 무색투명해 규장질 광물인 석영과 비슷하게 생겼다. 물론, 석영은 풍화에 강해 매끄러운 표면을 가진 반면, 감람석은 현미경 상에서 일정한 방향성 없이 깨어진 모습을 보인다. 하지만 광물의 깨어짐은 해당 암석이 받은 풍화 정도에 따라 천차만별이므로, 이를 통해 감람석이라 판단하는 것은 섣부르다. 그러면 어떻게 감람석을 알아볼 수 있을까? 시야를 직교니콜로 전환하면 쉽다. 직교니콜 상태에서 감람석은 마치 공작새 깃털처럼 선명한 분홍색부터 주황색, 연두색, 상아색, 보라색에 이르기까지 매우 높은 채도의 맑고 화려한 간섭색을 띠기 때문이다. 이러한 알록달록한 간섭색과 불규칙한 쪼개짐이 감람석을 식별하는 큰 특징이다. 취향에 따라 다르겠지만, 휘황찬란한 감람석은 돌멩에 아주 제격인 광물이다.

간혹 편광현미경으로 감람석을 관찰하다 보면 갈변한 과일같이 광물 틈을 따라 갈빛 띠가 나타나기도 하는데, 이는 감람석이 변질되어 만들어진 사문석[serpentine]이다. 동글동글 귀여운 외형에 존재감 넘치는 감람석 빛깔을 바라보다 보면, 유사 과학에서 왜 감람석의 효능을 심신 안정이라 했는지 이해할 수 있을 것 같다. 감람석을 분석하는 대학원생들은 다르게 생각하겠지만….

상부 편광판을 통과할 수 있는 빛은 상부 편광판에 평행한 방향으로 진동하는 빛뿐이다. 그렇기 때문에, 직교니콜 상태에서 하부 편광판을 통과한 빛을 그대로 전달하는 등방성 광물은 당연히 눈에 보이지 않는다. 비등방성 광물을 통과해 굴절된 빛 역시 상부

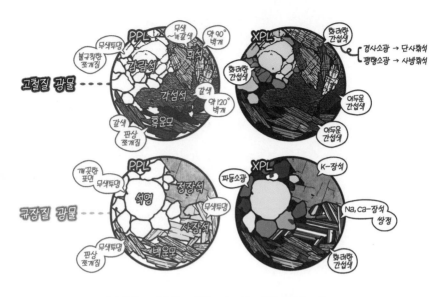

———— 개방니콜(PPL)과 직교니콜(XPL)로 본 고철질 광물과 규장질 광물 ————

편광판에 의한 장애를 겪는다. 다만 시료 방향에 따라 통과할 수 있는 편광이 존재해 여러 간섭색으로 나타날 뿐이다.

그런데 이때, 재물대를 회전시키다 보면 시료에 의해 굴절된 편광이 상부 편광판에 직교하며 등방성 광물처럼 암흑 상태에 빠지기도 한다. 마치 갑자기 전등이 꺼지는 것처럼 말이다. 이렇게 광물이 간섭색을 잃고 어두워지는 현상을 '소광extinction'이라 한다. 그리고 편광현미경 십자 선을 기준으로 빛이 소광되는 특정 각도를 '소광각'이라 하는데, 광물의 결정구조에 따라 소광되는 모습과 각도가 다르기 때문에 소광 현상과 소광각은 광물을 식별하는 중요한 기준이 된다.

소광각을 이용해 구분하는 대표적 광물에는 사방휘석$^{orthopy-}$ $^{roxene, OPX}$($(Mg,Fe)_2Si_2O_6$)과 단사휘석 $^{clinopyroxene, CPX}$($(Ca,Na)(Mg,Fe,Al)$ $(Si,Al)_2O_6$)이 있다. 두 광물은 마그마 냉각 초기 감람석 이후에 정출되는 휘석류 광물로, 각각 사방정계와 단사정계의 다른 결정구조를 가진다. 이러한 결정형의 차이는 마그마의 성분과 온도, 압력, 휘발성분에 따라 달라지기 때문에, 사방휘석과 단사휘석을 구분하는 것은 암석을 생성한 마그마의 기원을 추정하는 데 중요한 단서가 된다. 그러나 사방휘석과 단사휘석은 개방니콜에서 무색투명 또는 약한 녹빛, 직교니콜에서 화려한 간섭색으로 큰 차이를 보이지 않는다. 벽개 역시 약 90도로 직교하고 있어 비슷하다. 따라서 사방휘석과 단사휘석은 결정구조에 기인한 소광각을 이용해 구분하는 것이 일반적이다.

소광각이 0도인 평행소광을 보일 경우 사방휘석, 36~45도의 경사소광을 보일 경우 단사휘석으로 추정한다. 어떤 광물에서는 소광이 특정 각도에 나타나지 않고 파도 타듯 부분적으로 어두워졌다 밝아지기도 한다. 이를 파동소광이라 하며, 주로 변질된 석영 같이 내부 구조가 균일하지 않은 광물에서 관찰된다.

헷갈리는
광물들

박편을 관찰할 때, 육각 형태의 석류석^{garnet}처럼 독특한 외형을 가진 광물만 있다면 얼마나 좋을까? 하지만 대자연이 빚은 암석은 그리 호락호락하지 않다. 실제 암석을 수집해 박편으로 가공해보면 도대체 무슨 광물인지 혼란스러운 경우가 잦다. 변질에 의해 이상적인 외형이나 광학적 특징이 와해되는 것도 한몫하지만, 애초에 비슷하게 생긴 광물도 많다. 그래서 헷갈리는 광물 간 구분할 수 있는 특징이 무엇인지 기억해두면 좋다.

예를 들면 조암광물 중 휘석과 각섬석은 둘 다 교차하는 벽개를 특징으로 한다. 그러나 90도로 직교하는 휘석과 달리 각섬석은 약 120도로 교차하는 벽개를 보이며, 개방니콜 상태에서 무색투명한 휘석과 다르게 갈빛의 강한 다색성을 보인다. 흑운모 역시 개방니콜에서 갈빛의 강한 다색성을 보인다는 점에서 각섬석과 비슷해 혼동할 수 있다. 하지만 흑운모는 한 방향으로 조밀하게 쪼개진 판상 벽개가 특징이다.

마그마 냉각 후기에 정출되는 백운모는 판상 결정이라는 구조적 유사성 때문에 흑운모와 함께 운모류로 분류된다. 백운모와 흑운모는 개방니콜과 직교니콜 관찰을 통해 구분할 수 있는데, 개방니콜에서 무색투명하고 직교니콜에서 화려한 간섭색을 띠는 경우 백운모, 개방니콜에서 강한 다색성을 보이면서 직교니콜에선 어두운 간섭색을 띠는 경우 흑운모에 해당한다.

규장질 광물들은 개방니콜에서 무색투명하고, 백운모를 제외하면 대체로 직교니콜에서 백색에서 진회색의 간섭색을 띠는 편이다. 이러한 무채색 빛깔은 직교니콜에서 화려한 간섭색을 보이던 고철질 광물들과 사뭇 다른 특징이기도 하다. 비록 간섭색에서는 단조로우나 대신 규장질 광물에서는 '쌍정twin'이라는 독특한 무늬가 나타난다. 쌍정은 2개 이상의 동일한 광물 결정이 서로 결합되어 성장한 것으로, 단순쌍정simple twins과 접촉쌍정contact twins, 반복쌍정repeated twins, 투입쌍정penetration twins 등 결정이 결합된 정도와 방향에 따라 다양한 모양을 보인다.

쌍정은 특히 장석류 광물에서 자주 관찰된다. 가령, 정장석에서는 단순쌍정인 칼스바드 쌍정carlsbad twins이, 사장석에서는 반복쌍정인 알바이트 쌍정albite twins이, K-장석 계열의 미사장석이나 새니딘에서는 투입쌍정인 페리클라인 쌍정pericline twins이 자주 나타난다. 알바이트 쌍정과 더불어 사장석 내부에는 띠 모양의 '누대구조zoning'가 나타나기도 하는데, 누대구조는 결정이 형성되던 당시 마그마의 급격한 냉각으로 동일 광물 내 화학 조성이 크게 변화해 만들어진다. 접촉쌍정은 V 자 대칭 구조를 이루는 석영에서 관찰할 수 있다.

이렇게 육안으로 관찰 가능한 광물의 물리적 특징과 편

광현미경을 통해 확인할 수 있는 광학적 특징을 종합하여 광물을 동정하고, 그에 따라 암석 이름과 성인을 추정할 수 있다. 예를 들어 비현정질 조직으로 이루어져 분출암의 특징을 보이면서 편광현미경 관찰 시 조밀한 사장석과 단사휘석, 감람석 반정phenocryst과 유리질 석기groundmass가 두드러지게 나타나면 해당 암석은 현무암이라 판단할 것이다. 이와 달리 관입암의 특징인 현정질 광물 구조와 다량의 석영 및 장석류 광물이 관찰되는 암석은 화강암이라 판단할 것이다.

앞선 이야기에서 교수님과 야외 지질 실습 수강생들이 수십 분씩 돌을 보고도 일부를 수집한 이유가 바로 이 육안 관찰과 현미경 관찰을 병행하기 위함이었다. 당시 경상도 남동쪽의 여러 도시를 방문하며 돌을 관찰하고 수집했으니, 수업의 목적은 해당 지역을 이루는 암반이 형성된 지질학적 배경을 추정하는 것이었을 듯하다.

자연의 암석은 분명 복잡하고 난해하다. 하지만 지질학 교재에서 배운 지식을 차근차근 적용하면 의외로 해석할 수 있는 부분도 보인다. 시간이 허락한다면, 길가를 배회하는 아무개 암석을 데려다 이름과 성인을 추정해보자. 물론 알고 있는 지식이 많지 않아 막연하고, 상당 부분 물음표로 남을 것이다. 추측한 바가 완전히 틀릴 수도 있다. 이는 암석학 분야로 학위를 받은 게 아닌 한 당연하다.

중요한 것은 돌을 들여다보는 행위 자체다. 관심을 갖고 돌을 들여다보면, 지질학은 더 이상 책 속 지식이 아닌 일상의 일부가 될 것이다. 이러한 관심과 친숙함이 마음의 장벽을 허물고, 곧 돌이 들려주는 이야기를 들을 수 있게 한다. 어느 순간, 약속에 늦은 친구를 기다리며 인근의 돌을 바라보는 자신을 발견할지 모른다.

공룡은
판 이동속도에
미끄러져
익사했나요

대학교 1학년, 해양학 수업 때 이야기다. 교수님께서는 과거 대륙이 판게아^{Pangaea}라는 초대륙으로 이루어져 있었고, 이후 판게아가 분리되며 현재의 수륙분포를 갖게 되었다고 하셨다. 그리고 직접 그린 그림 한 장을 보여주셨는데, 공룡이 육지를 서핑 보드 삼아 파도를 타는 그림이었다. 교수님께서는 당시 대륙이 빠르게 이동했기 때문에 공룡들이 그만 관성을 이기지 못 하고 물에 빠져 멸종했을 수 있다고 말씀하셨다.

허무맹랑하게 들렸지만, 현재까지 제기된 공룡 멸종설은 상당히 많고 그중에는 정말 '백내장에 걸려 멸종'이나 '방귀에 질식해서 멸종'과 같이 믿기 힘든 이론도 있었다. 물론 실제 받아들여지는 건 대규모 화산 폭발이나 소행성 충돌에 의한 기후변화처럼 과학을 근거로 한 소수 이론이다. 다만 아직까지 공룡의 멸종 원인은 확실하게 밝혀지지 않았기에 수많은 멸종설 가운데 판 이동속도에 의한 멸종도 있겠거니 생각한 것이다.

수업이 끝난 후, 옆자리에 앉아 있던 영재고 출신 S군에게 공룡이 판 이동속도에 의해 물에 빠져 멸종할 수 있느냐 물어보았다. 그러자 S군은 '하하' 웃었다. 웃긴 말이긴 한데 아예 불가능한 이야기는 아닌 건가? 시간이 흘러 3년 뒤, 문득 과거의 일이 생각나 근처에 있던 과학고 출신 H군에게 공룡이 판 이동속도에 의해 물에 빠져 멸종했을 수 있는지 물었다. 그러자 H군 역시 S군처럼 '허허' 웃을 뿐이었다. 공룡 익사설은 그렇게 2년을 더 살아남았다.

공룡 익사설에 의문을 품고 생각을 다시 하게 된 것은 학부 졸업 직전 판구조론과 화석학 수업을 들은 뒤였다. H군에게 찾아가 공룡 익사설에 대해 재차 물었고, 여전히 '허허' 웃는 그에게 모 교수님 말씀으로부터 5년여간 믿고 있던 가설이니 확실히 대답해달라고 했다. 그러자 H군은 장난으로 하는 말인 줄 알았다며 당연히 아니라고 했다. 신뢰도 낮은 수많은 공룡 멸종설에서 공룡은 마치 개복치처럼 유약하던데, 정말로 판 이동속도에 공룡들이 익사하는 건 불가능한 것일까?

| 대륙이동설

대륙이 이동한다는 개념은 1908년 미국의 빙하지질학자 프랭크 테일러[Frank Taylor]에 의해 처음 등장했다. 하지만 당시 대륙이동설[Continental theory]을 뒷받침할 만한 충분한 증거가 없어 무시되었고 이는 수년 후 독일의 기상학자이자 지구물리학자인 알프레트 베게너[Alfred Wegener]에 의해 다시 수면 위로 떠올랐다. 베게너는 대륙의 해안선 모양이 서로 퍼즐처럼 맞물린다는 점, 그리고 그 경계부 지질구조와 화석 분포, 빙하의 흔적이 연속적이라는 점을 근거로 약 2억 5000만 년 전 지구는 하나의 거대한 초대륙으로 이루어져 있었을 것이라 주장했다.

그는 이 초대륙을 '판게아'라 이름 짓고, 현재의 대륙들은 과거 판게아가 갈라져 움직인 결과라 생각했다. 하지만 여전히 거대한 대륙을 이동시킬 만한 역학적 메커니즘을 설명하지 못했기 때문에, 베게너의 주장 역시 회의적인 가설로 남아 있었다. 그 후 영국의 지질학자 아서 홈스[Arthur Holmes]가 지구 내부로부터 상승한 맨틀 물질이 대륙을 움직이는 큰 힘일 수 있다는 맨틀대류설[Convection current theory]을 제시했다. 이어 미국의 지질학자 해리 헤스[Harry Hess]가 중앙해령에서 맨틀 대류에 의해 새로운 해양지각이 만들어져 해양저가 확장되고 있다는 해저확장설[Sea-floor spreading theory]을 제기하며 베게너의 대륙이동설에 힘을 실었다.

또한 캐나다의 지질학자 존 윌슨John T. Wilson은 지각이 서로 반대 방향으로 미끄러지는 변환단층의 존재를 확인하고 지각의 생성과 소멸, 보존에 관한 윌슨 주기Wilson cycle 이론을 정립했다. 이렇게 20세기 초부터 중반에 이르기까지 여러 이론과 근거가 축적되면서 마침내 1967년 영국의 지구물리학자 댄 매켄지Dan Mckenzie가 지구 표면이 여러 개의 유동적인 판으로 이루어져 있다는 판구조론 Plate tectonics을 발표하게 된 것이다.

1990년대에는 맨틀 최하부, 지하 약 2900킬로미터 깊이에서 생성된 뜨겁고 낮은 점성의 물질들이 플룸 형태로 상승해 맨틀의 대류를 일으킨다는 플룸구조론Plume tectonics이 제시되었다. 그리고 현대에 이르러 판의 이동 과정에서 발생하는 인장력 역시 판을 움직이는 중요한 요인이 될 수 있음이 알려졌다. 이렇게 판 이동의 구체적 원동력이 설명되면서, 오늘날 판구조론은 지구조 활동을 설명하는 핵심 이론이자 지질학 연구의 근간이 되었다.

판과 판이 만나 밀고 당길 때

판구조론과 플룸구조론에 따르면, 지구 표면은 크고 작은 여러 대륙판과 해양판으로 이루어져 있고 이들은 끊임없이 움직이며 충돌한다. 이 과정에서 지각판은 서로 멀어지거나 가까워지고, 때로는 수평으로 미끄러지기도 한다. 이렇게 판이 움직여 발산하거나 수렴, 보존되는 양상을 보이는 경계부를 각각 발산경계divergent boundary, 수렴경계convergent boundary, 보존경계conservative boundary라 한다.

발산경계에서는 뜨거운 맨틀 플룸이 상승해 지각을 밀어 올리고, 이로 인해 기존 지각이 늘어지고 얇아진다. 이 과정에서 진원의 깊이가 지하 70킬로미터 미만의 얕은 천발지진이 발생하며, V자 형태의 정단층 열곡이 발달한다. 상승한 마그마는 열곡을 따라 관입하거나 분출되어 새로운 지각으로 굳어진다. 그리고 발산이 오랜 시간 지속될 경우 하나의 지각이 아예 별개의 판으로 분리될 수 있는데, 이때 판 경계가 해수면 아래로 내려가며 대륙과 대륙 사이에 바다가 형성된다.

분출된 마그마는 차가운 바닷물과 만나 해양지각으로 굳어진다. 그러나 새로운 해양지각은 상승하는 마그마 압력에 의해 위로 들리고, 곧 갈라지며 좌우로 밀려나게 된다. 이렇게 밀려난 해양지각은 해저산맥인 해령이 되며, 그 중심에서는 계속 젊은 해양지각이 만들어진다. 아프리카 대륙 동부를 가로지르는 동아프리카 열곡대 그리고 남아메리카판과 아프리카판 사이 대서양을 가로지르는 중앙해령이 바로 이러한 판 발산의 결과다.

이와 달리 수렴경계에서는 두 판이 충돌하거나 하나의 판이 다른 판 아래로 섭입하면서 판이 소멸된다. 이 과정은 수렴하는 판 밀도에 따라 다른 양상으로 나타난다. 가령, 대륙판과 해양판이 수렴할 경우, 무거운 해양판이 상대적으로 가벼운 대륙판 아래로 파고들어 섭입대를 형성한다. 섭입된 해양판은 맨틀 깊은 곳으로 가라앉거나, 높은 압력과 뜨거운 열에 의해 녹아 하부 맨틀의 플룸 형성에 영향을 미치기도 한다.

그런데 이때, 해양지각으로부터 공급된 수분이 인근 맨틀의 용융점을 낮춰 고철질 성분의 마그마가 생성될 수 있다. 뜨거운 고철질 마그마는 상승하면서 대륙지각 하부를 녹여 규장질 성분의 마그마를 만든다. 이렇게 만들어진 마그마는 지표 위로 분출되어 섭입대를 따르는 화산대를 형성한다. 수렴경계에서는 이러한 화산 활동과 다양한 규모의 지진이 활발히 발생하고 있으며, 나즈카판의 해양지각이 남아메리카판의 대륙지각 아래로 섭입해 만들어진 페루-칠레 해구가 이에 속한다.

한편, 화산대가 바다에 위치할 경우 호상열도라 불리는 아치형 화산섬들이 만들어진다. 대륙판인 유라시아판과 북아메리카판, 해양판인 필리핀판과 태평양판 경계에 위치한 일본열도가 이러한 대륙판-해양판 수렴으로 형성된 호상열도다. 해양판-해양판처럼 서로 비슷한 밀도를 가진 판이 수렴하는 경우 둘 중 더 무거운 지각이 섭입된다. 이 과정 역시 섭입대를 따라 크고 작은 화산이 폭발하며 호상열도가 만들어지는데, 신혼여행지로 유명한 괌과 사이

판이 바로 해양판 간 수렴에 의해 만들어진 섬이다. 괌과 사이판이 포함된 북마리아나제도 전체가 호상열도로, 필리핀판 아래로 태평양판이 섭입하며 만들어졌다.

대륙판과 대륙판이 수렴할 때도 밀도 차이에 의한 섭입이 일어난다. 그러나 대륙지각은 지하 맨틀 물질에 비해 몹시 가볍기 때문에 깊게 섭입되지 못하고 떠오른다. 따라서 대륙판 간 수렴경계는 횡압력에 의해 지각이 크게 뒤틀리며, 이로 인해 대규모 습곡산맥을 만드는 조산운동orogeny이 일어난다. 험준한 히말라야산맥은 유라시아판과 인도-오스트레일리아판의 대륙지각이 충돌한 결과이다.

발산경계 및 수렴경계와 달리, 보존경계에서는 판이 생성되거나 소멸되지 않고 유지된다. 이는 지각판에 가해지는 힘이 변환단층에 의해 수평으로 미끄러지며 소실되기 때문이다. 판의 수평 이동은 얕은 천발지진을 동반하지만, 마그마 관입이나 분출을 유발하지 않기에 화산활동은 일어나지 않는다. 보존경계의 대표적인 예로는 북아메리카판과 태평양판이 교차하는 산안드레아스 단층이 있으며, 중앙해령에서도 부분적으로 관찰된다.

이렇게 지구의 지각은 여러 판 경계를 중심으로 서로 밀고 당기길 반복하며 끊임없이 움직인다. 그리고 그 과정에서 축적된 에너지는 결국 지진이나 화산폭발, 조산운동 같은 지각변동을 통해 해소된다. 즉, 수많은 단층과 습곡, 화산이나 산맥은 지구의 역동성

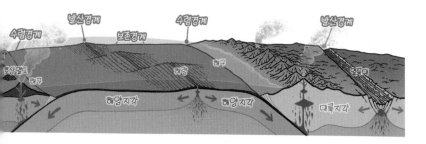

판의 이동에 따른 지각변동

을 보여주는 증거이자 흔적인 셈이다. 이러한 점에서 지구는 아직도 한창 성장 중인, 마치 튼 살과 여드름 가득한 사춘기 행성이라고 할 수 있다. 특히 태평양 가장자리를 따라 둥글게 형성된 '불의 고리Ring of Fire'는 지구 전체 지진의 80~90퍼센트와 75퍼센트에 이르는 화산활동이 집중된 지역이므로 세심한 관리가 필요한 T 존이라 할 수 있겠다.

현재 지구는 약 15개의 크고 작은 지각판으로 구성되어 있다. 그리고 각각의 판은 서로 다른 속도로 움직이는 중이다. 291쪽 그림은 GPS와 자기 이상 등 지구물리 관측 데이터를 종합해 오늘날 판 이동속도를 조사한 것이다. 가장 빠르게 이동하는 지각판은 태평양판으로, 연간 10센티미터가량 북서 방향으로 움직이고 있으며 태평양판 북서쪽에 위치한 필리핀판 역시 비슷한 속도로 이동한다. 이어 북동 방향으로 이동하는 오스트레일리아판과 북쪽으로 이동하는 코코스판이 연간 5~7센티미터의 빠르기를 보인다. 아

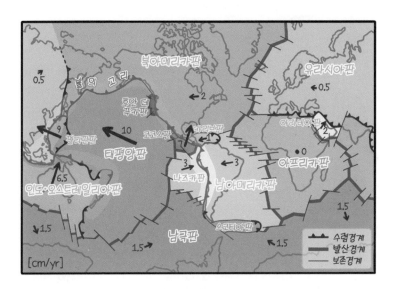

프리카판과 유라시아판은 거의 정지 상태라 할 정도로 0에 가까운 움직임을 보이며, 이외 지각판들도 연간 3센티미터 이하로 매우 느리게 움직인다.

| 공룡 익사설

판의 이동은 공룡을 익사시키기에 턱없이 부족해 보인다. 아무리 육중한 무게의 공룡이 최선을 다해 쏜살같이 달린다 한들, 1년에 최대 10센티미터 이동하는 땅 위에서 중심을 잃는 일은 도저히

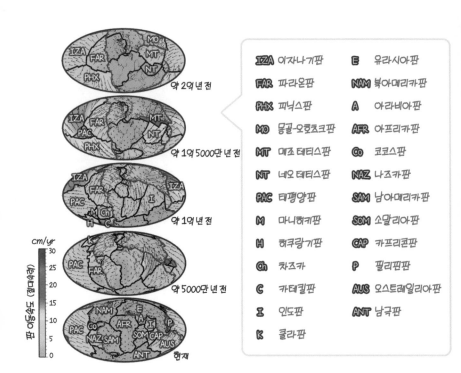

IZA	이자나기판	E	유라시아판
FAR	파라온판	NAM	북아메리카판
PHX	피닉스판	A	아라비아판
MO	몽골-오호츠크판	AFR	아프리카판
MT	메조 테티스판	Co	코코스판
NT	네오 테티스판	NAZ	나즈카판
PAC	태평양판	SAM	남아메리카판
M	마니허키판	SOM	소말리아판
H	히쿠랑기판	CAP	카프리콘판
Ch	차즈카	P	필리핀판
C	카테킬판	AUS	오스트레일리아판
I	인도판	ANT	남극판
K	쿨라판		

──────── 과거(중생대~현재) 판 분포와 이동 ────────

상상하기 힘들다. 혹시, 과거 공룡이 살던 시기에는 판이 훨씬 빠르게 움직인 건 아닐까? 공룡이 존재하던 때는 2억 5200만 년에서 6600만 년 전인 중생대로, 아주 오래전이니 말이다.

타임머신을 타고 돌아가 각지에 GPS를 설치하지 않는 한, 지질시대의 판 운동은 정확히 알 수 없다. 그렇기 때문에, 학계에선 지각에 남아 있는 여러 지질학적 정보를 바탕으로 모델을 만들어 과거 모습을 추정하고 있다. 위 그림은 인도-대서양에 남아 있는 열점의 이동 흔적과 극 이동이 보정된 고지자기 기록을 활용하여 맨틀 순환을 구현하고, 이를 바탕으로 과거 판의 움직임을 역추정한 것이다.

약 2억 년 전, 트라이아스기 후기에서 쥐라기 초기의 판게아는 로라시아와 곤드와나라는 두 대륙으로 이루어져 있었다. 이 시기 판의 움직임은 대륙 전반이 0에 근접한 회색빛을 띨 정도로 매우 느렸다. 그러나 약 1억 5000만 년 전 쥐라기 후기에서 백악기 초기에 들어서면서, 바다를 이루는 해양판들이 최대 연간 20센티미터 속도로 빠르게 이동하기 시작했다. 이로 인해 판게아가 여러 작은 대륙으로 분리되었다.

활발한 판 운동에 의한 대륙 이동은 약 1억 년 전 백악기 중기에서도 관찰된다. 이후 신생대 초기인 약 5000만 년 전, 인도판과 작은 몇몇 해양판 외에는 판의 움직임이 전반적으로 느려지기 시작했다. 그리고 현대에 이르러 더욱 감속해 오늘날의 판 구조가 만들어졌다.

앞서 예상한 바와 같이, 공룡이 살았던 중생대 지구는 지금과 사뭇 달랐음을 알 수 있다. 예를 들면 이자나기판과 피닉스판, 메조테티스판과 네오테티스판같이 빠르게 움직이던 판들은 사라졌고, 현재 가장 빠르게 이동 중인 태평양판은 쥐라기 후기 신생 지각으로 거의 정지 상태였다.

전반적으로 중생대의 판 이동속도는 현재보다 훨씬 빨랐다.

하지만 그 속도는 빨라야 연간 20센티미터 정도였다. 이는 태평양 판에 비해 2배나 빠르지만, 초 단위로 달리는 공룡이 체감하기엔 몹시 느리다. 따라서 공룡이 빠른 판 이동속도를 이기지 못하고 관성에 의해 미끄러져 익사했다는 건 불가능하다. 오히려 바닷가에서 예쁜 이매패류(조개) 껍데기를 줍다가 시간 가는 줄 모르고 물때를 놓쳐 고립되어 익사하거나, 식사 후 이빨에 낀 음식물을 확인하려 물가에서 고개를 숙이다가 발을 헛디뎌 익사했다는 말이 더 설득력 있을 것이다. 물론 터무니없는 이야기이니 정말 가능한지 알아보는 수고는 하지 않길 바란다.

공룡이 멸종한 직접적인 이유는 오랜 연구를 통해 기후변화로 좁혀졌다. 다만, 급격한 기후변화를 일으킨 근본적 원인에 대해서는 여전히 갑론을박 중이다. 가장 유력한 것으로는 대규모 화산 폭발과 소행성 충돌이 있다. 거대 화산에서 분출된 화산재와 소행성 충돌로 인한 먼지가 오랜 기간 태양광을 차단하며 이상기후를 가져왔다는 것이다.

그런데 앞서 언급했듯, 화산의 폭발은 활발히 움직이는 판 경계에서 주로 발생한다. 또한 2005년과 2011년 발생한 수마트라지진 및 동일본대지진이 지구 자전축을 뒤흔들 정도로 큰 규모였고, 그 여파인 쓰나미에 의해 수천에서 수만에 이르는 사망자가 발생했다는 점을 기억하자. 공룡이 멸종한 백악기는 현대는 물론이거니와, 중생대 다른 시기와 비교했을 때 대륙이 가장 활발히 움직이고 있었다. 따라서 지금과는 비교도 되지 않을 정도로 큰 규모의 화산 폭발과 지진, 쓰나미가 빈번히 발생했을 것이다. 그리고 이것은 기후를 변화시키는 간접 요인이 될 수 있다.

이러한 점에서 판 이동속도에 공룡이 익사했다는 주장은 성립되기 어렵지만, 당시의 빠른 판 이동이 가져온 활발한 지구조 운동이 기후에 영향을 미쳐 공룡이 멸종하는 데 기여했을 수 있다는 가설 정도는 가능해 보인다.

이후 알게 된 사실이지만, 공룡 익사설의 발단이었던 모 교수님은 농담 섞인 그림 그리기를 몹시 좋아하는 분이셨다. 즉, 그저 공룡이 지각판을 타고 서핑하는 그림을 보여주고 싶으셨던 것이다. 설마 그 공룡 그림을 보며 '그럴 수 있다'고 믿어버리는 학생이 존재할 거라곤 생각지 못한 채 말이다. 하지만 교수님의 취미를 이제 막 대학교에 입학한 학부생이 파악했을 리 없고, 중고등학교 내내 더없이 충실한 문과로 살아왔던 학생은 교수님의 모든 말씀을 권위 있게 받아들이고 만 것이다.

감자지구설

고대 그리스 이래로 사람들은 지구가 둥글다고 믿고 있다. 월식 때 달을 가리는 지구의 그림자가 원형이라는 점, 관찰자 위치에 따라 태양의 그림자 길이와 별의 고도가 달라진다는 점, 수평선 너머에서 다가오는 배가 돛대부터 보인다는 점 등 여러 간접적인 증거가 있지만, 무엇보다 우주에서 직접 찍은 지구의 모습이 둥글었기 때문이다. 따라서 특유의 사상이 아니고서는 현재 지구가 둥글다는 것을 부정하는 사람은 극히 드물다. 지구의 모양을 상상해보라 할 때 우리는 대개 구형의 둥그란 지구를 떠올리고, 더러는 적도 쪽이 좀 더 부푼 납작한 타원체 지구를 떠올릴 것이다.

타원체를 떠올리는 이유는 간단하다. 바로 지구에 작용하는 큰 힘인 '중력^{gravity}'이 위도에 따라 다르게 작용하기 때문이다. 중력은 무엇일까? 중력이라는 단어는 SF 영화나 소설을 비롯해 일상에서 흔히 듣는다. 그래서 굳이 과학을 공부하지 않더라도 제법 친숙하다. 예를 들어 우리는 남반구에 사람이 서 있는 이유가 중력 덕분이라고 말할 수 있다. 또한 인공위성들이 궤도를 이탈하지 않고 지구 주위에 머무는 것 역시 중력 때문이란 걸 안다. 천체 현상이 아닌, 단순히 잡아당기거나 끌어당겨지는 상태를 설명할 때도 종종 비유적으로 중력을 언급하기도 한다. '침대의 중력이 너무 강해 도저히 눕지 않고는 버틸 수 없었다'고 말하는 것처럼 말이다.

중력과 지오이드

중력은 거대한 질량체의 표면 또는 그 근처에 작용하고 있는 힘이다. 이때 거대한 질량체라 함은 지구나 태양같이 천체 수준의 것을 의미한다. 지구로 시야를 좁혀보자. 지구 표면에 작용하는 힘은 크게 두 가지로, 하나는 질량을 가진 물체가 끌어당기는 힘인

'만유인력gravitation', 다른 하나는 회전하는 물체에 작용하는 관성 효과인 '원심력centrifugal force'이다. 자전하는 지구 에서 중력은 만유인력과 원심력의 합으로 나타난다.

만유인력은 지구 질량이 유발하는 힘이기 때문에 지구 중심을 향하고, 지표 모든 곳에서 동일하다. 그러나 원심력의 경우 다르다. 각운동량 보존에 의해, 원심력은 회전축에서 멀어질수록 크게 작용한다. 즉, 자전하는 지구에서 원심력은 저위도로 갈수록 커지고 고위도로 갈수록 작아진다. 또한 이는 지구 바깥을 향하기 때문에 위도별 만유인력을 상쇄하는 정도가 달라지게 된다. 따라서 두 힘의 합력인 중력은 위도에 따라 다르게 나타나며, 적도에서 가장 작고 극에서 가장 크다. 우리가 흔히 지구의 중력으로 알고 있는 $9.8m/s^2$은 지구 전체의 중력을 평균한 값으로, 실제 적도와 극의 중력은 각각 약 $9.78m/s^2$과 $9.83m/s^2$으로 약간의 차이를 보인다.

중력이 약하게 작용하는 곳은 덜 당겨져 부풀게 된다. 그래서 지구는 완벽한 구형이 아니라 적도 부분이 부푼 타원체가 되는데, 이렇게 위도에 따른 중력 차이를 고려해 수학적으로 정의한 것을 '지구타원체ellipsoid'라 한다.

그러나 당장 창밖을 내다보았을때 지구가 딱히 타원체라 느껴지지 않는다. 산맥이나 바다 등 지표에는 다양한 요철이 있고, 이전 장에서 언급했듯 땅은 계속 움직이고 있기 때문이다. 정말로 지구는 납작한 타원체가 맞을까?

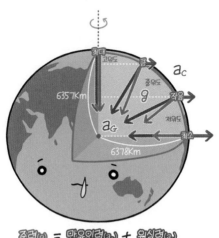

위도별 중력 변화와 지구타원체

지구의 실제 모습을 이해하기 위해서는 '지오이드geoid'라는 개념을 알아야 한다. 지구의 모양은 중력과 매우 밀접한 관련이 있고, 우리는 이를 결정하는 요소가 만유인력과 원심력임을 알았다. 하지만 그 외, 지구에는 중력에 영향을 미칠 수 있는 크고 작은 질량 요소들이 존재한다. 가령, 지표는 산과 바다, 도시, 평야 등 다양한 지형으로 이루어져 있다. 그리고 그들은 각기 다른 높이와 밀도를 가진다. 지표뿐 아니라, 암층이나 맨틀 성분 등 지하의 밀도 구조 역시 지역마다 다르다. 고도와 밀도 차이는 곧 질량 차이를 의미하며, 이는 지역별 중력의 크기를 변화시키고 지구의 모양을 변형한다. 지오이드는 이러한 불균질한 질량 분포를 고려해 정의된 중력의 작용 면(정확히는 평균해수면에 해당하는 중력퍼텐셜 면)이다. 유체인 바다는 바로 이 지오이드를 따라 오르락내리락 이동하며 바다와 하늘, 땅의 경계인 해수면을 형성한다. 이때, 균질한 지구를 가정해 계산한 지구타원체와 불균질한 지구를 반영해 계산한 지오이드 사이의 편차를 '지오이드 기복Geoid undulation'이라 한다.

지오이드 기복을 이용하면 지구의 질량 구조와 분포를 알 수 있다. 화강암 지대 어딘가에 큰 금덩이, 즉 질량이 큰 이상체가 숨어 있다고 상상해보자. 금광은 지표면을 찍은 위성사진으로 절대 찾을 수 없다. 하지만 지오이드 기복을 이용하면 무려 그 위치와 크기까지 가늠할 수 있다. 금덩이는 화강암보다 밀도가 높아 해당 위치의 지오이드 기복이 크게 나타나기 때문이다.

그런데 지구는 어느 한 시점에 멈춰 있지 않고 꾸준히 변화한다. 예를 들어 기후변화로 기온이 올라가 빙하가 녹거나 폭우로 강이 범람하는 것, 지하수 유실이나 해수면 변동 등은 모두 지표에

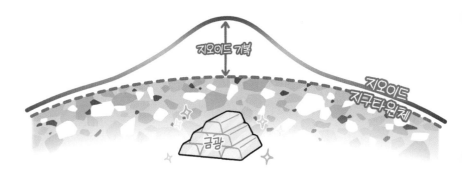

지구타원체와 지오이드

질량 변화를 일으킨다. 그리고 이러한 사건들은 지오이드에 반영된다. 같은 장소라 할지라도, 시간이 흐름에 따라 얼마든지 지오이드 기복이 달라질 수 있는 것이다. 따라서 지구물리학자들은 지표 중력을 측정하는 중력위성Gravity Recovery and Climate Experiment, GRACE/GFO 데이터를 이용하여 지오이드 변화를 관찰하고, 이를 질량으로 환산해 우리 삶에 큰 영향을 미치는 지표 현상과 그에 따른 지구의 모습을 추정하고 있다.

이렇듯 지오이드의 형태는 단순히 지표 높낮이를 보여주는 데 그치지 않고, 지하와 지표에서 일어나는 질량 분포와 이동까지 종합적으로 반영한다. 이러한 실제 지구를 가장 잘 묘사한다고 할 수 있다. 즉, 지오이드야말로 '진짜 지구'인 셈이다. 그리고 그 모습은

감자 지구

우리가 익히 아는 구형이나 타원체에 비해 훨씬 불규칙하다. 그래서 만약 누군가 지구의 모양을 묻는다면 '울퉁불퉁한 감자 모양'이라 답하는 것이 적절하겠다.

변성작용

땅속에 치는 파도

하늘은 파랑들의 도시.

밤 동안 지표에 가라앉은 대기 입자들이

해와 함께 일어나 활보하며

푸르게 물들이는 곳.

그러다 해가 질 즈음이면

퇴근하는 자동차 행렬과 신호등처럼

붉게 물들며 쉴 곳을 찾아 일렁이는 곳.

바다는 파랑들의 도시.

낮과 밤 끊임없이 해수를 뒤흔드는

바람과 조석의 얕고 깊은 일렁임과

육지와 해저의 여럿 바다적 사건들이

파도의 형태로 바쁘게 오가는 곳.

그 정교한 규칙과 크고 작은 흐름이 모여

예측 가능과 불가를 수시로 넘나드는 곳.

_ 오얼수, 〈파랑 도시^{Wave City}〉(2016~2018년)

〈파랑 도시〉는 우리 사회와 꽤 닮은 하늘과 바다 그리고 그 안에 사는 대기와 해수의 모습을 나타낸 시로, 순수 미술과 지구과학 전공을 병행하던 시절에 제작했다. 과학 지식의 예술화를 위해서는 과학자의 시선으로 현상을 바라보고 예술가의 시선으로 은유하는 '과학적 감수성'이 필요한 법이다. 하지만 당시 대기를 전공하며 짬짬이 해양을 공부하는 정도였기에, 작업 전반이 대기와 해양

에 집중되어 있었고 지질에 대한 내용은 없었다. 지질학 지식이 전무해 땅에 대해서는 다루지 못한 것이다.

시간이 흘러 마치 '도장 깨기'라도 하듯 지금은 지질학 분야에 속하는 지구물리를 전공한다. 즉, 학부 시절 공부한 내용을 까먹었든 새로 지식을 주입했든, 지금의 뇌는 상당 비율 지질학으로 물들어 있다. 그렇다면 〈파랑 도시〉에 땅에 관한 연을 더해 시를 보완할 수 있지 않을까?

변성암과 변성작용

과학적 감수성을 발휘해보면, 〈파랑 도시〉는 변성암^{metamorphic} ^{rock}을 접점으로 고체 지구에 닿아 있다. 변성암은 암석을 둘러싼 물리적 조건이 크게 변화하여 기존 광물 성분과 조성, 구조 등이 명확히 달라진 암석이다. 이때 암석이 변화되는 과정을 변성작용^{metamorphism}이라 하며, 변성작용을 일으키는 주요소에는 온도와 압력, 수분이 있다.

높은 열과 큰 압력, 함수량의 변화는 암석 내 광물의 화학 성분을 변화시켜 결정구조와 조성을 바꿀 수 있다. 변성은 주로 지하에서 일어나며, 성분의 가감加減으로 암석이 더욱 치밀하고 견고해지는 경향을 보인다. 이는 지표 풍화작용에 의해 암석이 점차 유약해지는 변질과 확연히 다르다. 또한 고온 고압 환경에서 다시 마그마로 녹아 재결정될 경우 암석은 변성암이 아닌 화성암이 된다. 이러한 점에서 변성은 어디까지나 고체 상태에서의 암상 변화를 말한다. 변성작용이 주기적 또는 일시적으로 일어나면 암석에 큰 에너지가 가해져 변성암이 만들어진다. 100만 년 이상 단위의 매우 긴 지질학적 시간 속에서, 암석의 변성은 마치 찰나의 파도 같을 것이다.

파장, 주기, 진폭…. 우리는 해면에 일렁이는 파도의 형상에서 대략적인 파동의 전파 방향과 크기, 기작을 가늠할 수 있다. 그리고 이것은 바다에 가해진 충격이 다양한 규모의 에너지로 전달되고 해소되는 과정임을 안다. 풍향, 풍속, 기압…. 하늘 역시 마찬가지로, 대기에 침범한 에너지를 바람이라는 공기의 흐름으로 재배치한다.

이처럼 바다와 대기는 온도와 압력, 습도 등 여러 가지 환경 불균형을 해소하기 위해 파동의 형태로 에너지를 전달하고 평형상태에 이르기까지 끊임없이 움직인다. 앞서 언급했듯, 암석 역시 환경 변화에 의한 에너지 불균형을 겪는다. 그리고 이러한 불균형을 변성작용으로 해소하고 있다. 공교롭게도 변성작용을 받은 암석은 직관적으로 파동과 유사한 모습을 띤다.

어떤 변성작용을 받았는가는 곧 변성암이 생성된 환경과 변성

———————— 파동과 유사한 모습을 띠는 변성암 ————————

정도를 지표한다. 따라서 변성암을 정의하고 분류하는 데 원암 정
보와 함께 중요한 기준이 되는데, 변성작용에는 크게 접촉변성작
용contact metamorphism과 동력변성작용dynamic metamorphism, 광역변성작용
regional metamorphism이 있다. 이들은 대개 단층이나 판 경계같이 큰 에
너지가 가해지는 환경에서 일어난다.

접촉변성작용은 열변성작용으로, 마그마가 상승해 주변 암석
에 관입할 때 발생한다. 기존의 암석은 마그마 관입 전, 즉 열이 가
해지기 전 온도 및 압력 조건에서 안정한 상태였다. 하지만 열에너
지가 전달되며 화학적으로 불안정해지고, 가열된 암석에서는 새로
운 안정상태에 도달하기 위한 화학반응이 일어나 기존 광물이 변
성광물로 재결정된다.

접촉변성작용은 열에 의한 변성인만큼 열원인 마그마와 가까
운 암석일수록 변성도가 높으며, 마그마 관입체 경계를 따라 국소

접촉변성작용

적으로 일어나는 것이 특징이다. 접촉변성작용에 의한 대표적인 변성암에는 혼펠스hornfels와 규암quartzite, 대리암marble이 있다. 이들은 각각 셰일과 사암, 석회암이 고온의 마그마에 노출되어 만들어지며, 열에 의해 광물 입자가 빠르고 무작위하게 재결정되기 때문에 기존 층리나 내부 구조를 잃고 치밀하며 단단한 조직을 보인다. 암석 성분은 원암과 크게 달라지지 않으나, 광물의 재결정 작용에 의해 결정질 입자 구조를 보이는 것이 특징이다.

한편, 동력변성작용은 압력에 의한 변성작용이다. 주로 큰 압력이 집중되는 단층대나 전단대에서 발생하며, 종종 운석 충돌에 의해 국소적으로 발생하기도 한다. 동력변성작용은 암석이 기계적으로 파쇄되거나 압쇄되는 물리적 변형을 겪는다. 이 과정에서 암석 내 광물이 변성광물로 재결정되며, 압력 크기와 방향에 따라 다

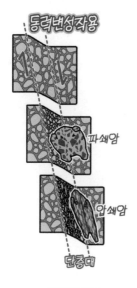

동력변성작용

양한 형태의 엽리 조직이 발달한다.

동력변성작용에 의해 만들어지는 변성암에는 대표적으로 파쇄암 cataclasite과 압쇄암mylonite이 있다. 파쇄암은 단층대에서 강한 압력을 받아 암석이 파편으로 쪼개지고 재결정된 변성암으로, 작은 파편들이 엉겨 붙은 듯한 파쇄 구조를 보인다. 압쇄암의 경우 파쇄암보다 더 큰 압력이 작용한 변성암으로, 암석 내 광물들이 얇게 눌리며 미세한 층리 구조를 만든다. 이러한 동력변성작용에 의한 변성암은 암석의 기계적 변형이 특징이지만, 압력이 증가하며 약간의 열이 발생할 수 있기 때문에 일부 열에 의한 변성이 관찰되기도 한다. 또한 파쇄된 틈을 따라 지하수나 빗물이 유입되어 광물의 변질이 흔하게 일어난다.

광역변성작용은 단어 그대로 넓은 지역에 걸쳐 일어나는 변성작용으로, 주로 조산대나 섭입대 또는 큰 규모의 퇴적분지에서 발생한다. 조산대나 섭입대의 경우 판의 수렴과 섭입이 일어나 암석이 점차 고온 고압 환경에 노출되는데, 이에 따라 열에 의한 변성과 압력에 의한 변성이 동시에 발생하게 된다. 이 과정에서 원암이

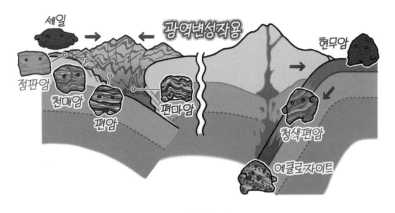

광역변성작용

포함한 변성 유체(물, 이산화탄소 등)에 의해 탈수반응이나 탈탄산염 반응같이 부수적인 화학반응이 일어나기도 한다. 고요한 퇴적분지에서는 대개 변성이 잘 일어나지 않으나, 방대한 퇴적물이 오랜 시간 두껍게 쌓이면 퇴적물 하중으로 암반이 눌리면서 열과 압력에 의한 변성이 일어날 수 있다.

이러한 광역변성작용은 환경이 고온 고압 상태로 변화함에 따른 원암의 점진적 변성을 특징으로 하며, 변성 정도에 따라 여러 단계의 변성암이 존재한다.

예를 들어 이질 퇴적암인 셰일이 낮은 열과 압력변성을 받으면 기존의 얇은 판상 구조를 유지한 채 점판암slate으로 변성된다. 이때 더 높은 열과 압력을 받아 변성도가 증가하면 천매암phyllite, 편암schist, 편마암gneiss 순서로 점차 광물의 크기와 재결정 정도가 증가한 변성암이 된다. 천매암은 운모류 광물들이 평행하게 배열되어 반짝이는 광택을 띠며, 편암은 석영과 장석 등 규장질 광물이 엽리를 이룬다. 편마암은 편암보다 더욱 뚜렷한 엽리를 가진 변성암으로, 화강암이 고온 고압 변성을 받은 경우에도 석영과 장석으로 이루어진 띠 모양 엽리foliation가 발달하기 때문에 마찬가지로 편마암으로 분류된다.

한편, 현무암 같은 고철질 해양지각이 섭입 초기 낮은 열과 압력(저온 고압)변성을 받으면 푸른 남섬석glaucophane을 특징으로 하는 청색편암blueschist이 만들어진다. 이후 맨틀 가까이 섭입이 더 진행되면 암석은 훨씬 높은 열과 압력(고온 고압)을 받게 되는데, 이때 청색편암이 에클로자이트eclogite로 변성된다. 에클로자이트는 단사휘석의 일종인 녹색의 옴파사이트omphacite에 검붉은 석류석이 알알이 박힌 독특한 외형을 특징으로 한다.

이처럼, 지표를 구성하던 화성암과 퇴적암은 여러 변성작용을 받아 굴곡진 변성암으로 거듭난다. 무릇 암석은 변성을 크게 받을수록 단단해지며, 풍화에 강해 오랜 시간이 지나도 깨지지 않는다. 이는 암석의 풍화물인 토양이나 퇴적물에서 변성암 기원 광물 입자를 유독 보기 힘든 이유이며, 아주 먼 옛날 선캄브리아기 변성암 암체들이 현재 기반암으로 심심찮게 관찰되는 까닭이기도 하다. 암석의 변성작용은 석생石生에 큰 굴곡과 같다. 거대한 열과 압력을 인내한 암석은 더욱 단단해지고, 미래를 견딜 넉넉한 여유를 얻는다. 마치 우리가 피부 주름의 형태로 삶의 역경을 담듯이, 암석 역시 자신이 겪은 지질학적 시련을 변성의 형태로 몸에 간직하는 것이다.

이제 새로운 문장을 더해, 아래와 같이 시를 완성할 수 있겠다.

땅은 파랑들의 도시.

지하 깊은 곳 일렁이는 열과 압력에

수백 수천만 년 자리를 지키던 암석들이

고운 몸체에 단단한 결을 새기고

파도처럼 휘어지다 이내 부서지는 곳.

그 안에 품고 있던 오랜 비밀스런 이야기가

기억과 망각으로 층층이 교차하는 곳.

찰나의 순간과 억겁의 세월을 품은 파란 행성 지구는

하늘, 땅, 바다로 넘실대는 늘 파랑 행성 지구.

_ 오얼수, 〈새로 쓴 '파랑 도시'〉(2016~2024년)

외우지 않아도 괜찮아 지구과학

티끌 모아 태산

조선 중기 문신이었던 이항복은 어린 시절 대장간 근처에서 자주 놀았다고 한다. 대장간 주변에는 작은 쇠붙이들이 버려져 있었는데, 그는 쇳조각을 주워 차곡차곡 모았고 어느새 방 안 큰 단지를 가득 채우게 되었다. 그러자 사람들은 이 단지를 보며 '티끌 모아 태산'이라 평했다. 이후 대장간이 망하자 이항복은 그동안 모은 쇠붙이를 대장장이에게 가져다주어 도왔다든가, 이항복의 집안이 망해 모아둔 쇠붙이로 호미와 삽을 만들고 그것을 팔아 살림을 회복했다든가, 쇠붙이를 모으던 꾸준함으로 공부해 훌륭한 사람이 되었다든가… 다양한 결말이 전해지지만 결국 그의 이야기는 '근면 성실'을 교훈으로 하고 있다.

우리는 아무리 작은 일이라도 꾸준히 해내면 큰 성과를 이룰 수 있음을 말할 때 흔히 '티끌 모아 태산'이라 한다. 이 속담은 다소 과장된 표현으로 들리겠으나, 실제 티끌은 태산이 될 수 있다. 아니, 이미 되었다. 지표면을 이루는 암석 중 약 75퍼센트는 암석 티끌이 모여 굳어진 퇴적암이기 때문이다.

부서진 암석들의 이동

지표에 노출된 암석은 끊임없이 주변으로부터 물리적, 화학적, 생물학적 공격을 받는다. 마치 야외 활동을 많이 하는 사람이 주로 실내에 머무는 사람보다 더 빨리 노화되는 것처럼, 자연의 여러 요소는 암석을 서서히 약화시킨다. 낮과 밤의 온도 변화, 날씨에 따른 습도 변화, 지반 융기로 인한 압력 변화, 바다 염분과 같은 불순물 침적 등 다양한 환경의 변화는 암석을 반복적 또는 일시적으로 수축·팽창시키며 균열을 야기한다.

이러한 균열은 암석의 표면적을 넓혀 가수분해나 산화 등 물과 공기에 의한 화학반응을 일으키고 광물 입자 간 결속을 약화시킨다. 또한 암석을 덮은 이끼와 암 틈을 파고든 식물 뿌리가 수분을 오래 머금게 해 화학반응을 촉진하거나 대사 과정에서 분비되는 화학물질이 암석을 변질시키며 균열을 더욱 넓힐 수 있다.

이렇게 시간이 지남에 따라 단단했던 암석이 점차 약해지고 부서지는 현상을 '풍화'라 한다. 더러 '침식'이라는 용어를 풍화와 혼동하는데, 침식erosion은 풍화와 함께 퇴적물이 다른 장소로 운반되는 과정까지 포괄하는 개념이니 두 단어를 구분해 사용할 필요가 있다.

암석으로부터 분리된 풍화물이 모암 근처에 머물면 토양화 과정을 거쳐 흙으로 발달한다. 그러나 침식되어 멀리 이동하는 경우, 풍화물은 운반 매체에 의해 내구성 강한 규산질 위주의 부스러기로 걸러져 '규산질쇄설성 퇴적물siliciclastic sediment'이 된다. 이러한 쇄설성 퇴적물은 생성 초기 비교적 각진 형태를 보이지만, 운반 과정에서 점차 마모되어 둥글어진다.

시냇가를 떠올려보자. 강 상류에 쌓인 돌이 각지고 모난 형태인 반면, 하류에는 둥글고 매끄러운 돌들이 쌓여 있었을 것이다. 이렇게 퇴적물이 둥글어진 정도를 '원마도roundness'라 하며, 상류에 있는 퇴적물들은 원마도가 낮고 하류로 갈수록 높아진다고 표현할 수 있다. 퇴적 입자의 원마도를 살피는 것은 해당 물질이 기원지로부터 얼마나 멀리 이동했는지를 가늠하는 일이다. 즉, 원마도는 풍화가 일어난 장소와 퇴적된 장소 간

거리 정보를 제공한다.

　규산질쇄설성 퇴적물은 앞서 언급한 바와 같이 분해되어 이동하는 암석의 일부로, 그 크기는 천차만별이다. 풍화 당시 만들어지는 퇴적물의 절대적 크기는 암석 내구도가 강할수록 커지지만 어떤 풍화작용을 받았느냐에 따라서도 달라진다. 대개 물리적 풍화를 받아 기계적으로 쪼개진 퇴적물의 경우 그 입자가 큰 편이며, 화학적 풍화에 의해 암석으로부터 탈락되거나 부산물 형태로 발생된 퇴적물의 경우 크기가 작다. 이러한 쇄설성 퇴적물은 어든-웬트워스Udden-Wentworth 척도를 기준으로 분류하고 명명된다.

　어든-웬트워스 척도는 퇴적물 입자를 크기에 따라 구분한 것이다. 입자 지름이 256밀리미터 이상이면 '거력boulder', 64밀리미터에서 256밀리미터 사이면 '왕자갈cobble', 4밀리미터에서 64밀리미터 사이면 '잔자갈pebble', 2밀리미터에서 4밀리미터 사이면 '왕모래granule', 0.063밀리미터에서 2밀리미터 사이면 '모래sand', 0.0039밀리미터에서 0.063밀리미터 사이면 '실트silt', 0.0039밀리미터 이하에 해당하는 경우 '점토clay'라 불린다.

> 25.6cm
6.4~25.6cm
0.4~6.4cm
0.2~0.4cm
0.0063~0.2cm
63~2000um
3.9~63um

　예를 들어, 임의의 암석 안에서 석영·장석·흑운모로 이루어진 지름 100밀리미터 입자를 발견했다고 하자. 화성암을 공부하는 사람은 입자 내 광물의 겉보기 특징을 관찰한 뒤 화강암 암편이라

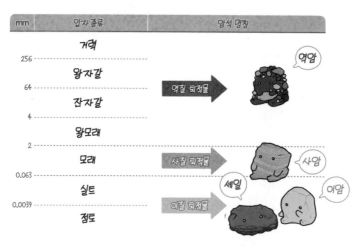

mm	입자 종류	암석 명칭

	거력	
256	왕자갈	역암
64	잔자갈	역질 퇴적물
4	왕모래	
2	모래	사암
0.063	실트	사질 퇴적물
0.0039	점토	셰일 이암 이질 퇴적물

—— **입자 크기에 따른 규산질쇄설성 퇴적암의 분류** ——

하겠지만, 퇴적암을 공부하는 사람은 입자 크기가 16밀리미터에서 256밀리미터 사이임을 확인하고 왕자갈이라 부르는 것이다. 우스갯소리로, 컴퓨터 용품으로 유명한 로○텍사 제품 중 '페블'이라는 블루투스 무선 마우스가 있다. 그러나 해당 마우스의 지름은 약 107밀리미터로, 페블(잔자갈)보다는 코블(왕자갈)이 더 어울린다….

퇴적암의 분류

앞선 장에서 화성암은 어떤 마그마가 어떤 냉각 과정을 거쳤는지, 변성암은 어떤 원암이 어떤 변성작용을 받아 만들어졌는지에 따라 분류되었다. 그러나 퇴적암, 좀 더 구체적으로는 규산질 쇄설성 퇴적물이 굳어져 만들어진 규산질쇄설성 퇴적암siliciclastic sedimentary rock은 암석을 이루는 주 입자 크기에 따라 나누어진다. 이는 화성암이나 변성암에 비해 굉장히 자명한 명명법이라 할 수 있다. 가령 2밀리미터 이상의 역질 퇴적물이 우세한 퇴적암의 경우 '역암conglomerate'이라 하고, 0.063~2밀리미터 크기의 사질 퇴적물이 우세한 퇴적암이면 '사암sandstone', 0.063밀리미터 이하의 이질 퇴적물이 우세한 퇴적암이면 '이암mudstone'이라 한다. 이때 이질 퇴적물로 이루어졌으면서 암석 내 층리 및 박리 구조가 발달한 경우에는 별도로 '셰일shale'이라 부르고 있다.

이러한 입자 크기에 따른 명명은 규산질쇄설성 퇴적암의 큰 특징이다. 이는 퇴적학자들이 암석을 통해 알고자 하는 바가 대개 퇴적 당시의 상황이기 때문에, 어떤 퇴적작용을 받았는지를 지표하는 입자 크기와 구조에 집중하는 것이다. 예를 들어 역질 퇴적물은 높은 수준의 에너지 환경에서 운반된다. 그래서 노두outcrop 내 역암이 발견될 경우 고에너지가 소실되는 대표적인 장소들 즉, 산비탈과 평원 사이의 선상지alluvial fan, 하도river channel의 탈베그thalweg, 해변 등을 우선적으로 떠올린다. 그후 역암층의 두께나 모양, 내부 구조를 통해 과거 환경을 유추한다. 다른 분류 체계를 따를 뿐, 이러한 입자 크기에 따른 분류는 규산질쇄설성 퇴적암뿐 아니라 탄산칼슘이 침적되어 만들어지는 탄산염 퇴적암carbonate sedimentary rock에서 마찬가지다. 따라서 퇴적암 전반의 특징이라 봐도 무방하다.

퇴적물은 육지에서부터 연안, 바다에 이르기까지 다양한 장소에 쌓인다. 이렇게 퇴적물이 쌓여 퇴적암이 만들어지는 특수한 환경을 '퇴적 환경depositional environment'이라 한다. 퇴적 환경에는 크게 육성 퇴적 환경terrestrial environment과 연안 퇴적 환경marginal-marine environment, 해양 퇴적 환경marine environment이 있다. 각각의 환경에서 퇴적물은 강, 바람, 빙하, 해류, 조석, 중력 등을 매개로 운반되고, 이 과정에서 각기 다른 지형을 만들며 퇴적암으로 굳어진다. 그렇다면 규산질쇄설성 퇴적물은 구체적으로 어떤 환경에서 쌓이고, 그로 인해 만들어지는 지형과 암석에는 무엇이 있을까?

육성 퇴적 환경은 육지 위 퇴적물이 쌓일 수 있는 환경으로 산과 강, 호수, 사막, 빙하 등 다양한 지형이 포함된다. 이때 화산활동이 활발한 지역에서는 화산 폭발로 분출된 다량의 화산탄과 화산쇄설물이 지표에 퇴적되고 암석으로 굳어지는데, 퇴적이 일어난다는 점에서 화산 지대까지 육성 퇴적 환경으로 간주하기도 한다.

산지에서 발생한 퇴적물은 중력과 강물에 의해 비탈을 따라 이동한다. 이러한 퇴적물이 평지에 도달하면 급격한 경사 변화로 인해 부채꼴 모양의 선상지가 만들어진다. 주로 자갈과 모래가 섞인 역질 퇴적물이 쌓이며, 선상지 상단에서 말단으로 갈수록 입자의 크기가 작아지는 경향을 보인다. 선상지는 위에서 내려다볼 때는 부채꼴이지만 절단면은 돔 모양이다. 따라서 과거 선상지였던 지층에서는 돔 모양의 역암이나 사암층이 겹을 이루며 관찰된다. 침식이 많이 발생하는 건조한 산지에서는 선상지가 여럿 발달해 서로 연결되기도 하는데, 이러한 지형을 바하다bajada라 한다.

산지 사이사이를 흐르는 강은 많은 양의 퇴적물을 수송한다. 이때 일부 무거운 역질 퇴적물이 하도를 채우며 쌓이거나 유속이 느려지는 지점에 사질 퇴적물과 함께 사주sand bar의 형태로 퇴적된다. 범람이 자주 일어나는 곳에서는 강줄기 양 옆으로 굵은 사질 퇴적물이 쌓여 둑 형태의 제방이 만들어진다. 그리고 그 주변 저지대에는 강이 범람할 때 유입된 작은 이질 퇴적물이 넓은 범위에 걸쳐 퇴적되는데, 이러한 퇴적 지형을 범람원floodplain이라 한다. 과거 강이 흐르던 환경에서 만들어진 지층에는 범람원에서 퇴적되는 이암층 사이에 굵은 자갈과 모래로 구성된 U 자형 하도 역암층이 관찰된다.

호수에서의 퇴적은 잔잔한 수면 아래 이루어진다. 주로 공기 중을 떠돌던 먼지나 꽃가루, 빗물 또는 인근 강에서 유입된 작은 이질 퇴적물들이 호수 저면에 얇게 축적되어 이암이나 셰일이 만들어진다. 셰일이 퇴적되는 과정에 유기물이 섞이면 유기질 셰일이 되고, 생물 유해를 포함한 경우

층리 사이에서 비교적 잘 보존된 상태의 화석이 발견되기도 한다.

사막같이 건조하고 바람이 많이 부는 지역에서는 사구^{dune}가 발달한다. 사구는 바람에 운반되기 쉬운 비교적 균일한 크기의 사질 퇴적물이 쌓여 만들어진 모래언덕이다. 바람이 불면, 바람이 불어오는 방향에 쌓여 있던 모래가 언덕을 따라 천천히 이동하고 바람 그늘이 지는 언덕 후면에서 굴러 떨어진다. 이 과정에서 모래는 얇고 기울어진 층을 이루며 퇴적되는데, 이러한 경사진 퇴적층 구조를 사층리$^{cross-bedding}$라 한다.

과거 사막 환경에서 형성된 지층에서는 사층리 구조를 보이는 사암층이 흔히 관찰된다. 사층리는 경사면을 따라 퇴적물이 쌓일 때 만들어지기 때문에, 바람뿐 아니라 물이 있는 환경에서도 만들어진다. 예를 들어 하천의 사주나 연안의 해빈에서도 사층리가 잘 발달한다. 이때 유체의 흐름이 약해 퇴적물이 소규모로 운반되는 경우 사층리가 아닌 연흔^{ripple}이 만들어진다. 연흔은 사층리보다 훨씬 작은 규모의 경사진 퇴적 구조로, 1센티미터 이하의 매우 얇은 엽층리^{lamination}로 이루어져 있다. 사층리와 연흔은 퇴적물이 쌓이던 당시 유체의 흐름과 방향을 지시하기 때문에 고수류^{paleocurrent}를 복원하는 데 중요한 단서가 된다.

한편, 빙하가 발달한 환경에서는 퇴적물이 빙하 자체의 이동이나 빙하가 녹으며 유출되는 융빙수에 의해 운반된다. 이때 퇴적

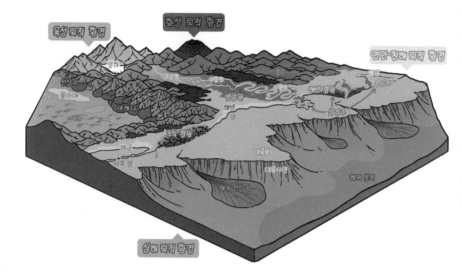

규산질쇄설성 퇴적물의 퇴적 환경

물은 빙하 경계나 이동 경로를 따라 밀집되는데, 빙하 말단 또는 측면에 퇴적물이 축적되며 만들어진 띠 모양의 지형을 모레인moraine, 빙하가 이동하는 과정에서 지면이 깎이고 다듬어지며 형성된 유선형의 구릉 지형을 드럼린drumlin이라 한다.

두 퇴적 지형은 모두 빙하의 전진과 후퇴 과정에서 만들어지기 때문에 과거 빙하의 활동이 어떠했는지 보여준다. 주로 물리적 풍화를 받아 형성된 빙하퇴적물은 매우 불규칙한 모양을 보이며, 입자의 크기가 거력에서부터 자갈, 모래, 점토까지 다양하게 나타난다. 빙하 환경에서는 이처럼 분급이 불량하고 각진 역질 퇴적물인 표석점토till가 굳어 역암이 만들어진다.

산지에서 발생한 규산질쇄설성 퇴적물 중 역질의 무거운 입자는 멀리 수송되지 못하고 대개 내륙에 퇴적된다. 그러나 모래 이하의 가벼운 입자들은 강물을 타고 바다까지 도달할 수 있다. 아마존강이나 갠지스-브라마푸트라강, 이라와디강 등 거대 하천은 연간 수백에서 1000메가톤에 이르는 대량의 규산질쇄설성 퇴적물을 바다로 운반한다. 이러한 퇴적물은 바다를 만나며 해안이나 대륙붕, 해저에 분산되며 쌓이는데, 연안에 퇴적되는 경우 연안 퇴적 환경, 바다 아래 퇴적되는 경우 해양 퇴적 환경을 이룬다.

연안은 육지와 바다의 접합부로, 육지로부터 흘러온 강과 바다로부터 전파되는 파랑 그리고 천체 움직임에 의해 발생하는 조석의 영향을 모두 받는다. 따라서 연안 퇴적 환경은 강·파랑·조석 세 가지 요소가 어우러져 만들어지며, 각 요소의 경중에 따라 다양한 지형이 나타난다. 미국 동남부에 위치한 미시시피강 하구같이, 강의 영향이 우세한 연안에서는 육지로부터 공급된 퇴적물이 강 하구에 활발히 쌓이며 부채꼴 모양의 삼각주가 만들어진다.

이와 달리 조석의 영향이 큰 하구에서는 밀물과 썰물의 방해로 퇴적물이 온전한 삼각주로 성장하지 못한다. 대신 사주의 형태로 쌓이는데, 조석의 영향을 크게 받는 지역일수록 삼각주의 형태가 와해되고 조석 방향에 평행한 사주가 발달한다. 또한 반복된 조수의 움직임은 가벼운 부유성 퇴적물을 운반하며 하구나 해안에

갯벌이라고도 부르는 조석 평원tidal flat을 형성한다. 조석의 영향을 크게 받는 대표적인 강에는 갠지스-브라마푸트라강이 있으며, 약 4미터에 달하는 큰 조차가 강줄기를 교란하며 조석 방향으로 갈라진 사주를 만들고 있다.

파랑의 영향을 크게 받는 연안에서는 퇴적물이 강 옆 해안선을 따라 평행하게 쌓인다. 이렇게 층층이 쌓인 퇴적체를 해빈 평원strandplain이라 하는데, 해빈 평원이 활발히 발달하는 대표적인 강에는 브라질 동남부에 위치한 사오 프란시스코강이 있다. 강에 의한 퇴적물 공급이 적거나 거의 없는 경우, 연안은 비교적 활발한 침식을 겪는다. 이때 침식으로 발생된 퇴적물은 파랑에 의해 재배치되며 해빈beach과 사주 섬barrier island을 만들고, 사주 섬이 길게 발달해 육지와 연결되면 만이 바다와 격리되며 호수 같은 외형의 라군lagoon이 형성된다.

연안을 떠나 외해로 흘러간 퇴적물은 주로 대륙붕 상부에 퇴적된다. 그러나 간혹, 과거 해수면이 내려갔을 때 침식에 의해 형성된 해저 협곡이 존재하는 경우, 대륙붕에 쌓여 있던 퇴적물이 저탁류turbidity의 형태로 대륙사면continental slope을 타고 내려가 해저 분지deep-ocean basin에 쌓이기도 한다. 이때 저탁류는 평평한 해저면을 만나며 부채꼴 모양의 심해저 선상지submarine fan로 퇴적된다.

연안과 바다에 쌓이는 퇴적물은 해안으로부터 멀어질수록 입자 크기가 작아지는 경향을 보인다. 이는 입자가 클수록 무거워 운

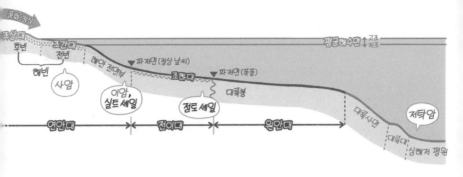

━━━━━ **연안, 해양에 퇴적되는 규산질쇄설성 퇴적물** ━━━━━

반에 더 많은 에너지가 필요하기 때문이다. 해빈에서는 모래 위주의 사질 퇴적물이 쌓여 사암이 만들어진다. 이때 모래는 바람과 해수에 의해 운반되기 때문에 암석 내 사층리나 연흔 구조가 흔하게 관찰된다.

조석의 영향을 받는 조간대 퇴적층에서는 사질과 이질 퇴적물이 주기적으로 얇게 교차하는 연흔 구조가 발달하고, 우세한 입자 크기에 따라 사질 이암 또는 이질 사암으로 굳어진다. 조하대, 즉 평균 저조선 아래에서는 모래에서 실트, 실트에서 점토로 점차 작은 크기의 퇴적물이 퇴적된다. 이러한 세립화 경향은 파랑의 영향을 받는 파저면wave-base까지 뚜렷이 나타난다.

폭풍이 부는 궂은 날씨에는 파저면이 평소보다 더 깊은 곳으로 내려가는데, 이때 폭풍은 바다를 고에너지 환경으로 만들어 굵은 퇴적물도 바다 멀리까지 운반되도록 돕는다. 그래서 정상 파저면fairweather wave-base과 폭풍 파저면storm wave-base 사이에는 폭풍에 의

해 운반된 사질 및 이질 퇴적물이 퇴적될 수 있다. 이
러한 퇴적물이 굳어져 만들어진 암석을 폭풍퇴적암
tempestite이라 하며, 규산질쇄설성 퇴적물로 이루어진 폭풍퇴적암에
서는 볼록사층리hummocky cross-stratification라 불리는 완만한 경사의 독
특한 층리가 나타난다. 폭풍 파저면 너머, 즉 폭풍의 영향권을 벗
어난 깊은 해역에는 규산질쇄설성 퇴적물이 운반되기 어렵다. 따
라서 외해에는 주로 부유성 퇴적물이 침강하거나 저탁류에 의해
운반된 소량의 이질 퇴적물이 쌓이게 된다.

이렇듯 규산질쇄설성 퇴적물은 내륙에서 심해까지 다양한 퇴
적 환경 속에서 지형을 다채롭게 꾸미고 있다. 그리고 오랜 시간
다져지고 굳어지며 어엿한 퇴적암으로 성장한다. 물론 이 과정은
매우 느리게 진행되기에 우리 눈에 잘 보이지 않을 것이다. 가령,
앞서 언급한 거대 하천 중 가장 많은 퇴적물을 배출하는 아마존강
조차도 하구에 연간 최대 2센티미터의 두께 변화를 일으킬 뿐이
다. 심지어 이마저도, 암석이 되는 과정에서 압착되기 때문에 실제
로는 수 밀리미터 영향에 그칠 것이다.

그러나 퇴적물에 의한 지표의 변형은 육지가 수면 위로 노출
된 이래 꾸준히 이루어져왔고, 수십억 년에 걸쳐 누적된 결과 오늘
날의 높은 산지와 평야가 만들어졌다. 우리는 지도를 보며 육지와
바다의 형태가 영원할 거라 쉽게 믿지만, 지도는 단지 과거의 한순
간을 담고 있을 뿐이다. 실제로 해안선은 매 순간 변화하며, 지금

도 산속 깊은 곳 또는 수면 아래 어딘가에서는 퇴적물이 조금씩 조금씩 쌓이고 있다. 그리고 이러한 퇴적물은 먼 미래 어느 날, 오르기 힘든 높은 산맥으로 드러나거나 한 나라를 통째로 바꿔버릴 정도로 큰 지형 변화를 일으킬 것이다. 이러한 의미에서 퇴적암은 지구상에서 가장 성실한 돌이자 티끌 모아 태산 그 자체라 할 수 있겠다.

바다가 만든 돌

어느 정도 각인 효과라 생각하지만, 퇴적암에는 묘하게 호감이 있다. 특히 퇴적암 중에도 석회암이 그렇다. 석회암을 전공하신 교수님 연구실에서 처음으로 연 단위 연구를 경험했고, 열심히 석회암을 만지고 갈며 '라포'가 형성된 것일지도 모르겠다. 그리고 학부 졸업논문을 석회암으로 쓰면서 애증 같은 걸 느끼기도 했다. 하지만 객관적으로, 회푸른 빛의 석회암은 차분하고 청아하니 예쁘다.

그 안에서 발견되는 생물 화석은 알알이 박힌 초콜릿 칩 같아

——— 2023년 6월, 오스트리아 인스부르크의 노르트케테 석회암 산맥 ———

맛있어 보이기도 하고, 이따금 관련 시대나 환경을 추정할 때면 시간 여행의 열쇠 같기도 하다. 암석이 포함한 화석의 비중과 그것의 시대를 가늠하며 석회암의 이름을 추측하고, 박편으로 갈아 확인해보는 것도 하나의 묘미다. 물론 정답률은 그리 높지 않았지만….

이전 장에서는 암석 티끌인 규산질쇄설성 퇴적물과 퇴적 환경, 그리고 그들이 만드는 퇴적암에 대해 다루었다. 그러나 규산질 쇄설성 퇴적물 외에, 생물 잔해나 화학적 침전에 의해서도 퇴적암이 만들어질 수 있다. 이들은 주로 탄산칼슘($CaCO_3$)으로 이루어져 있기 때문에 '탄산염 퇴적물$^{calcareous\ sediment}$'이라 부르며, 탄산염 퇴적물이 굳어져 형성된 암석을 '탄산염 퇴적암$^{carbonate\ sedimentary\ rock}$'이

라 한다. 좀 더 좁은 의미의 용어이긴 하나, 탄산염 퇴적암은 흔히
석회암limestone이라 불린다.

해양 환경 복원의 열쇠,
석회암

석회암은 규산질쇄설성 퇴적암과 함께 퇴적학계 양대 산맥
을 이루는 중요한 퇴적암으로, 특히 과거 해양 환경을 복원하는 데
큰 역할을 한다. 이는 예외적인 경우, 빗물과 지하수의 반복된 건
습으로 토양 내 탄산칼슘이 쌓이며 만들어지는 토양 기원 석회암
pedogenic carbonate을 제외하곤, 석회암 대부분이 바다에서 만들어지고
당시의 생물 화석을 포함하고 있기 때문이다.

예를 들어, 태백 지역에는 삼엽충이나 복족류 등 고생대에 서식
하던 생물 화석이 포함된 두꺼운 석회암층이 나타난다. 이를 통해
우리는 과거 고생대 시기 태백 지역이 오랜 기간 바다였으리라 추
정할 수 있다. 그렇다면 석회암은 바다 어디서든 만들어지는 걸까?

석회암은 주로 수심이 얕고, 따뜻하고 맑은 바다에서 생성된
다. 더러 온대나 한대의 비교적 추운 바다에서 나타나기도 하지만
절대 다수는 저위도 바다에서 만들어진다. 저위도의 무더운 날씨
가 바닷물을 증발시켜 해수를 농축하고, 농축된 해수 속 칼슘과 이

산화탄소가 결합하며 탄산칼슘이 만들어지는 것이다. 바닷물의 투명도 역시 탄산칼슘 침전에 큰 영향을 미치는데, 이는 투명도 높은 깨끗한 바다일수록 해양 생물의 광합성이 활발히 일어나 탄산칼슘 생성 속도가 빨라지기 때문이다. 이렇게 침전된 탄산칼슘은 그 자체로, 또는 해양 생물의 껍데기를 이루다 생물이 죽은 뒤 부서져 인근 고요한 해역이나 산호초 구조물 사이에 쌓인다.

따라서 이들이 굳어져 만들어진 석회암은 기본적으로 알갱이에 해당하는 입자grain와 입자 주변을 둘러싼 기질matrix, 퇴적 이후 공극을 메꾸는 교결물cements로 구성된다. 이때 기질은 주로 석회이토lime mud 또는 미크라이트micrite라 불리는 탄산염 성분의 이질 퇴적물로 되어 있으며, 교결물은 방해석이나 돌로마이트 같은 탄산염 광물 결정체인 스파라이트sparite로 이루어져 있다. 탄산염 입자의 경우 생성 기작에 따라 크게 물리작용에 의한 입자와 화학작용에 의한 입자, 생물 기원 입자로 나뉘는데, 각각 다양한 양상을 보인다.

이전에 형성된 석회암이 침식되거나 완전히 고결되지 않은 석회암이 외부로부터 힘을 받아 깨어지면 탄산염 암석 덩어리인 석회암편lithoclast이 만들어진다. 석회암편은 물리작용에 의해 만들어진 탄산염 입자로, 깨진 정도에 따라 모래부터 자갈까지 불규칙하고 다양한 크기를 보인다. 또한 이동 거리에 따라 둥글거나 각진 모양을 띠기도 한다. 석회암편을 포함한 석회암에서는 흔히 암편과 그것을 둘러싼 기질의 내부 구조가 다르게 나타나는데, 이는 암

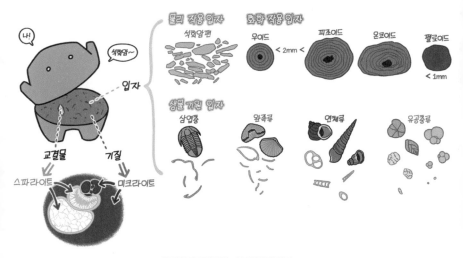

석회암을 구성하는 탄산염 퇴적물

편이 만들어진 시기와 암석이 만들어진 시기가 다르기 때문이다.

이와 달리 화학적 침전으로 만들어진 탄산염 입자에는 우이드 ooid와 피조이드pisoid가 있다. 이들은 물고기 알같이 동글동글한 형태여서 어란상 입자라 불린다. 우이드와 피조이드는 작은 핵을 중심으로 탄산칼슘 침전물이 층층이 코팅된 입자로, 전체 크기가 2밀리미터보다 작으면 우이드, 이보다 크면 피조이드라 한다. 석영 입자나 생물 파편 등 핵 모양에 따라 입자 모양 역시 조금씩 달라질 수 있지만, 비교적 균일한 두께의 방사형 겹을 이루며 성장하기 때문에 시장에서 파는 동그란 고구마 과자처럼 어느 정도 원형을 유지한다.

피조이드와 유사하지만, 화학적 코팅이 아닌 미생물 활동에 의해 발달하는 입자도 있다. 특히 남세균^{cyanobacteria}이나 해조류^{algae}처럼 미생물이 핵을 둘러싸며 만든 막에 탄산염 침전물이 쌓일 경우 온코이드^{oncoid}라는 탄산염 입자가 만들어진다. 피조이드가 고구마 과자를 닮았다면, 온코이드는 몽블랑 빵처럼 중심이 어느 한쪽으로 쏠리거나 불규칙한 층 구조를 보인다. 이는 미생물 활동이 활발한 노출면에서는 침전물이 집중적으로 축적되지만, 바닥같이 그렇지 못한 면은 거의 성장하지 못하기 때문이다.

노출면
바닥면

또한 우이드와 유사한 탄산염 입자로 펠로이드^{peloid}가 있다. 펠로이드는 세립질 석회이토^{lime mud}나 생물 배설물이 포도알처럼 응어리져 만들어진 구형 입자다. 입자 크기가 1밀리미터 이하로 작다는 점에서 우이드와 비슷하지만, 핵과 층상 구조를 보이지 않는다는 큰 차이가 있다.

삼엽충^{trilobite}이나 완족류^{brachiopods}, 연체류^{molluscs}, 유공충류^{foraminifers} 등 바다 생물들은 죽은 뒤 탄산칼슘으로 이루어진 껍데기나 조직을 남기는데, 이러한 유해가 분해되면 크고 작은 생물쇄설물^{bioclast/skeletal particle}이 된다. 생물쇄설물은 석회암에서 매우 흔하게 발견되는 탄산염 입자로, 화석인만큼 암석이 퇴적된 시기와 환경을 직접적으로 지시한다. 앞서 언급한 태백 지역 고생대 석회암에는 당시 바다에 살았던 삼엽충과 복족류 껍데기가 갈고리나 호 모양 파편으로 심심찮게 발견된다. 이렇듯 석회암은 다양한 탄산염 퇴적물로 구성되어 있다.

| 석회암의 분류

역암, 사암, 이암 등 입자 크기나 구조에 따라 분류되는 규산질쇄설성 퇴적암처럼, 석회암에도 세분된 이름이 있을 것이다. 가장 널리 사용되는 석회암 분류 기준은 1962년 로버트 던햄^{Robert J.} ^{Dunham}이 제시한 던햄 분류법이다. 여기서 석회암은 암석을 이루는 퇴적 조직, 특히 입자의 양과 구조에 따라 나뉜다.

가령 입자나 기질 같은 식별 가능한 구조가 없는 경우 결정질 석회암^{crystalline limestone}이라 한다. 그리고 퇴적 입자가 발견되지만 양이 10퍼센트 미만으로 적을 때는 석회이암^{lime mudstone}, 10~30퍼센트면 와케스톤^{wackestone}, 30퍼센트 이상이면 팩스톤^{packstone}이라 한다. 이때 입자 외 공간은 석회이토 기질로 채워져 있다. 만약 입자의 양이 매우 많아 암석이 거의 순수 입자들로만 이루어지면 팩스톤이 아니라 석회입자암^{grainstone}이라 부르는데, 두 암석 모두 다량의 탄산칼슘 입자를 포함하지만 팩스톤은 입자 외 공간이 석회이토로 채워진 반면 석회입자암은 공극이나 교결물이 차지한다는 점에서 차이가 있다. 한편, 생물의 줄기나 골격을 바탕으로 빈 공간이 석회이토나 교결물로 채워진 석회암은 결속석회암^{boundstone}으로 분류한다.

　통상적으로 야외 조사에서 석회암 여부를 판단할
때 암석에 묽은 염산을 뿌리곤 한다. 이때 '치이익' 소리
를 내며 거품이 일면 탄산염 성분을 포함한 것이므로 석회암일 확
률이 높다. 그다음 단계로 암석의 신선한 단면을 보며 어떤 석회
암인지 분류하게 되는데, 위의 던햄 분류법에 따라 판단한다. 대개
석회이암과 석회입자암, 결속 석회암, 결정질 석회암의 경우 입자
의 양이 극단적이거나 특징적인 구조를 갖고 있어 쉽게 구분되는
편이다. 그러나 와케스톤과 팩스톤은 어렵다. 경험이 적을수록, 기
분에 따라 입자 수 30퍼센트 기준이 달라져 와케스톤을 팩스톤으

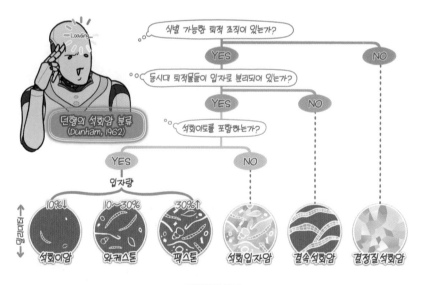

석회암의 분류

로, 팩스톤을 와케스톤으로 혼동하는 것이다. 이런 경우 해당 암석을 박편으로 연마한 뒤 현미경 관찰을 통해 확인해야 한다.

이러한 석회암들은 규산질쇄설성 퇴적물이 그러했듯 특유의 퇴적 환경에서 퇴적된다. 특히 탄산칼슘이 활발히 침전되는 장소에서 만들어지는데, 여기서 우리는 석회암과 규산질쇄설성 퇴적암의 근본적인 차이를 알 수 있다. 바로, 석회암을 이루는 탄산염 퇴적물은 암석이 만들어진 장소에서 멀지 않은 곳으로부터 왔다는 것이다. 이는 지표 위 노출된 암석 풍화물이 낮은 지대로 구르고 굴러 이동해 굳어진 규산질쇄설성 퇴적암과 상반된 모습이다.

탄산 공장
공장장

이렇게 탄산칼슘이 대량으로 침전되어 석회암체를 만드는 특수한 지대를 탄산염 대지carbonate platform라 한다. 마치 탄산염 공장같이, 탄산염 대지는 탄산칼슘 물자가 활발히 침전되는 너른 지형에 만들어진다. 주로 평평한 대륙붕이나 완사면에 자리 잡는데, 작게는 수십에서 크게는 수백 킬로미터에 이를 정도로 방대한 규모다. 또한 기반이 되는 지형에 따라 크게 다섯 가지의 퇴적 환경으로 나타난다.

　먼저, 따뜻하고 얕은 저위도 바다의 대륙붕에서는 생물 활동이 활발해 암초가 자라기 쉽다. 그래서 대륙붕 가장자리를 따라 산호초가 성장하거나, 생물 파편 또는 어란상 입자가 쌓여 둔덕bank을 이룬다. 생물초reef는 파도의 유입을 막고 해수 순환을 저해하는 일종의 둑 역할을 하는데, 이에 따라 대륙붕 내부에 잔잔한 저에너지 환경이 만들어지면서 탄산칼슘이 활발히 퇴적된다.

　이렇게 암초 둔덕이 특징을 이루는 탄산염 대지를 테두리 진 대지rimmed platform라 하며, 테두리 진 대지의 대륙붕 내부에는 석회이암과 와케스톤, 가장자리 암초 주변에는 생물 파편으로 이루어진 팩스톤과 석회입자암이 만들어진다. 대륙붕 너머로는 파도에 의해 소량의 석회이토가 생물초에서 굴러떨어져 석회이암이 만들어질 수 있다. 생물초가 수면 가까이 높게 성장하면 바다가 차단되어 석회이토질의 라군이 형성되기도 한다.

　반면 해수의 온도가 낮은, 비교적 추운 바다에서는 대륙붕 내 생물 활동이 활발하지 않다. 따라서 암초가 성장할 수 없는데, 이렇게 대륙붕 가장자리가 매끄러운 탄산염 대지를 테두리 없는 대

지unrimmed platform라 한다. 테두리진 대지와 달리, 테두리 없는 대지
는 방파제 역할을 하는 생물초가 없기 때문에 대륙붕 내부는 바다
에서 전파되는 파랑의 영향을 크게 받는다. 파랑은 육지로부터 유
입된 규산질쇄설성 퇴적물도 운반하기 때문에, 탄산칼슘 침전물과
규산질쇄설성 퇴적물의 혼합층이 대륙붕 위 전반에 걸쳐 넓게 퇴
적된다.

주로 육상 기원 모래가 굵은 탄산염 입자와 함께 해빈을 이루
고, 연안에서 멀어질수록 작은 입자인 석회이토가 퇴적되어 석회
이암이 만들어진다. 미 서부에 위치한 플로리다만Florida Bay은 테두
리 진 대지와 테두리 없는 대지 모두를 관찰할 수 있는 대표적인
현생 탄산염 퇴적지다. 남쪽에는 호 모양 암초로 테두리 진 대지
가, 동쪽에는 테두리 없는 대지가 발달해 있다.

이때 기반이 되는 지형이 1도 이내의 완만한 경사면ramp이라면
수심에 따라 파랑의 영향이 달라질 것이다. 그리고 이는 퇴적 양상
의 차이를 가져온다. 파랑의 영향을 크게 받는 연안 근처에서는 파
랑이 운반한 굵은 탄산염 입자가 쌓이며 석회입자암 둔덕이 만들

어진다. 그리고 둔덕 앞뒤로 흩어진 입자들에 의해 팩스톤과 와케스톤, 석회이암이 만들어진다.

한편, 수심이 깊어지면 파랑의 영향을 적게 받아 비교적 작은 입자가 퇴적될 것이다. 그래서 연안에서 멀어진 바다 쪽에 형성된 둔덕은 해당 위치에 서식하던 생물의 잔해가 쌓여 만들어진다. 파랑이 운반한 석회이토와 이러한 잔해가 섞여 굳어지면 석회입자암과 팩스톤, 와케스톤이 된다.

육지와 이어진 또 다른 탄산염 대지로, 연해 대지$^{epeiric\ platform}$가 있다. 연해 대지는 수천에서 수백만 제곱킬로미터에 이르는 굉장히 넓고 얕은 바다에서 발달하는데, 이는 북중국 넓이에 해당할 정도로 굉장히 큰 규모다. 오늘날 이러한 바다는 존재하지 않지만, 과거 지구가 따뜻했던 시기에는 가능했다. 빙하가 녹아 해수면이 상승하면서 낮은 지대 육지가 잠기고, 육지가 있던 곳에 얕고 넓은 바다가 만들어진 것이다. 연해 대지에서 퇴적물은 주로 조석이나 폭풍, 바람을 따라 얕은 규모로 순환하는 해수에 의해 운반되었을 것으로 추정된다. 파랑의 영향이 매우 적은 만큼, 규산질쇄설성 퇴

적물은 멀리 운반되지 못한 채 대지 전반에는 탄산염 퇴적물이 주를 이루며 퇴적될 것이다.

마지막으로, 단층이나 해저화산에 의해 지반 융기가 일어난 곳에는 육지와 떨어진 크고 작은 섬이 만들어진다. 이러한 섬을 기반으로 성장하는 탄산염 대지를 고립 대지isolated platform라 한다. 주로 대양에 위치해 다른 탄산염 대지와 달리 규산질쇄설성 퇴적물의 유입이 불가능하다. 따라서 고립 대지는 탄산염 퇴적물만 관찰된다는 특징이 있다.

고립 대지 경계에는 생물의 활동 정도에 따라 생물초가 발달하고, 중앙부에는 탄산칼슘 침적에 의한 석회이토나 우이드가 퇴적된다. 그리고 이러한 퇴적층이 두껍게 쌓이면 수면 위로 올라와 섬이 될 수 있다. 대표적인 장소로 바하마가 있으며, 인근의 버뮤다나 바베이도스, 남태평양의 쿡제도에 있는 여러 산호섬 역시 고립 대지에 해당한다. 현생 고립 대지는 깨끗한 바다와 하얀 모래 특유의 아름다움 덕에 관광 명소인 곳이 많다.

이처럼 바닷속에서 생성된 탄산염 퇴적물은 다양한 해저지형

외우지 않아도 괜찮아 지구과학

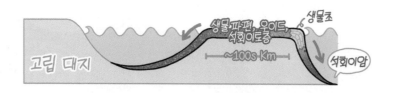

을 기반으로 조석이나 파랑, 날씨의 영향을 받으며 석회암으로 굳어진다. 그리고 그 과정에서 해당 지역 또는 그 시대에 서식하던 해양 생물의 잔해를 포함한다. 탄산칼슘 침전물이나 생물 잔해같이 탄산염으로 이루어진 광물은 규산질 광물보다 용해와 재결정 작용에 훨씬 민감하게 반응한다. 따라서 탄산염 퇴적체의 광물 조성은 퇴적 이후 석회암으로 굳어지는 과정에서 만연하게 변형되고 대체되곤 한다. 예를 들면 사방정계의 탄산칼슘 광물인 아라고나이트 점토는 해저에 매장되어 굳어지는 과정에서 육방정계의 동질이상同質異像 광물인 방해석이 될 수 있다.

또한 약 4500미터의 아주 깊은 바다에서는 높은 수압과 차가운 수온에 의해 탄산염 퇴적물이 다시 바다에 녹아들게 된다. 이렇게 탄산염 퇴적물이 용해되기 시작하는 수심을 탄산염 보상심도carbonate compensation depth, CCD라 하는데, 탄산염 보상심도보다 깊은 바닷속에서는 탄산칼슘이 침전되지 못하기 때문에 석회암 역시 만들어질 수 없다. 그래서 아주 깊은 심해저에는 다시 규산질쇄설성 퇴적물이 퇴적되는 경향을 보인다.

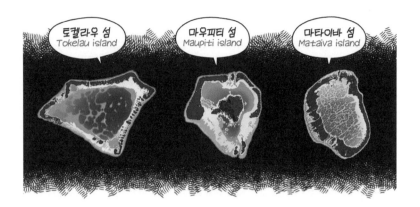

아름다운 산호섬

　　이처럼 규산질쇄설성 퇴적물과 탄산염 퇴적물은 공존 또는 상호 보완하며 지구 전체의 역사를 세밀히 기록한다. 현재 우리는 전혀 알 수 없지만, 오랜 시간이 지나 기후변화로 해수면이 하강하거나 지구조 운동으로 지반이 융기해 이들이 육지로 떠오른다면 후손들은 과거 우리가 보냈던 매일과 매년 그리고 수년의 역사를 들여다볼 수도 있겠다.

라떼는 말이야

누군가를 위해 공들여 이벤트를 준비할 때가 있다. 성인 남녀에게 프러포즈는 그중에서도 손꼽히는 일일 것이다. 평소 기념일에 소홀했던 사람조차도, 프러포즈만큼은 멋지게 하자는 의욕에 불타곤 한다. 프러포즈 하면 역시 선물! 백화점에 방문해 명품을 구매하고, 그에 어울리는 디자인의 큰 생화 상자를 주문했다. 진지한 분위기! 모처럼 유명 파인다이닝을 예약해 식당 측에 'Will you marry me?' 문구가 담긴 디저트 서비스를 추가했다.

선물 상자는 당일 퀵 서비스를 통해 식당으로 배송될 것이며, 서버가 그것을 받아 프러포즈 디저트와 함께 테이블에 놓아주기로 했다. 새로 산 원피스까지 입고 만반의 준비를 마친 뒤 설레는 마음으로 약속한 날이 오길 바랐다. 그날은 2022년 8월 9일이었다.

2022년 8월 9일은 서울에 기록적인 홍수가 발생한 날이다. 2020년 8월부터 이어진 슈퍼 라니냐로 북태평양고기압이 한반도를 덮을 정도로 활성화되고, 이로 인해 고온 다습한 공기가 북쪽의 한랭 건조한 공기와 만나며 중부지방에 강한 정체전선을 만들었기 때문이다. 이날 뉴스와 각종 SNS는 침수 이야기로 가득했다.

7일부터 조금씩 내리던 비는 8~9일 점차 거세져, 이틀간 서울을 중심으로 중부지방에 500밀리미터 넘는 폭우가 쏟아졌다. 야심 차게 준비한 프러포즈는 9일. 이미 8일 밤 서울은 교통이 마비된 것은 물론 길을 걷기조차 힘든 상황이었다. 퇴근하던 직장인들은 거센 물살에 떠밀려 가지 않도록 서로가 서로를 붙잡아주며 천천히 걸었고, 더러는 물을 피해 건물 안으로 들어가거나 차 위에서 밤을 지새우기도 했다. 특히 산 근처와 낮은 지대에 살던 사람들은 산사태 때문에 인근 피난 시설로 대피해야 했고, 침수로 인한 인명 피해가 발생했다. 비는 인간 활동에 반드시 필요한 기상 현상이지만, 때론 수많은 재산과 목숨을 앗아가는 재앙이 되기도 한다.

그런데 과거 지구의 생명체들은 오늘날과는 비교도 안 될 규모의 홍수를 겪었다. 우리는 흔히 대규모 홍수라고 하면 성경에 등장하는 '노아의 방주 사건'이나 여러 고대 문명의 홍수 신화들을 떠올리곤 한다. 실제로 지질시대 발생한 대홍수 중에는 이들의 기원이 된 사건도 있었다. 약 1만 3000년 전 지구온난화에 의해 극지의 막대한 빙하가 녹으며 발생한 대홍수. 이로 인해 다량의 담수가 바다로 유입되어 전 지구 해양 순환이 멈추며 짧은 빙하기인 영거 드라이아스기^{Younger Dryas}가 찾아왔었다.

그러나 지질시대의 대홍수라 한다면, 뭐니뭐니 해도 비의 시대라 불리는 카르니안절 다우 사건^{Carnian pluvial episode, CPE}을 언급하지 않을 수 없겠다.

초장기 장마 사건

카르니안절 다우 사건은 약 2억 3000만 년 전인 트라이아스기 후기 카르니안절에 발생한, 100~200만 년의 초장기 장마 사건을 말한다. 이전 '판의 이동'을 이야기한 장에서, 트라이아스기 당시 지구는 초대륙 판게아와 넓은 바다로 이루어져 있었다고 했다. 수륙분포가 단순했기 때문에, 대기 순환 역시 지금보다 훨씬 크고 단순했다. 이때 강수 현상은 주로 위도에 따라 발생하는 무역풍과 편

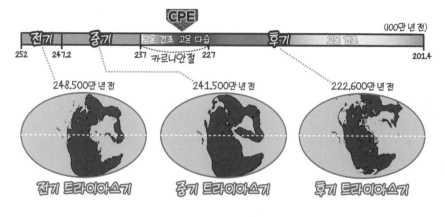

CPE

| 전기 | 중기 | 고온 건조 고온 다습 | 후기 | 고온 건조 |

252   247.2   237 카르니안절 227   201.4

248,500만 년 전   241,500만 년 전   222,600만 년 전

전기 트라이아스기   중기 트라이아스기   후기 트라이아스기

———————— 트라이아스기 지구의 **수륙분포와 기후변화** ————————

서풍, 극동풍의 영향을 받았는데, 육지가 워낙 거대했기에 수증기를 머금은 구름이 내륙 깊숙이 이동하지 못하고 금방 소멸되었다. 그래서 비가 내리는 연안 지역에는 습한 기후가, 내륙 전반에는 매우 건조한 기후가 나타났다.

그러나 이러한 기후는 트라이아스기 후기로 넘어가며 큰 변환점을 맞이하게 된다. 판게아 북서쪽에서 발생한 대규모 화산 폭발이 대기 중에 방대한 이산화탄소를 배출하고, 이로 인한 온실효과로 지구 기온이 크게 상승한 것이다. 따뜻해진 지구는 바다와 빙하 아래 녹아 있던 메테인을 대기로 방출했고, 이에 강력한 온실가스인 메테인과 이산화탄소는 양의 피드백을 일으키며 계속 지구를 가열했다.

본디 고위도 지역은 춥고 건조해 토양이 잘 발달하지 못한다.

하지만 카르니안절 지층에서는 북위 약 85도에 해당하는 극 지역에서조차 토양화가 활발히 진행된 고토양이 관찰된다. 그리고 약 섭씨 20도의 따뜻하고 얕은 저위도 바다에서 나타나는 산호초와 탄산염 대지의 흔적이 북위 35도에서 남위 35도에 위치하던 테티스해 전반에 나타났다. 이러한 석회암 기록을 바탕으로, 카르니안절 바다는 지금보다 평균 섭씨 6도가량 높았으리라 추정하고 있다.

하지만 화산 폭발과 이로 인한 이산화탄소 증가는 카르니안절 기온 상승에 기여했을 거라 추정되는 탄소량의 약 25퍼센트만을 설명한다. 즉, 추가적인 온난화 요인이 있는 것이다. 이에 대해서는 여전히 논쟁 중이지만, 활발한 판 이동에 따른 대륙의 위치 변화가 영향을 미쳤을 것이라 추정된다. 예를 들어 남반구에 위치하던 판게아는 중생대 초 트라이아스기 동안 점차 북쪽으로 이동했다. 그래서 카르니안절 당시 판게아 상당 영역이 저위도와 중위도에 있었고, 이로 인해 지표가 뜨겁게 가열되며 기온이 더욱 상승한 것이다. 온실가스 증가와 지표 가열에 따른 기온 상승은 강과 바다를 크게 증발시켜 대기가 다량의 수증기를 포함하는 환경을 만들었다.

그런데 아무리 수증기 유입이 증가했다고 한들, 어떻게 100만 년에서 200만 년 동안 비가 내릴 수 있었을까? 현재의 지구도 저위도와 중위도에 넓은 대륙들이 분포하지만, 그렇다고 계속 비만 내리는 지역은 없는데 말이다. 이러한 마법 같은 일은 앞서 언급한 단순한 대기 흐름이 가능케 했다.

200만 년 가까이 내린
비의 원인

카르니안절 강수는 테티스해를 감싼 판게아 동부 해안을 중심으로 발생했다. 저위도 바다에서 증발한 다량의 수증기가 무역풍을 타고 동부 해안에 유입되어 강한 비를 내린 것이다. 많은 비는 바다로 유입되는 강물의 양을 크게 증가시켰고, 이로 인해 석회암과 증발암 evaporite 이 활발히 만들어지던 테티스 해역에 많은 규산질 쇄설성 퇴적물과 유기물이 축적되었다.

편서풍과 극동풍 역시 인근 바다에서 수증기를 끌어들여 북반구와 남반구 고위도 지역에 습한 기후 만들었다. 또한 당시 활발한 판 이동에 의해 로라시아 대륙 남쪽에 대규모 조산운동이 발생했다. 이 과정에서 킴메리아 등 큰 줄기의 산맥들이 만들어졌으며, 산맥은 내륙과 테티스해 사이 강력한 기압 구배를 형성했다. 이러한 기압 차이로 인해 테티스해에서 육지를 향하는 바람이 지속적으로 불어 대륙으로 다량의 수증기가 유입되는 환경으로 변화했다.

전 지구적으로 건조했던 기후는 이렇게 습하고 무더운 기후로 전환되며 장기간의 장마를 만든 것이다. 물론, 판게아 서부 해안과 일부 내륙 지역같이 강수 후 건조해진 공기가 유입되는 곳은 여전히 건조했다. 따라서 카르니안절 다우 사건은 대륙 전체가 아닌 일부 지역에서만 발생했을 것이란 의견도 제기된다. 마치 2024년 여

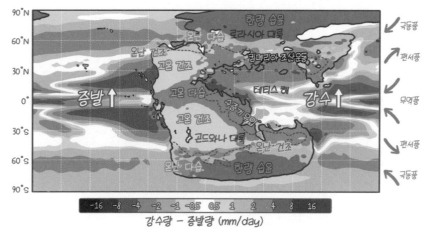

름 폭우가 엄청날 거라고 예고되었지만 남부지방에만 집중되고 중
부지방은 비교적 약한 비로 지나간 것처럼 말이다.

그러나 대륙 전체든 일부 지역이든, 장기간 이어진 대규모 장
마는 약 33퍼센트에 달하는 많은 해양 생물의 멸종을 초래했다. 대
기 중 다량의 이산화탄소가 산성비로 내려 육지 풍화를 가속했고,
비에 의해 불어난 강물이 규산질쇄설성 퇴적물을 대량 운반하며
바다의 산성화와 부영양화가 일어난 것이다. 암모나이트와 코노
돈트, 해백합 등 연안과 외해에 서식하던 많은 해양 생물은 이러한
급격한 환경 변화에 적응하지 못한 채 사라지고 말았다.

이런 측면에서 보면, 카르니안절 다우 사건은 지구 생물에 큰
타격을 안긴 재앙처럼 보인다. 그러나 아이러니하게도, 어떤 생물

들에는 부흥의 계기가 되기도 했다. 먼저, 건조기후에서 습윤기후로의 전환은 육지 식물군을 크게 변화시켰다. 건조한 사막에서 자라는 초목 위주의 식물군에서 침엽수나 소철류같이 키가 크고 단단한 줄기를 가진 식물군으로 변화한 것이다. 이러한 식물군의 변화는 키가 큰 동물, 특히 공룡의 번성을 가져왔다.

전체 생물군 대비 10퍼센트 이하였던 공룡의 개체 수가 90퍼센트까지 폭증하고, 다양성 역시 크게 증가해 대공룡의 시대가 시작된 것이다. 이외에도 현생 거북과 악어, 도마뱀, 포유류의 기원이 되는 다양한 동물이 등장했고, 바다에서는 석회화된 원양 플랑크톤이 번성했다. 또한 활발한 강수 현상과 침식, 그로 인한 해수면 상승은 지표 위에 큰 강과 호수를 만들며 육지 생물이 살아가기 좋은 환경을 만들었다. 이처럼 카르니안절 다우 사건은 생태계에 큰 흥망성쇠를 가져온 변곡점이던 셈이다.

이처럼 지질시대의 장마와 홍수는 우리가 감히 상상하기 어려울 정도로 엄청난 규모로 일어나 천지를 바꾸었다. 지질시대 역사를 살펴보니, 오늘날 홍수는 인류가 이겨낼 수 있는 수준의 비교적 온화한 재해로 보이지 않는가?

푸르른 초원의
사하라

어렸을 적, 명절마다 부모님께서 자주 틀어주시던 영화가 있었다. 〈아이스 에이지^{Ice Age}〉라는 제목이었는데, 2만여 년 전 빙하기가 주제였다. 기억하기로는 특정 채널에서 수시로 재방영했던 것 같다. 그만큼 인기가 많았으리라. 하지만 당시 영화를 보면서 느꼈던 감정은 지루함이었다. 현재 일도 아니거니와, 자꾸 몇만 년, 몇백만 년, 하며 까마득한 이야기만 나왔기 때문이다.

'과거는 과거일 뿐, 현재와 미래만 알면 되지 않을까?' 이 생각은 대학교에 진학해 기후 시스템을 공부하면서 바뀌었다. 태양계라는 큰 무대 위에서, 지구는 행성 안팎의 변동에 적응하기 위해 부단히 노력하고 있었다. 그리고 그 과정에서 균형을 유지하고 있는 상태가 기후였던 것이다. 즉, 과거 기후를 이해하는 건 현재의 지구 시스템을 이해하는 일이자 장차 찾아올 미래를 대비하기 위한 준비인 셈이다.

그린 사하라

오늘날 지구상에서 가장 뜨겁고 건조한 땅은 어디일까? 우리는 쉽게 사하라사막을 떠올릴 수 있다. 사하라는 아프리카 대륙의 약 30퍼센트를 차지하는 거대한 사막이자 남극 다음으로 큰 사막이다. 특히 사하라 중앙 및 남부 지역은 일 년 내내 매우 건조한 열대기후를 보인다.

그런데 사하라 지층에서는 다소 특이한 점들이 관찰되고 있다. 이암과 증발암, 트래버틴travertine 등 물이 풍부하고 따뜻한 지역에서 생성되는 탄산염 퇴적암이 사하라 지층 안에서 발견되고, 강이나 호수, 지하수를 지표하는 퇴적 구조 역시 나타나는 것이다. 또한 꽃가루, 낙엽 왁스, 화석 등 고기후 정보를 담은 지층 내 여러

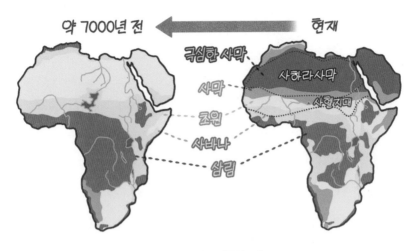

아프리카 습윤기 대륙의 모습

데이터를 분석한 결과, 1만 2000년에서 5000년 전 홀로세 초기에서 중기에 해당하는 시기 북아프리카 대륙 전체가 매우 따뜻하고 습윤한 기후였음이 드러났다. 이 시기를 '아프리카 습윤기^{The African} Humid Period, AHP'라고 하는데, 복원된 기후에 따르면 당시 사하라는 척박하고 황량한 사막이 아닌 수풀이 우거져 푸르른 '그린 사하라 green sahara'였다고 한다. 도대체 무슨 일이 있었던 것일까? 이를 이해하기 위해서는 먼저 지구의 기후를 만드는 여러 요인에 대해서 알아볼 필요가 있다.

기후변화
요인

    기후에 기여하는 거시적인 요인이자 가장 자주 언급되는 것은 '밀란코비치 이론Milankovich theory'이다. 밀란코비치 이론은 세르비아의 물리학자이자 수학자인 밀루틴 밀란코비치Milutin Milanković가 제안한 것으로, 태양 복사에너지를 변화시키는 천체 운동 세 가지를 근거로 들며 지구의 기후변화를 설명하고자 했다. 지표에 도달하는

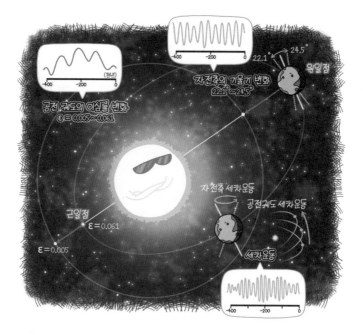

밀란코비치 이론

태양 복사에너지는 지구를 데우고 식히는 열의 근원이며, 이를 재분배하는 과정이 곧 기후이기 때문이다. 밀란코비치 이론에 해당하는 천체 운동은 수만에서 수천 년 규모의 지구 움직임으로, 크게 세 가지 즉, 지구 공전궤도의 이심률eccentricity 변화, 자전축의 기울기 변화obliquity, 세차운동precession이 있다.

먼저, 지구는 태양을 중심으로 공전한다. 주기는 약 1년(365.25일)으로, 지구는 태양과 적정 거리를 유지한 채 타원궤도를 돌며 열에너지를 공급받고 있다. 이때 궤도상 지구-태양 간 거리가 약 1.53×10^8킬로미터로 가까운 시기를 근일점perihelion, 약 1.58×10^8 킬로미터로 먼 시기를 원일점aphelion이라 한다. 원일점보다 근일점에 위치할 때 지구는 더 많은 태양 복사에너지를 받으며, 이는 곧 지구의 온도를 상승시키는 역할을 한다.

이심률(ε)은 타원이 얼마나 일그러져 있는지 장반경과 단반경을 이용해 나타낸 비율이다. 숫자가 1에 근접하면 직선에 가까운 타원, 0에 근접하면 원을 의미한다. 지구의 이심률은 약 10만 년과 41만 3000년 주기로 0.005에서 0.061까지 변화하는데, 현재 지구의 공전궤도 이심률은 0.017로 타원이며 이는 근일점과 원일점 간 약 7퍼센트의 태양 복사에너지 차이를 만든다. 210만 년 주기의 이심률 변화도 있으나, 이는 매우 미미한 편이다.

가령, 이심률이 증가해 공전궤도가 더욱 납작한 타원형을 띠면, 근일점에서의 태양-지구 거리는 지금보다 더 가까워지고 원일점에서는 멀어지게 된다. 이러한 거리 변화는 20퍼센트 이상의 복사량 차이를 만들 수 있다. 그런데 여기서 고려해야 할 것이 있다. 지구의 공전은 케플러 제2법칙을 따른다는 점이다. 이심률이 커져 근일점 복사량이 증가하게 되더라도, 빨라진 공전 속도에 의해 에너지가 집중되는 여름이 짧게 지나가게 된다. 즉, 이심률이 변화함에 따라 지구의 각속도 역시 달라져 계절의 길이가 조절되는 것이다. 이러한 상쇄 효과로 공전궤도의 이심률 변화가 실제 태양 복사에너지에 미치는 영향은 약 0.2퍼센트로 적다. 따라서 이심률 변화는 기후변화를 일으키는 주요 요인이라기보다는 이후 언급될 자전축 운동에 진폭으로 기여하는 부차적 요인에 해당한다.

한편, 자전축 기울기 변화와 세차운동은 계절에 따른 태양 복사에너지 입사량을 10퍼센트가량 변화시키며 지구 기후에 절대적인 영향을 미치고 있다. 기울어진 자전축은 계절을 만들고 대기와 해양에 큰 순환을 일으킨다. 이는 4만 1000년 주기로 22.1도에서 24.5도 사이를 움직이는데, 현재의 자전축 기울기는 약 23.5도로 중간 기울기에 해당한다. 이러한 기울기의 변화는 계절 변화의 강약에 기여한다.

이때 자전축이 기울어졌다 함은 두 경우가 있을 것이다. 태양을 향하여 기울어지거나, 태양 반대편으로 기울어지거나. 지구의 자전축은 약 2만 5700년 주기로 회전하며 태양을 향하는 자세를 바꾸는데, 이러한 회전운동을 세차운동이라 한다. 자전축의 세차운동은 지구의 적도가 부풀어 있어 돌출부에서 태양 및 달의 중력 차이가 발생하고, 이것이 축에 회전력torque으로 작용하면서 발생한다.

위상적으로 태양을 향해 기울어진 반구에서는 여름이 나타나고 그렇지 않은 반구에서 겨울이 나타난다. 그리고 각 계절은 태양과의 거리에 큰 영향을 받아 상대적으로 덥거나 추워질 것이다. 근일점일 때 자전축이 태양을 향해 기울어져 있으면 북반구 여름은 평균 북반구 여름에 비해 더 무더워진다. 마찬가지로 원일점 때는 평균에 비해 몹시 추운 겨울을 맞이할 것이다. 비슷한 원리로 지구의 공전궤도 역시 장축과 단축이 변화하는 세차운동을 한다. 이러한 자전축과 공전궤도의 세차운동은 약 2만 3000년 주기로 움직이며 기후를 변화시킨다.

세계지도를 펼쳐보면 알 수 있듯, 현재 지구의 수륙분포는 다소 편중되어 있다. 특히, 비열이 낮아 태양에너지에 민감히 반응하는 육지가 북반구에 집중되어 있다. 밀란코비치 주기에 따르면, 오늘날 우리가 비교적 살기 좋은 온난한 기후를 누리는 건 북반구 여름이 원일점 가까이, 북반구 겨울이 근일점 가까이 위치하기 때문일 것이다. 그렇다면 자전축이 지금과 반대로 기울어진 시기 지구의 모습은 어떠했을까? 이는 세차운동 주기의 2분의 1인 약 1만 1000년 전으로, 글 서두에 언급한 아프리카 습윤기에 해당한다.

사하라를 푸르게 물들인 강수 패턴

당시 북반구 여름은 근일점에 위치해 지표가 지금보다 7~8퍼센트 많은 태양 복사에너지를 흡수했다. 이로 인해 여름철 육지는 더욱 가열되고, 뜨거워진 지표는 넓은 영역에 강한 저기압을 형성하며 활발한 서아프리카 몬순West African Monsoon, WAM을 만들었다. 특히 거대한 상승기류로 인해 연중 많은 비를 내리는 적도수렴대Inter-tropical Convergence Zone, ITCZ가 북아프리카 상부까지 올라와 아프리카 전반에 매우 습윤한 환경이 만들어졌다.

열대우림이 그렇듯, 강수량이 풍부하면 식생이 활발해진다. 따라서 변화된 강수 패턴은 점차 아프리카를 푸르게 물들였다. 또한 수풀이 우거진 땅은 먼지가 적게 발생하고 메마른 땅보다 훨씬 어두운 빛을 띤다. 이는 곧 태양 빛이 먼지 등 다른 차단 요소 없이 온전히 지표에 도달하고, 낮은 알베도albedo로 인해 상당량 흡수됨을 의미한다. 이처럼 적은 먼지량과 낮은 알베도는 태양 복사에너지 흡수량을 증가시켜 지표를 더욱 따뜻하게 만들었다. 그리고 가열된 지표는 다시 강수 현상을 일으키며 더욱 습한 날씨를 만들었다.

본래 사하라는 증발한 수분 중 약 5퍼센트만 다시 강수로 내렸다. 그러나 녹지 효과로 인해 당시 강수 순환율은 20퍼센트에 달했다고 한다. 자전축 변화와 적도수렴대의 북상, 그리고 식생에 의

───── **그린 사하라를 만든 기후 요인** ─────

한 양의 피드백 효과가 아프리카 대륙 전반에 습윤한 기후를 가져와 그린 사하라를 만든 것이다.

이처럼 과거의 지구는 시기에 따라 현재와 사뭇 다른 모습을 띠었다. 비단 그린 사하라뿐 아니라, 남극과 그린란드 역시 식물이 왕성히 서식할 정도로 온화한 시기가 있었다. 지구가 탄생한 45억 5000만 년 전 이래로, 기후는 거대한 시스템 안에서 꾸준히 반응하고 변화해왔다.

우리는 여전히 미래의 기후가 어떻게 변화할지 알지 못한다. 해마다 예상치 못한 기후변화 피해가 뉴스로 보도되며, 5~7년에 한 번씩 발간되는 IPCC 기후변화 보고서 역시 매회 차 새로운 내용이 추가된다. 미래 기후를 예측하는 것이 인생 과업인 기후학자들 역시, 통일된 시나리오보다는 다양한 가능성을 제시한다. 이러한 불확실성은 대기와 해양, 암석이 순환하는 과정에서 상당히 많은 기후 기록이 손상되고 소실되었기 때문이다. 오늘날 우리가 이해하고 있는 기후에 대한 지식은 지구 역사 중 약 10퍼센트에 해당하는 매우 적은 지질 데이터에 기반한다. 따라서 미래의 기후변화를 정확히 예측하는 것은 몹시 어려운 일이라 할 수 있겠다.

다만 한 가지 분명한 것은, 현재의 지구는 유례없던 국면을 맞이했다는 것이다. 지질시대의 지구는 밀란코비치 주기와 함께 태양 활동, 판 구조 운동, 대기-해양-암석 간 온실가스 순환 등으로 크고 작은 빙하기·간빙기 사이클을 만들며 기후를 변화시켜왔다. 하지만 약 1만 1700년 전 마지막 빙하기가 종료된 이래로, 지구는 줄곧 간빙기에만 머무르고 있다. 해마다 평균기온이 증가하고, 연일 미디어에서는 지구온난화가 심화되고 있다고 강조한다. 기온이 상승하는 속도가 이례적으로 가파른 것이다. 마치 과거에 묶여 주기적으로 회귀하던 기후가 기존 '시스템 창'을 부수고 새로운 이야기를 쓰는 것만 같다.

왜 이런 일이 일어날까? 이는 기존의 복잡한 기후 시스템에 새로운 변수인 인간 활동까지 더해졌기 때문이다. 따라서 우리는 다양한 기후모델을 개발해 미래의 기후를 추정하고, 추정된 미래에 대비해 여러 공학적인 대안을 마련할 필요가 있다. 현재는 그저 좀

외우지 않아도 괜찮아 지구과학

더 덥고 추운 불편함뿐이지만, 머잖아 생존의 문제로 불거질 것이기 때문이다. 그리고 이 모든 건 다학제적인 지구과학 연구를 통해 지구를 더욱 깊게 이해하는 데서 시작될 것이다.

Part 1. 해양

고수온^{paleo-temperature} | 과거의 수온. 과거 기후 상태를 재구성하거나 해양 순환 패턴을 이해, 또는 생태계 변화를 추적하기 위해 사용된다. 주로 프록시를 통해 간접적으로 추정한다. 여기서의 고ᵗʰ수온은 높은 수온을 의미하는 고수온이라는 용어와는 구분된다.

규모^{magnitude} | 지진의 크기를 나타내는 절대적 척도로, 지진 발생 시 방출되는 에너지의 양이다. 리히터 규모를 보편적으로 사용하는데, 규모가 1 커질 때마다 지진에너지는 약 30배씩 증가한다. 큰 채석장이나 광산을 폭파할 때 1톤의 TNT를 사용한다면, 이때 규모는 2다.

극한기상^{extreme weather} | 기온, 강수, 바람 등 기상 요소가 평년보다 극단적으로 나타나는 현상. 예측하기 어려우며 큰 피해를 유발할 수 있다. 태풍, 폭염, 한파 등이 이에 속한다.

내부파^{internal wave} | 해양 내부에 존재하는 파^{wave}로, 밀도가 다른 두 층의 경계 면에서 일어나는 파를 말한다. 수온약층같이 성층의 변화가 큰 곳에서 잘 발생한다. 이 파동은 바닷물 안에서 큰 상하 진폭을 가질 수 있으며, 수백 킬로미터까지 전파될 수 있다. 내부파는 에너지를 해양 내부로 전달하고, 해양 혼합 및 물질 교환에 중요한 영향을 준다.

대륙붕^{continental shelf} | 대륙 주위에 분포하는 완만한 경사의 해저를 말하며, 수심은 200미터 정도다. 대륙붕의 바다 쪽 경계는 해저면의 경사가 급격히 가팔라지기 시작하는 대륙붕단이다. 대륙붕단을 경계로 해 외양 쪽으로는 비교적 가파른 경사의 대륙사면이 이어진다.

대륙사면^{continental slope} | 대륙붕의 경계 끝인 대륙붕단에서 시작하여 대륙대까지 해저면의 경사가 급격히 가파른 부분을 말한다. 수심은 200~2000미터다.

동위원소^{isotope} | 화학적 성질은 같으나 원자량이 다른 원소. 즉, 같은 원소지만 중성자 수가 다른 것을 말한다. $^{16}O/^{18}O$와 $^{12}C/^{13}C$ 같은 동위원소 농도비는 해양에서 여러 기작을 규명하는 도구로 이용한다. 동위원소 비율은 특히 고기후 연구와 탄소순환, 해양화학 등에서 유용한 정보 제공자로 사용된다. 방사성 동위원소와 안정 동위원소로 구분되기도 한다.

미세플라스틱^{microplastics} | 의도적으로 작은 크기로 제조되었거나 기존 제품이 풍화 등을 거치며 조각나서 미세화된 크기 5밀리미터 이하의 합성고분자화합물로 정의된다.

복사평형 | 어떤 물체가 다른 물체에서 흡수하는 복사에너지의 양과 방출하는 복사에너지의 양이 같아진 상태.

부이[buoy] | 육지에서 떨어진 해상에서 해수의 물리적인 특성(수온, 염분 등)과 해수의 흐름(유향, 유속), 파랑, 해양 기상(풍향, 풍속 등) 등을 관측하기 위한 플랫폼 및 부대시설을 말한다. 고정형과 비고정형(표류부이)로 나눌 수 있다. 관측된 자료는 자체적으로 저장하거나 정해진 시간에 위성 통신 등으로 송신한다.

블루카본[blue carbon] | 탄소는 생물체를 이루는 기본 구성 요소이며, 각종 화석연료와 고분자화합물에 이르기까지 여러 형태로 존재하고 있다. 자연에 존재하는 탄소는, 탄소가 포함된 환경에 따라 블랙카본, 그린카본, 블루카본 등으로 분류된다. 블루카본은 어패류, 잘피, 염생식물 등 바닷가에 서식하는 생물과 맹그로브숲, 염습지와 잘피림 등 해양생태계가 흡수하는 탄소를 의미한다. 블루카본은 높은 탄소 흡수 효율, 장기 저장 능력, 경제성 측면에서 기후변화 대응에 중요한 역할을 한다.

성층[stratification] | 해수에서 수온이나 염분 등의 차이로 인해 밀도가 층을 이루는 현상. 서로 다른 밀도의 물이 층을 이루는 상태다.

수괴[water mass] | 온도, 염분 등의 물리적 특성이 유사하여 일정한 형태로 존재하는 바닷물 덩어리. 수괴로 정의되기 위해서는 물리적 특성의 유사성 외에도, 비교적 넓은 영역에 걸쳐 이 특성이 유지되어 나타나야 하고, 이러한 수괴의 형성 과정이 잘 알려져 있어야 한다.

수온약층[thermocline] | 수심에 따라 수온이 급격히 변화하는 층. 해양을 수직적으로 구분하는 경계층 역할을 하기도 한다. 수온약층 상부에는 수온이 거의 일정한 혼합층이 존재하고, 수온약층 아래에는 수온 변화가 매우 적은 심해층이 존재함. 수온약층의 깊이와 강도는 계절이나 해류 등에 따라 변화한다.

수치모델[numerical model] | 해양 현상의 특성을 컴퓨터 연산을 통해 기술할 수 있는 차분화된 운동방정식 체계를 기반으로 구성된다. 해양의 복잡한 물리적, 화학적, 생물학적 과정을 모의하여 기후 변동, 해류, 파동, 열과 물질의 이동 등을 예측하고 분석하는 데 사용된다. 물리적 과정뿐 아니라 생지화학적 과정을 포함한 모델링도 발전하고 있다. 다양한 변수와 초기 조건을 입력해 미래의 해양 상태를 예측할 수 있어서, 과거와 현재뿐 아니라 미래 변화를 예측하기 위한 도구로도 사용된다.

엘니뇨, 라니냐[El Niño, La Niña] | 열대 태평양 해역의 해양−대기 상호작용에 의한 변동성. 엘니뇨 남방진동[ENSO]이라고도 함. 엘니뇨 남방진동은 주기가 일정하지 않아 보통 2~7년의 간격으로 엘니뇨와 라니냐 그리고 그 중간인 중립 상태가 무작위적으로 나타나며 유지 기간도 일정하지 않다. 엘니뇨 시기에는 열대 태평양 서쪽의 더운 물이 동쪽으로 이동하여 열대

동태평양 해역의 수온이 평년보다 높아지고 수온약층의 깊이가 깊어진다. 반대로 라니냐 시기에는 열대 서태평양의 수온이 더 높아지고 수온약층도 더 깊어진다.

염분 salinity | 해수에 녹아 있는 무기물질과 비휘발성 물질의 총량. 주로 g/kg(천분율) 또는 PSU Practical Salinity Unit 단위를 사용한다. 현재는 PSU 단위보다 절대 염분 absolute salinity을 g/kg 으로 표현하는 것을 권장한다.

용존산소 Dissolved Oxygen, DO | 해수에 용해되어 있는 산소의 양. 해양에서 표층에서는 대기와 인접해 있고, 식물플랑크톤의 광합성 등으로 인해 용존산소 농도가 높고, 심층으로 갈수록 용존산소 농도가 감소하는 경향이 있다.

유기 탄소 organic carbon | 해양에 용해되거나 입자 형태로 존재하는 탄소. 해수 표층의 이산화탄소는 기초 생산자의 광합성 같은 생물 활동 등을 통해 유기 탄소로 변환된다. 크기가 작아서 필터(0.7마이크로미터 또는 0.2마이크로미터)를 통과할 수 있는 유기물로 구성되면 용존유기탄소, 크기가 커서 필터 위에 남는 유기물은 입자유기탄소로 구분된다.

인도양 쌍극진동 Indian Ocean Dipole, IOD **또는 쌍극모드지수** Dipole Mode Index, DMI | 인도양 열대 해역의 동쪽과 서쪽의 뚜렷한 해표면 수온 편차에 의해 발생하는 동서 진동 현상. 서인도양 열대 해역의 수온이 평년보다 높고 남동인도양 열대 해역의 수온이 평년보다 낮아서, 서쪽에서 동쪽을 뺀 둘의 차이가 양수가 되는 상태를 양의 상태(또는 모드)라고 말함. 이와 반대의 경우인 음의 상태에는, 서인도양 열대 해역 수온은 평년보다 낮고, 남동인도양 열대 해역 수온이 평년보다 높아 둘의 차이가 음이 된다. 일반적으로 양의 상태가 되면, 인도네시아나 호주 서부에서 가뭄이 발생하고, 동아프리카에서는 홍수가 발생할 가능성이 높아진다.

자료동화 data assimilation | 수치모델의 초기 조건을 개선시키거나 수치모델 결과의 오차를 줄이기 위해 관측 자료를 모델에 사용하여, 실제 현상에 가까운 새로운 초기장을 만드는 기법.

자연 풍화 weathering | 암석이나 기타 물질이 물리적, 화학적, 생물학적 과정을 통해 자연적으로 분해되고 변형되는 과정. 플라스틱을 포함한 다양한 인공물이 시간이 지나면서 미세 입자로 분해되는 원인이 되기도 한다.

자오면 순환 Meridional Overturning Circulation, MOC | 지구의 남북(자오선 방향)으로 움직이는 평균적인 해수의 흐름으로, 보통 대서양 자오면 순환 Atlantic Meridional Overturning Circulation, AMOC을 일컫는다. 대서양에서 북쪽으로 향하는 표층수와 남쪽으로 향하는 심층수를 이어주는 연직 순환을 말하는데, 이 대서양의 자오면 순환은 열염순환과 연관이 깊으며 전 지구 해수 순환인 해양 컨베이어 벨트 순환의 일부를 이룬다. 이 순환은 해양의 열 수송에 중요한 역할을 하며, AMOC는 기후 조절에 큰 영향을 미친다고 알려져 있다.

자율 수중 로봇 또는 무인 잠수정 Autonomous Underwater Vehicle, AUV | 선이 연결되어 있지 않고, 무인

으로 동작하여 물속을 비행하는 로봇. 해양 조사, 해양생태계 모니터링, 해저지형 탐사, 환경 모니터링 등 다양한 분야에 활용된다. 최신 AUV는 다양한 센서와 카메라를 장착해 수중 환경 자료를 실시간으로 수집하고 분석하는 데 활용된다.

전기전도도, 수온 및 수심 측정기 또는 수온염분측정기^{Conductivity-Temperature-Depth, CTD} | 조사선에서 케이블로 내리면서 전기적인 방법으로 바닷물의 전기전도도(염분으로 환산됨)와 수온을 수심별로 연속적으로 측정하는 장비. 해양물리에서 기본이 되는 관측 장비로, 그 외의 센서를 추가로 부착하여 용존산소, 클로로필, 탁도 등을 측정할 수도 있다. 흔히 영어의 머리글자를 따서 'CTD'라고 부른다. CTD는 로제트^{rosette}라는 니스킨^{Niskin} 채수 통 배열을 외부에 함께 장착해 운용할 수도 있다. 채수 통들은 특정 수심에서 뚜껑을 닫아 물을 채수하며, 채수된 해수 시료는 생화학적 분석에 이용하기도 한다.

지진해일^{tsunami} | 해저지진이나 화산 폭발, 해저 산사태 같은 지질학적 사건을 동반하는 해일을 말한다. 지진해일은 해안에 도달할 때 파고가 급격히 높아지며 내륙 깊숙이 침투가 가능하다. 지진해일은 일반 파도와는 다르게 예측이 어렵고, 발생 후 수 분에서 수십 분 내 육지에 도달할 수 있다.

진도^{intensity} | 지진이 일어났을 때 사람의 감지 정도나 지표면의 흔들림을 나타내는 상대적인 척도. 규모와 진도는 1 대 1 대응이 안 될 수도 있다. 진원, 진앙에 가까울수록 진도는 커지고, 멀어질수록 작아진다. 따라서 하나의 지진에 대해 여러 지역에서 규모는 동일하나 진도는 달라질 수 있다.

체류시간^{residence time} | 바닷물 속 특정 물질이 특정 해양 환경에 머무는 평균 시간을 의미한다. 바닷물 속 원소의 양과 이 원소의 유입(유출) 속도의 비로 정해진다.

탄소 펌프^{carbon pump} | 해표면에서 해양 심층으로 탄소를 운반하는 과정. 물리적 작용인 용해도 펌프^{solubility pump}와 해양 생물을 매개로 하는 생물 펌프^{biological pump}, 크게 두 가지가 있다.

탄소순환^{carbon cycle} | 탄소의 생성, 소비 그리고 저장소^{reservoir} 간 이동 과정을 말한다.

탄소중립 | 인간의 활동에 의한 온실가스 배출을 최대한 줄이고, 남은 온실가스는 흡수하거나 제거해서 실질적인 탄소 배출량이 '0'이 되는 개념이다. 배출되는 탄소와 흡수되는 탄소량이 같아서, 인간 활동에 의해 탄소가 더 증가하지 않도록 하여 탄소의 순 배출이 0이 되게 하는 것이다. 탄소중립을 '넷제로(Net-Zero)'라고 부르기도 한다. 우리나라 정부는 2020년 12월 '2050탄소중립추진전략'을 확정 발표했다(3대 정책 방향은 책임 있는 실천, 질서 있는 전환, 혁신 주도 탄소 중립·녹색 성장).

태풍^{typhoon} | 적도 부근의 열대 해상에서 발생하여 중심 최대 풍속이 초속 17미터 이상이며 폭풍우를 동반하는 열대성저기압. 발생 지역에 따라 다른 이름으로 불리는데, 북서태평

양에서 발생하여 우리나라 쪽으로 불어오는 것을 태풍이라고 부른다. 강한 바람과 폭우를 동반하여, 해양과 육지 생태계, 인프라에 큰 영향을 미친다.

파랑^{wave} | 바람에 의해 발생한 풍랑과 너울 등을 아울러 이르는 말.

프록시^{proxy} | 과거의 온도, 강수 등을 간접적으로 추정할 수 있게 하는 지시자. 프록시는 나이테, 산호, 빙하 코어, 퇴적물 샘플 등에서 얻을 수 있는 생물학적, 지질학적 지표로, 직접적인 관측 자료가 없는 과거 기후 정보를 재구성하는 데 중요한 역할을 한다.

해류^{current} | 바닷속에서 일정한 방향으로 움직이는 물의 흐름으로 바람, 바다의 염분과 온도 변화, 그리고 지구 자전 등의 의해 생성된다. 일반적으로 해류는 수직 방향보다는 수평 방향의 흐름을 설명할 때 주로 사용하며, 조석에 의한 주기적인 흐름인 조류와 구별된다.

해양 순환^{ocean circulation} | 해양에서 발생하는 지구 전체의 해수 움직임을 포함하는 과정으로, 대규모의 표층해류(예: 풍성순환)와 심층 순환(예: 열염순환)을 포함한다.

해양 혼합^{ocean mixing} | 해양에서 서로 다른 밀도를 가진 물이 섞이는 과정으로 바람, 조석, 내부파 등에 의해 일어난다.

해양심층수^{ocean deep water} | 흔히 접하는 음료(생수) 개념으로는 수심 200미터 이하의 바다에 존재하면서 수질의 안전성을 계속 유지할 수 있는 바닷물로, 수질 기준에 적합한 것을 말한다. 해양학에서는 저층수와 중층수 사이에 존재하는 해수를 의미한다. 대부분 표층에서 천천히 가라앉아 형성된 차갑고 염분이 높은 물로, 주로 극지방에서 생성된다고 알려져 있으며 수심 1000~4000미터에 분포하고 있다.

해양열파^{Marine Heat Waves, MHW} | 수일 또는 그 이상 지속되는 해수 온도의 극단 현상. 일반적으로 해당 지역의 90퍼센트 이상의 수온이 5일 이상 지속될 때 해양열파로 정의한다. 열파가 오래 지속될 경우 산호 백화현상, 해양 생물 대량 폐사 등 생태계 및 어업, 해양 레저 산업 등에 심각한 영향을 줄 수 있다.

해양열함량^{Ocean Heat Content, OHC} | 일정한 체적의 해수가 가지는 평균 수온의 변화에 밀접히 비례한다. 해양열함량은 해양 온난화를 포함한 기후변화를 연구하는 데 중요한 지표로 사용된다.

Part 2. 대기

가강수량^{total precipitable water} | 대기 연직 기둥의 수증기가 모두 비로 응결해 내리는 것을 가정

한 강수량. 강수로 내릴 수 있는 최대치의 양으로 실제 강수와는 차이가 있다.

결합모델^{coupled model} | 실제 지구의 대기는 해양, 지면, 해빙, 생물권 등과 상호작용하고 있으며 이러한 비선형적인 피드백을 모델에 반영해주어야 보다 더 장기적인 대기의 예측성을 확보할 수 있으며 그만큼 더 현실적인 모의가 가능해진다. 대기모델에 다른 요소의 모델을 접합시킨 모델을 결합모델이라고 하며 대기–해양–지면–해빙이 결합된 모델을 지구시스템모델이라고 한다.

경계조건^{boundary condition} | 수치예보모델의 경계에 입력되는 조건으로 전지구모델에서 육지의 지표 온도, 토양 수분, 거칠기길이, 해양의 해수면 온도 등의 바닥 경계 조건이 처방되며 일부 지역을 한정해서 모의하는 지역 모델은 영역 가장자리의 대기 상태인 측면 경계 조건이 추가로 처방된다.

규준 실험^{control run} | 분석의 기준이 되는 실험으로 대조군의 역할을 한다. 규준 실험에서 비교하고자 하는 요소를 변경하여 진행한 실험군과의 차이로 그 효과나 역할을 이해하는 데 활용된다.

극한호우^{extreme rainfall} | 시간당 50밀리미터 이상 및 3시간 누적 90밀리미터 이상의 강수 또는 시간당 72밀리미터 이상의 강수로 정의한다.

기압경도력^{pressure gradient force} | 두 지점 간의 기압 차로 생기는 힘으로, 고기압에서 저기압으로 바람이 부는 데 작용하는 힘이다.

기후정보포털 | 국민의 기후변화에 대한 이해를 증진시키고 관련 기관의 연구 결과 활용도를 높이고자 기상청 기후과학국에서 운영하는, 기후변화에 관한 종합적인 정보를 제공하는 사이트.

날씨누리 | 기상청 홈페이지.

날씨알리미 | 기상청 모바일 애플리케이션.

단열상승·하강^{adiabatic ascent/descent} | 공기덩어리가 외부와의 열교환 없이 운동하는 것을 단열과정^{adiabatic process}이라고 한다. 단열상승하면 주위의 기압이 낮아지며 공기덩어리가 외부로 일을 해 부피가 팽창되고 그만큼 내부 에너지가 감소하여 기온이 낮아지며 반대로 단열하강하면 주위의 기압이 높아지며 외부에서 공기덩어리에 일을 해 부피를 압축시키는데 그만큼 내부 에너지가 증가하여 기온이 상승한다.

대기 불안정^{atmospheric instability} | 공기덩어리의 고도에 따른 기온의 변화를 주변 대기와 비교하여 판단하는 상대적인 개념. 고도에 따라 낮아지는 기온의 기울기가 주변의 대기보다 커지면 그 공기덩어리는 불안정하며 반대로 기울기가 작아지면 그 공기덩어리는 안정하다고 보며 불안정한 대기는 상승 운동을 한다.

대기의 강^{atmospheric river, AR} | 대기 중에 축적된 많은 수증기가 편서풍과 제트기류를 따라서 마치 강처럼 좁고 길게 이동하면서 수증기를 수송하는 역할을 하며 엄청난 강수나 눈을 유발한다.

매든 줄리안 진동^{Madden–Julian Oscillation, MJO} | 인도양에서 시작한 적도 지역의 강한 대류 조직이 평균 초속 5미터의 속도로 동진하여 태평양을 건너 소멸되는 현상. 적도 지역에서 일어나는 행성 규모의 큰 파동으로 중위도 지역의 기상과 기후에 영향을 주며 30~60일의 주기를 가지기 때문에 예측에 활용할 수 있는 중요한 열대 지역 계절내 진동 현상.

몬순류^{monsoon flow} | 육지와 해양의 비열 차이로 계절에 따라 부는 바람으로 계절풍이라고도 한다.

변분법^{variational method} | 자료동화 기법 중 하나로 관측 자료와 모델 자료 사이의 최적의 균형점을 찾기 위해 수학적 최적화^{optimization}를 활용하는 방법.

분석장^{analysis} | 예측장에 관측 자료를 동화하여 관측에 가깝게 오차를 보정한 자료이며 다음 예측의 초기 조건으로 사용된다.

비열^{specific heat} | 단위질량당 1도를 높이는 데 드는 열에너지로, 물질의 특성에 따라 다르다.

세계기상기구^{World Meteorological Organization, WMO} | 국가의 경계가 없는 기상 및 기후 그리고 물순환과 관련해 193개 회원국과 영토의 국제적인 협력을 위한 UN 산하 국제기구. 회원국 간 실시간 또는 준실시간으로 자료, 정보, 서비스를 자유롭게 교환할 수 있게 지원과 인프라를 제공하며 6개 지역 협회(아프리카, 아시아, 남아메리카, 북아메리카·중앙아메리카·카리브 제도, 유럽)에서 해당 회원국을 지원하는 방식으로 운영된다.

섭동 | 모델과 관측과의 오차를 반영하여 모델분석장 또는 정상적인 물리과정의 변화를 계산한 후에 그 위에 추가로 부가하는 작은 값들.

스톰트랙^{storm track} | 중위도에서 대기 운동량, 열에너지, 수증기 등을 수송하는 지역. 온대저기압이 형성되고 지나가는 곳으로, 온대저기압은 뇌우나 강풍을 일으킨다.

CMIP^{Coupled Model Intercomparison Project} | 결합모델 상호 비교 프로젝트로서 기후변화 시나리오 산출 및 IPCC 보고서에서 제시하는 과학적 근거에 활용된다. 사전에 합의된 표준화된 시나리오와 실험 디자인에 따른 모델별 다양한 모의 결과를 바탕으로 객관적인 비교가 가능하며 미래 변화의 불확실성을 제시하는 기능을 한다.

아시아태평양경제협력체 기후센터^{Asia–Pacific Economic Cooperation Climate Center, APCC} | 아태기후센터라고도 한다. 아시아태평양경제협력체 회원국 합의로 2005년 부산에 설립된 기후 예측 전문 기관으로 아시아–태평양 지역 기후 정보의 중추적인 역할을 위해 최고 품질의 기후 예측 정보를 생산 및 제공한다.

IPCC Intergovernmental Panel on Climate Change | 기후변화에 관한 정부 간 협의체로 정책 입안자들에게 기후변화에 대한 과학적 정보를 제공하고 정책 방향 및 정부 간 협상의 근거 자료로 활용하고자 세계기상기구와 유엔환경계획이 1988년 공동 설립한 국제기구.

열대요란 tropical disturbance | 열대 또는 아열대 지역에서 형성된 비전선 형태의 조직화된 대류로 뇌우를 동반하며 이러한 형태가 하루 이상 지속된다.

열대저기압 tropical cyclone | 열대 또는 아열대 지역에서 형성된 비전선 형태의 저기압으로 잘 조직화된 깊은 대류와 함께 중상층에 온난핵을 가지고 하층에서는 반시계 방향의 수렴 및 상승이, 상층에서는 시계 방향의 발산이 일어나는 이차순환구조를 보인다. 열대저기압은 지상 10미터의 최대 풍속의 강도에 따라 열대폭풍 및 태풍·허리케인·사이클론으로 구분된다.

열대저압부 tropical depression | 열대요란이 더욱 조직화되고 발달되어 반시계 방향(북반구의 경우)으로 회전하는 저기압을 형성하고 중심부에서 강한 순환을 보여주며 지상 10미터의 최대 풍속이 초속 17.5미터 미만인 경우.

열대폭풍 tropical storm | 열대저압부가 더욱 발달하여 지상 10미터의 최대 풍속이 초속 17.5미터 이상이면서 태풍 강도(최대 풍속이 33m/s 이상) 전 단계로 이때부터 열대저기압에 속하며 이름이 부여된다.

예보 가이던스 | 수치예보 결과를 후처리하여 예보관이 활용하기 적합하게 만든 자료. 수치예보 결과를 실제 지형에 맞게 보정하거나 수치예보에서 직접 생산되지 않는 하늘 상태, 강수 형태 등을 관측 자료와 경험식을 활용해 통계적으로 보정해 만든 예측 자료.

예측장 forecast | 수치예보모델이 예측한 결괏값.

우기 rainy season | 비가 많이 오는 기간을 의미하며 열대 지역에서는 비가 오는 시기와 아닌 우기와 건기로 뚜렷하게 구분되어 사용되나 우리나라에서는 여름철을 시작으로 다른 계절에 비해 비가 많이 오는 기간으로 볼 수 있으며 장마를 1차 우기라고도 본다.

워커순환 Walker circulation | 적도 태평양 지역 동서 기압 차이로 발생하는 대규모의 2차순환장으로 하층의 동풍과 상층의 서풍 및 동쪽의 하강기류 서쪽의 상승기류가 평년 상태의 모습이며 엘니뇨 시기에는 약화가 라니냐 시기에는 강화가 되는 구조다.

원격상관 teleconnection | 먼 거리로 떨어진 두 지역 간의 기상 및 기후가 유의한 관계를 가지는 현상.

웜풀 warm pool | 적도 태평양 지역 무역풍에 의해 따뜻한 해수가 서쪽에 쌓이는 적도 서태평양 지역.

ECMWF IFS HRES European Centre for Medium-Range Weather Forecasts Integrated Forecast System High-Resolution

^{Forecast} | 유럽중기예보센터 통합예측시스템(고해상도 예측 9킬로미터).

ERA5 ^{ECMWF Reanalysis v5} | 1940년부터 현재까지 기간으로 생산되고 있는 ECMWF 5세대 전 지구 기후 재분석자료.

인도양 쌍극진동 ^{Indian Ocean Dipole, IOD} | 인도양에서 대기-해양 상호작용으로 발생하는 엘니뇨 남방진동과 같은 현상. 가을이 최성기이며 양의 상태는 해수면 온도가 동인도양에서는 평년보다 낮고 서인도양에서는 평년보다 높은 모습이고 음의 상태는 그 반대다.

자료동화 ^{data assimilation} | 모델의 예측장에 관측 자료를 동화시켜 오차를 보정하고 다음 예측을 위한 고품질의 초기 조건인 분석장을 생산하는 과정.

잠열 ^{latent heat} | 상변화에 의해 방출되거나 흡수되는 열로 비가 내리면 대기 중 수증기가 물로 응결되면서 대기 중에 열을 방출하게 된다. 열대 지역의 많은 강수는 대기 중층에 잠열을 방출하게 되고 이것이 강제력으로 작용하여 대기의 순환을 바꿀 수 있다.

장마 ^{Changma} | 여름철 계속해서 오는 비 또는 그 기간을 일컫는 익숙한 개념으로 기상학적으로는 정체전선 또는 전선을 동반한 온대저기압에 의해 시작된 강수가 한 달가량 지속되는 현상. 최근에 증가된 변동성으로 장마의 시작과 종료가 불명확해짐에 따라 장마라는 용어가 적절한가에 대한 논의가 이루어지고 있다.

재분석자료 ^{reanalysis} | 예측 이후에 더 많이 획득된 고품질의 관측 자료를 분석장에 자료동화하여 다시 수치계산을 수행한 것으로 최신의 수치예보모델과 자료동화 시스템을 장기간에 걸쳐 일관되게 적용하여 생산된 신뢰도 높은 자료. 기후 연구에서 주로 참값으로 활용된다.

중기예보 ^{medium-range} | 3일부터 10일까지의 예보.

지균풍 ^{geostrophic wind} | 기압경도력에 의해 고기압에서 저기압으로 바람이 불 때 코리올리힘에 의해 북반구(남반구)에서 오른쪽(왼쪽)으로 편향되는데 이때 두 힘이 균형을 이루게 되면서 등압선에 나란히 부는 바람.

지위고도 ^{geopotential height} | 해수면에서 특정한 고도까지 단위질량당 들어 올리는 일인 지오퍼텐셜을 해수면에서의 중력가속도로 나눈 값으로 고도에 따라 중력이 달라지는 것을 고려한 고도.

지향류 ^{steering flow} | 개별 태풍의 특성에 따라 다르지만 보통 대기 중하층의 연직 평균된 바람으로 열대저기압의 움직임을 좌우하는 태풍 주변의 주된 바람.

집중호우 ^{heavy rainfall} | 시간당 30밀리미터 이상 또는 하루에 80밀리미터 이상 혹은 연 강수량의 10퍼센트 정도에 해당하는 비가 하루 동안 내릴 때로 정의한다.

차세대수치예보모델개발사업단 ^{Korea Institute of Atmospheric Prediction Systems, KIAPS} | 1단계 사업으로 수

행된 한국형수치예보모델 개발 이후의 2단계 사업으로, 2026년까지 한국형수치예보모델 고도화 작업을 목표로 한다.

초기 조건 initial condition | 수치예보모델의 예측에 필요한 현재의 대기 상태를 최적으로 표현한 초기값.

초단기예보 nowcasting | 실황부터 6시간 이내 기상 상황 예보.

코리올리힘 Coriolis force | 지구 자전으로 생기는 겉보기 힘으로, 전향력이라고도 한다. 위도에 따라 지구자전축에 대한 반지름이 달라지는데 이때 각운동량을 보존하기 위해 회전하는 속도가 바뀌며 회전하는 계에서 느껴지는 관성력. 북반구에서는 움직이는 방향의 오른쪽으로 남반구에서는 왼쪽으로 편향되게 작용한다.

콜드텅 cold tongue | 적도 태평양 지역 무역풍에 의한 용승으로 차가운 해수가 올라오는 적도 동태평양 지역.

퍼센타일 percentile | 퍼센트와는 다른 개념으로, 전체 샘플에서 몇 번째 위치하는지를 나타내는 개념.

편서풍 westerlies | 중위도에서 서에서 동으로 우세하게 부는 바람. 동에서 불어오는 동풍, 서에서 불어오는 서풍과 같이 바람의 이름은 바람이 불어오는 쪽을 기준으로 한다.

평년 normal or climatology | 기후와 동일하게 사용되며 보통 30년에 걸친 장기간의 평균을 말한다.

한국형수치예보모델 Korea Integrated Model, KIM | 위험기상이 증가함에 따라 한반도의 기후와 지형에 최적화된 자체 개발 수치예보모델의 개발 필요성이 대두되었다. 2011~2019년 동안 국내 연구진의 노력으로 개발된 KIM을 통해 한국은 세계 아홉 번째 자체 수치예보모델 보유국이 되었다.

호우 세포 | 비구름대 속에서 호우를 형성하는 작은 구름덩이. 수명은 2~3시간 정도며 크기는 3~5킬로미터로 국지성 호우를 일으키는 원인.

Part 3. 지질

가수분해 hydrosis | 물질을 이루고 있는 큰 분자가 물의 수소 이온($H+$)과 반응하여 작은 분자 또는 이온 단위로 분해되는 화학반응. 암석이 가수분해에 의한 화학적 풍화를 받으면 변질되어 깨어지기 쉽게 약해지며, 부산물로 2차 광물인 점토광물 clay minerals이 만들어진다.

각운동량 보존 conservation of angular momentum | 회전하는 물체에 외부 힘이 가해지지 않는 한 각운동량 angular momentum이 항상 일정하게 유지되는 것. 각운동량은 회전운동하는 물체의 운동

량(질량×속도)에 회전축으로부터의 거리를 곱한 벡터량이다.

고지자기 paleomagnetism | 지질시대 생성된 암석의 잔류 자기. 암석이 생성되던 당시에 지닌 자성은 시간이 지나도 계속 유지되기 때문에 고지자기 기록은 대륙이 이동한 경로 정보를 제공한다.

규암 quartzite | 사암이 접촉 또는 광역 변성작용을 받아 만들어진 조립질 변성암으로, 사암을 이루고 있던 작은 석영 입자들이 재결정되어 입상 조직을 보인다. 매우 단단한 경도를 보이며, 광택이 있고 담색~흑색을 띤다.

글레이화 gleization | 토양 내 산소 공급이 차단되어 적갈색의 삼산화철(Fe_2O_3)이 청회색의 산화철(FeO)로 환원되는 현상. 이로 인해 토양이 회빛으로 변한다.

노두 outcrop | 지층이 식물이나 토양으로 덮이지 않고 지표면에 직접 노출되어 있는 부분. 산이나 바다 절벽, 강가, 도로변, 채석장 등에서 볼 수 있으며, 해당 지역의 지층을 이루고 있는 암석의 배열이나 구조(암상) 관찰에 유리하다.

단사정계 monoclinic system | 3개의 축이 서로 다른 길이와 각도를 보이는 결정계. 4면은 직사각형, 2면은 평행사변형으로 이루어져 사각 기둥 형태의 결정형을 보인다.

단층 fault | 지각이 깨져 만들어진 균열. 단층면을 기준으로 상반이 하반 아래로 미끄러져 내려간 단층을 정단층 normal fault, 상반이 하반 위로 밀려 올라간 단층을 역단층 reverse fault 이라 한다. 정단층은 인장력에 의해 지각이 멀어지거나 늘어나는 발산경계의 열곡에서 자주 발견되며, 지각이 가까워지거나 압축되는 수렴경계에서는 횡압력에 의한 역단층이 관찰된다. 반면, 수직적인 움직임 없이 수평으로 미끄러지며 이동하는 단층을 주향이동단층 strike-slip fault 이라 하는데, 주향이동단층은 보존경계에서 흔히 나타난다.

대리암 marble | 석회암, 특히 백운석 dolomite 이 우세한 백운암이 접촉 또는 광역변성작용을 받아 만들어진 조립질 변성암으로, 주로 백색을 띠며 조각이나 건축 석재로 흔하게 사용된다. 재결정 작용에 의해 석회암 내 화석이나 미세 구조는 사라지고 불순물에 의한 마블링 무늬를 보인다.

라니냐 La Niña | 적도에 부는 바람인 무역풍이 평년보다 강해져 서태평양에는 고수온, 동태평양에는 저수온 구조가 만들어지는 현상으로, 대기 순환을 변화시켜 지구 곳곳에 다양한 이상기후를 일으킨다.

라테라이트화 laterization | 토양 내 철과 알루미늄이 집적되는 현상. 가용성 물질인 규산염 및 염류(칼슘, 마그네슘, 포타슘, 소듐 등)가 빗물에 녹아 제거(용탈)되고, 철과 알루미늄 산화물만 남아 토양이 전반적으로 붉어지게 된다.

만유인력 universal gravitation | 질량을 가진 물체가 서로 끌어당기는 힘. 힘의 크기는 물체의 질량

에 비례하고, 두 물체 간 거리의 제곱에 반비례한다.

몬순^{monsoon} | 계절에 따라 방향이 바뀌는 바람으로, 계절풍이라고도 한다. 크게 대륙과 해양 간 온도 차이와 지구 자전 효과에 의해 발생하며, 중위도 지역에 주기적인 강수 패턴을 만든다. 가령, 여름철에는 해양에서 대륙으로 고온 다습한 바람이 불어와 많은 비를 내리고, 겨울철에는 대륙에서 해양으로 저온 건조한 바람이 불어 건조한 날씨를 형성한다.

무역풍^{trade winds} | 태양복사에 의해 가열된 지구가 자전하면서 만드는 대규모 대기 순환 중 저위도(0~30도)에 해당하는 대기 흐름으로, 중위도고압대에서 적도저압대를 향하는 바람이다. 북반구에서 북동풍, 남반구에서는 남동풍의 비교적 일정한 바람이 분다.

방해석^{calcite} | 탄산칼슘에 의해 만들어지는 가장 대표적인 광물로, 육방정계의 결정구조로 이루어져 있다. 퇴적암인 석회암과 그것의 변성암인 대리암에서 주로 관찰된다.

벽개^{cleavage} | 광물이 특정 방향으로 쪼개지는 성질. 광물의 결정구조상 약한 결합을 이루고 있는 면을 따라 발생하며, 결정구조에 따라 달라지기 때문에 광물 식별 및 분류의 기준이 된다.

변성작용^{metamorphism} | 암석이 높은 열과 압력에 의해 물리적, 화학적 성질이 변하여 기존 광물의 조성과 조직이 달라지는 현상. 고체 상태에서의 광물 변화가 특징이며, 변성작용으로 만들어지는 암석을 변성암^{metamorphic rock}이라 한다.

보우엔의 반응계열^{Bowen's reaction series} | 마그마가 냉각될 때 광물들이 정출되는 과정을 나타낸 분별정출 모델.

복사^{radiation} | 열에너지의 전달 방식 중 하나로, 매개 물질 없이 전자기파 형태로 에너지를 전달하는 것. 절대온도 0도 이상의 모든 물체는 복사를 통해 에너지를 방출하며, 이때 방출되는 복사에너지의 양과 파장은 물체 온도에 따라 달라진다. 가령, 뜨거운 태양은 자외선과 가시광선 그리고 적외선을, 상대적으로 차가운 지구는 주로 적외선에 해당하는 복사에너지를 방출한다.

북태평양고기압^{north Pacific anticyclone} | 북태평양기단에서 만들어지는 고온 다습한 해양성 고기압으로, 한반도 여름 날씨에 지배적인 영향을 미치고 있다. 여름철 세력을 확장해 북상했다가 이후 점차 남하하는 경향을 보인다.

분별정출 작용^{fractional crystallization} | 마그마 냉각 과정에서 용융점이 높은 광물부터 차례로 정출돼 분리되는 현상. 이때 마그마는 정출 광물의 성분 제거로 인해 초기 마그마 상태에서 점진적인 성분 변화를 겪는다.

불의 고리^{ring of fire} | 지구에서 발생하는 주요 지진 및 화산활동이 밀집된 지역으로, '환태평양 조산대^{circum-Pacific belt}'라고도 한다. 태평양 경계를 따라 위치한 수렴경계 섭입대들과 보존

경계인 산 안드레아스 단층을 포함해 태평양 외곽을 둥글게 둘러싼 모양이다. 전 세계 지진 중 약 90퍼센트, 활화산에 의한 화산활동 75퍼센트가 불의 고리에서 발생하고 있다.

사방정계orthorhombic system | 3개의 직교하는 축을 가진 결정계로, 각 축의 길이가 서로 다른 직사면체 결정형.

산화oxidation | 물질이 산소와 결합하며 일어나는 화학반응으로, 암석은 공기 중 산소에 의한 산화로 화학적 풍화를 받는다. 이로 인해 암석 내 금속 광물은 붉고 어두운 산화철 광물로 변질된다.

석회화calcification | 토양 내 탄소 성분이 빗물 또는 지하수에 녹아 운반되다가 물이 증발하거나 이산화탄소의 분압 감소로 심토에 탄산칼슘으로 침전되는 현상.

아라고나이트aragonite | 탄산칼슘으로 이루어진 방해석의 동질이상 광물. 사방정계의 결정구조를 가지며 지표의 낮은 온도와 압력 조건에서 불안정하기 때문에 다른 광물로 쉽게 치환된다.

알베도albedo | 물체 표면이 태양 복사에너지를 반사하는 비율로, 0에서 1 사이의 값으로 나타낸다. 알베도가 1에 가까울수록 더 많은 복사에너지를 반사하고, 이로 인해 표면 온도가 낮아지는 경향을 보인다. 반면, 알베도가 0에 가까우면 복사에너지를 거의 반사하지 않고 대부분 흡수해 표면 온도가 상승한다. 알베도에 따른 기온 변화는 기후 형성에 중요한 역할을 한다.

양의 피드백positive Feedback | 시스템의 변화가 더 큰 변화를 촉진하는 과정. 가령, 지구온난화로 인해 지표 얼음이 감소하면 지구는 더 많은 태양 복사에너지를 흡수하게 되어 기온 상승이 가속화되는데, 이를 양의 피드백이 일어난다고 한다.

열곡rift | 발산경계에서 만들어진 평행한 두 단층 사이 골짜기. 새로운 지각이 형성되는 초기 단계로, 대표적인 장소에는 동아프리카 열곡대가 있다.

열점hot spot | 뜨거운 마그마가 분출해 굳어진 곳. 마그마가 분출되는 지점은 일정하지만 그 위 판이 움직이기 때문에 궤적을 보이며 만들어진다. 따라서 이러한 열점의 흔적은 과거 판의 이동방향 및 속도에 관한 직접적인 정보를 제공한다.

염류화salinization | 빗물이나 지하수에 녹아 있던 가용성 염류 즉 염화소듐($NaCl$), 질산소듐($NaNO_3$), 황산칼슘($CaSO_4$), 질산칼슘($CaNO$), 염화칼슘($CaCl$)이 강한 증발에 의해 토양 표면에 집적되는 현상.

용융melting | 고온 환경에서 고체 상태 물질이 액체 상태로 변화하는 현상. 용융이 일어나는 온도를 용융점melting point이라 하며, 용융점은 물질의 성분에 따라 달라진다.

용융체melt | 지구 내부의 고온 환경에서 암석이 녹아 생성된 뜨거운 액체 상태 물질. 대개 마

그마를 의미하며, 지표로 분출될 경우 용암^{lava}이라 부른다. 냉각 속도와 환경에 따라 다양한 화성암이 만들어진다.

원심력^{centrifugal force} | 관성 효과의 일종으로, 원운동하는 물체가 중심으로부터 멀어지려 하는 가상의 힘. 대기와 해양, 고체 지구는 지구 자전에 의한 원심력의 영향을 받는다.

유문암^{rhyolite} | 규장질 마그마가 지표에서 급격히 냉각되어 만들어진 비현정질 또는 반상 조직 암석. 석영과 정장석, Na-사장석, 흑운모를 주요 광물로 하며, 유리질~은미정질 석기를 포함한다.

입방정계^{cubic system} | 3개의 직교하는 축을 가진 결정계로, 모든 축의 길이가 같은 정육면체 결정형.

저탁류^{turbidity current} | 대륙사면을 넘어 해저에서 일어나는 퇴적 현상의 주요 기작으로, 퇴적물을 다량 함유한 물의 이동이다. 대륙붕에 퇴적물이 많이 쌓여 안식각을 넘어가거나, 폭풍이나 지진에 의해 퇴적체가 흔들리면 퇴적물은 물과 섞여 점성유체인 저탁류의 형태로 대륙사면 아래로 운반된다. 저탁류의 머리는 바닥을 깎으며 이동하는데, 이러한 머리부의 침식은 몸체에 새로운 퇴적물을 공급함으로써 저탁류가 멀리까지 이동할 수 있도록 돕는다. 저탁류에 의해 만들어진 퇴적암을 저탁암^{turbidite}이라 하며, 이동 중 에너지가 소실되며 무거운 입자부터 순차 퇴적되기 때문에 상향세립화 구조인 점이층리^{graded bedding}를 특징으로 한다. 깊은 심해에선 밀도 차이에 의해 발생한 난류가 저탁류를 만들기도 한다.

전단대^{shear zone} | 평행하게 위치한 물체가 서로 반대 방향으로 이동할 경우 층밀리기^{shear}에 의한 전단응력^{shear stress}이 발생하는데, 이러한 전단응력이 집중된 단층대.

정체전선^{stationary front} | 기단과 기단이 만나는 지점에는 전선^{front}이 형성되는데, 두 기단의 세력이 비슷하여 전선이 이동하지 못하고 한곳에 오래 머물러 있는 경우를 말한다. 한반도의 장마는 일반적으로 북태평양기단과 오호츠크해기단 사이 형성된 정체전선에 의해 일어난다.

조산운동^{orogeny} | 산맥이 형성되는 지각변동. 주로 수렴경계의 대륙지각 충돌에 의해 발생하며, 횡압력을 받아 휘어진 지층이 높은 습곡^{folding}산맥을 만든다.

중성질암^{intermediate rock} | 고철질과 규장질의 중간 성분인 중성질 마그마가 굳어져 만들어진 암석으로, 사장석과 하나 이상의 고철질 광물을 포함한다. 지하에서 천천히 굳어질 경우 입자 크기가 큰 섬록암^{diorite}, 지표에서 급격히 냉각될 경우 입자 크기가 작거나 반상 조직 및 유리질~미정질 석기를 보이는 안산암^{andesite}이 만들어진다.

증발암^{evaporite} | 해수나 담수가 증발하면서 침전한 광물로 이루어진 암석. 주로 석고^{gypsum}와 석고가 탈수된 경석고^{anhydrite}, 암염^{halite}을 포함한다. 증발암은 사막이나 호수 퇴적물 표면

또는 퇴적물 내 공극에 증발암 광물이 침전되면서 만들어진다.

지구타원체ellipsoid | 위도에 따른 중력 차이를 고려해 수학적으로 정의한 지구의 모양으로, 적도 부분이 약간 부풀어 있는 타원체이다. 이때, 지구의 밀도는 균일하다고 가정했다.

지오이드geoid | 물체가 중력장 내 가지는 위치에너지인 중력퍼텐셜graviational potential이 같은 지점을 연결한 가상의 표면을 등퍼텐셜면이라 할 때, 평균해수면에 해당하는 등퍼텐셜면. 물체의 질량에 비례하기 때문에 위경도에 따른 지표 및 지구 내부의 밀도 차이를 반영하고 있다.

천발지진shallow-focus earthquake | 지표면으로부터 70킬로미터 이내 깊이에서 발생한 얕은 지진으로, 감지하기 쉬우나 진원지가 얕아 피해가 크다. 300킬로미터 이상 깊이에서 발생하는 경우 심발지진deep-focus earthquake이라 하며, 이는 섭입대에서 주로 발생한다.

탄산염 대지carbonate platform | 탄산칼슘의 활발한 침전으로 탄산염 퇴적물이 다량 퇴적되는 지대. 주로 따뜻하고 얕은, 그리고 투명도 높은 바다일수록 해수가 탄산염으로 과포화되어 있기 때문에 저위도 바다에서 주로 관찰된다.

탄산염 보상심도carbonate compensation depth, CCD | 탄산칼슘 침전이 일어나지 않는 깊이의 수심. 일반적으로 바다는 탄산염에 대해 용해율보다 공급률이 더 높은 과포화 상태로, 자연 상태에서 탄산칼슘 침전이 일어나지만 심해에서는 그 비율이 역전되어 침전이 일어나지 않거나 오히려 용해되는 지점이 발생한다.

토양 기원 석회암pedogenic carbonate | 토양 내 탄산칼슘이 지속적으로 침적되어 만들어지는 석회암. 주로 아건조 기후에서 빗물과 지하수의 반복된 건습으로 생성된다. 일반적으로 석회암은 바다 환경을 지표하지만, 토양 기원 석회암의 경우 과거 그곳이 육상 환경이었음을 나타낸다. 암석 내 탄산칼슘층으로 이루어진 식물 뿌리 흔적이 흔하게 관찰된다.

트래버틴travertine | 온천 내 열수 기원 탄산칼슘이 침전되어 만들어진 담수 석회암. 탄산칼슘 광물인 방해석과 아라고나이트로 이루어져 백색 또는 밝은 담황색을 띤다.

편서풍westerlies | 중위도(30~60도)에서 발생하는 대규모 대기 순환으로, 기압경도력과 전향력 사이 평형을 유지하며 서쪽으로 부는 큰 규모의 바람이다.

포드졸화podsolization | 유기산에 의해 용해된 철과 알루미늄이 용탈 작용에 의해 심토에 집적되고, 철과 알루미늄을 잃은 표토는 회백색으로 밝게 표백되는 현상.

해구trench | 섭입대에 형성된 움푹 꺼진 지형으로, 지각판의 섭입 과정에서 발생한 불연속면. 수렴경계에서 무거운 해양판이 대륙판 또는 상대적으로 가벼운 해양판 아래로 섭입하면 경계를 따라 깊은 해구가 만들어지고, 큰 지진과 화산활동이 빈번히 발생한다.

해령oceanic ridge | 맨틀 플룸 상승에 의해 발산경계의 지각판이 들어 올려져 형성된 해저산맥.

판 경계를 따라 지속적으로 새로운 해양지각이 만들어진다.

현무암^{basalt} | 고철질 마그마가 지표에서 급격히 냉각되어 만들어진 비현정질 암석으로, 해양지각을 이루고 있는 대표적인 암석이다. 현무암은 크게 두 가지로 나눌 수 있는데, 소듐 함량이 적은 Ca-사장석과 휘석, 자철석, 석영을 주로 포함하여 상대적으로 알칼리 함량이 낮은 경우 솔레아이틱 현무암^{tholeiitic basalt}, 소듐 함량이 높은 알칼리 장석과 휘석, 감람석을 특징으로 하는 경우 알칼리 현무암^{alkali basalt}이라 한다.

호상열도 ^{island arc} | 섭입대를 따라 발생한 화산활동에 의해 만들어진 섬으로, 호를 그리며 배열된 섬들의 집합체.

혼펠스 ^{hornfels} | 마그마 관입에 의해 셰일이 열변성을 받으며 만들어진 치밀하고 단단한 암석으로, 세립질 변성암이다. 높은 경도로 인해 깨어진 모습이 모난 뿔^{horn} 같다고 하여 붙여진 이름이다.

환원^{reduction} | 산소가 제거되는 화학반응. 산소가 부족하거나 차단된 환경에서 일어나며, 물질이 산소를 잃고 산화되기 전 상태로 돌아간다.

참고 자료

Part 1. 해양

도서
손진태, 〈해수가 짠 이유〉, 《조선민담집(朝鮮民譚集)》, 1932

John A. Knauss. (2005). *Introduction to physical oceanography*, Waveland Pr Inc

찰스 H. 랭무어, 월리 브로커, 이동섭, 《생명을 품은 행성》, 부산대학교출판문화원, 2022

Curtis Ebbesmeyer, Eric Scigliano. (2010). *Flotsametrics and the Floating World: How One Man's Obsession with Runaway Sneakers and Rubber Ducks Revolutionized Ocean Science*, Harper Perennial

보고서
해양수산부, 〈제3차 해양심층수 기본계획〉, 2019

해양수산부, 〈제4차 해양심층수 기본계획〉, 2024

국립수산과학원 기후변화연구과, 〈한반도 주변해역 해양열파 시공간분포 및 생태계에 미치는 영향 연구(과업지시서)〉, 2020

한국해양과학기술원, 〈국가R&D연구보고서 한국해 해양열파 특성 및 변동성〉, 2023

한국해양과학기술원, 〈차세대 관측기법을 활용한 한반도 주변해의 생물학적 탄소순환 연구과제 기획보고서〉

심원준 외, 〈국가R&D연구보고서 미세플라스틱에 의한 연안환경 오염 연구 보고서〉, 2015

홍상희 외, 〈해양 미세플라스틱에 의한 환경위해성 연구 보고서〉, 2021

논문
박연숙, 〈바닷물이 짠 이유 설화의 한일 비교〉, 《구비문학연구》 38, 2014, pp.209~250

Curtis C. Ebbesmeyer, W. James Ingraham Jr. (1994). Pacific Toy Spill Fuels Ocean Current Pathways Research, *EOS, 75*(37). https://doi.org/10.1029/94EO01056

Bertrand Delorme and Yassir Eddebbar, *Ocean Circulation and Climate: an Overview.* ocean-climate.org

이호준, 남성현, 〈기후변화에 따른 동해 심층 해수의 물리적 특성 및 순환 변화 연구〉, 《한국해양학회》 28(1), 2023

변상신, 김경옥, 〈조선왕조실록에 기록된 1741년 쓰나미 영향 연구〉, 《한국해안·해양공학회논문집》 33(1), 2021, pp.30~37

손동효, 박순천, 이준환, 문광석, 김현승, 이덕기, 〈지진해일 시나리오 DB에 기반한 동해안 지진해일 위험 지역 분류〉, 《한국방재학회논문집》 18(3), 2018, pp.303~310

L. Cheng., et al. (2022). Past and future ocean warming. *Nature Reviews Earth & Environment*, 3. pp.776~794

T. Knutson., et al. (2019). Tropical Cyclones and Climate Change Assessment: Part I: Detection and Attribution. *Bulletin of the American Meteorological Society*, 100(10). https://doi.org/10.1175/BAMS-D-18-0189.1

T. Knutson., et al. (2020). Tropical Cyclones and Climate Change Assessment: Part II: Projected Response to Anthropogenic Warming. *Bulletin of the American Meteorological Society, 101*(3). https://doi.org/10.1175/BAMS-D-18-0194.1

Kang, S.K., et al. (2024). The North Equatorial Current and rapid intensification of super typhoons. *Nature Communications, 15*

권은영, 조양기, 〈해양 생물 펌프가 대기 중 이산화탄소에 미치는 영향 그리고 기후변동과의 연관성〉, 《한국해양학회》 18(4), 2013

Kim M.K. (2021). Sediment Trap Studies to Understand the Oceanic Carbon Cycling: Significance of Resuspended Sediments. *The Sea Journal of the Korean Society of Oceanography, 31*. pp.145~166

Tim DeVries. (2022). The Ocean Carbon Cycle. *Annual Review of Environment and Resources, 47*

박영규, 〈기후 변화와 해양 열염분 순환〉, 《한국기상학회》 15(1), 2005

Kang Sujin. (2024). Research Trends on the Organic Carbon Cycle in Estuarine Environment in South Korea. *Ocean and Polar Research*, 46(1). https://doi.org/10.4217/OPR.2024003 2024

D. Crisp, et al. (2022). How Well Do We Understand the Land-Ocean-Atmosphere Carbon Cycle? *Reviews of Geophysics, 60*(2). https://doi.org/10.1029/2021RG000736

김재연 외, 〈상자 모형으로 추정한 동해의 생물 펌프〉, 《한국해양학회지》 8(3), 2003

L. Lebreton, et al. (2018). Evidence that the Great Pacific Garbage Patch is rapidly accumulating plastic. *Scientific Reports, 8*

L.C. Jenner, et al. (2022). Detection of microplastics in human lung tissue using μ FTIR spectroscopy. *Science of the Total Environment, 831*, https://doi.org/10.1016/j.scitotenv.2022.154907

R. Hurley, et al. (2018). Microplastic contamination of river beds significantly reduced by catchment-wide flooding. *Nature geoscience, 11*

R. Davis, et al. (2019). 100 Years of Progress in Ocean Observing Systems. *Meteorological Monographs, 59*(1), https://doi.org/10.1175/AMSMONOGRAPHS-D-18-0014.1

남성현 외, 〈글로벌 무인해양관측 네트워크 현황과 전망〉, 《한국해양학회》 19(3), 2014

기사

David L. Chandler, The ocean's hidden waves show their power, *MIT News*, January 8, 2014

정두용, 〈한국 수온, 지구 평균보다 2.5배 더 올라… 양식업만 2300억원 피해〉, 《이코노미스트》, 2023년 10월 1일 자

이근영, 〈동해는 '온실가스 삼키는 하마'〉, 《한겨레》, 2007년 2월 12일 자

서동균, 〈호주 산불·아프리카 메뚜기 떼' 불러온 인도양 쌍극자의 미래는?〉, 《SBS뉴스》, 2024년 4월 4일 자

홍성, 〈"태안 기름유출 사고 10년 생태계 원상회복됐다"〉, 《연합뉴스》, 2017년 12월 7일 자

웹사이트

'바닷물이 짠 이유.' 한국민족문화대백과사전, 2025년 2월 3일, url: https://encykorea.aks.ac.kr/Article/E0020463

'Why is the ocean salty?' NOAA National Ocean service, February 3, 2025, url: https://oceanservice.noaa.gov/facts/whysalty.html

'[궁금한S] 바다는 왜 짜고, 푸른색일까?··· 과학으로 풀어보는 바다의 신비.' YTN사이언스, 2025년 2월 3일, url: https://m.science.ytn.co.kr/program/view.php?mcd=0082&key=202012111643366335

'Lecture 12: What Controls the Composition of River Water and Seawater.' February 3, 2025, url: http://ocean.stanford.edu/courses/bomc/chem/lecture_12.pdf

'Lecture 3: Temperature, Salinity, Density and Ocean Circulation.' February 3, 2025, url: http://ocean.stanford.edu/courses/bomc/chem/lecture_03.pdf

'Early Determination of Salinity: from Ancient Concepts to Challenger Results.' February 3, 2025, url: https://salinometry.com/early-determination-of-salinity-from-ancient-concepts-to-challenger-results/3/

'OCN 201 Salinity and the Composition of Seawater.' February 3, 2025, url: https://www.soest.hawaii.edu/oceanography/courses_html/OCN201/instructors/Mottl/Fall2014/Salinity_mottl.pdf

'AR6 Synthesis Report: Climate Change 2023.' IPCC, February 3, 2025, url: https://www.ipcc.ch/report/sixth-assessment-report-cycle/

'The Global Bottled Water Market: Expert Insights & Statistics.' Market Reserch.com, February 3, 2025, url: https://blog.marketresearch.com/the-global-bottled-water-market-expert-insights-statistics

'Physical and Optical Structures in the Upper Ocean of the East (Japan) Sea.' Office of Naval Research, February 3, 2025, url: http://jes.apl.washington.edu/profiling_summ.html

'Waves Above and Below the Water.' NASA earth observatory, February 3, 2025, url: https://earthobservatory.nasa.gov/images/87519/waves-above-and-below-the-water

'Internal-wave cooling: hope for coral reefs.' Ocean Ecol, February 3, 2025, url: https://www.oceanecol.com/?p=1484

'지진해일.' 온라인 지진 과학관, 2025년 2월 3일, url: https://www.kma.go.kr/eqk_pub/bbs/faq.do;jsessionid=62EE76BC68A783AFE1B14F25A23CB330?fmld=2

'Tsunamis and Tsunami Hazards.' USGS, February 3, 2025, url: https://www.usgs.gov/special-topics/water-science-school/science/tsunamis-and-tsunami-hazards

'Famous freak wave recreated in lab mirrors Hokusai's 'Great Wave'.' University of OXFORD, February 3, 2025, url: https://www.ox.ac.uk/news/2019-01-23-famous-freak-wave-recreated-lab-mirrors-hokusai%E2%80%99s-%E2%80%98great-wave%E2%80%99

'Banknotes, The Bank's Treasury Funds and JGS Services.' Bank of Japan, February 3, 2025, url: https://www.boj.or.jp/en/note_tfjgs/note/n_note/index.htm

'AR6 Synthesis Report: Climate Change 2023.' IPCC, February 3, 2025, url: https://www.ipcc.ch/report/sixth-assessment-report-cycle/

'Global Warming of 1.5 °C.' IPCC, February 3, 2025, url: https://www.ipcc.ch/sr15/

'Joint KIOST-NOAA Indian Ocean Cruise Establish New RAMA Mooring Sites.' PMEL, February 3, 2025, url: https://www.pmel.noaa.gov/news-story/joint-kiost-noaa-indian-ocean-cruise-establish-new-rama-mooring-sites

'Indian Ocean-RAMA.' Global Tropical Moored Buoy Array, February 3, 2025, url: https://www.pmel.noaa.gov/gtmba/pmel-theme/indian-ocean-rama

'Station RAMA-K Data.' Global Tropical Moored Buoy Array, February 3, 2025, url: https://www.pmel.noaa.gov/tao/drupal/rama-k/

'대한민국 정책브리핑.' 2025년 2월 3일, url: www.korea.kr

'Iron Fertilization.' Woods Hole Oceanographic Institution, February 3, 2025, url: https://www.whoi.edu/know-your-ocean/ocean-topics/climate-weather/ocean-based-climate-solutions/iron-fertilization/

'허베이스피릿호 원유유출사고.' 행정안전부 국가기록원, 2025년 2월 3일, url: http://www.archives.go.kr/next/newsearch/listSubjectDescription.do?id=009324&sitePage=

'What is the Great Pacific Garbage Patch?' NOAA National Ocean Service, February 3, 2025, url: https://oceanservice.noaa.gov/facts/garbagepatch.html

'Visualising the Great Pacific Garbage Patch.' BBC, February 3, 2025, url: https://www.bbc.com/future/article/20240115-visualising-the-great-pacific-garbage-patch

'Microplastics: The long legacy left behind by plastic pollution.' UN, February 3, 2025, url: https://www.unep.org/news-and-stories/story/microplastics-long-legacy-left-behind-plastic-pollution

'Our planet is choking on plastic.' UN, February 3, 2025, url: https://www.unep.org/
  interactives/beat-plastic-pollution/?gclid=CjwKCAjw9J2iBhBPEiwAErwpeX-
  Q0PgopoRXoYOyFRomCC0EVJX0nOUFK5cqJs-lwjNuR4EZBUis7PBoCqA-
  0QAvD_BwE
'미세 플라스틱이 뭐지?' 도야마현, 2025년 2월 3일, url: https://www.npec.or.jp/umigo-
  miportal/ko/inf/mpleaflet.pdf
'대한민국 국가지도집.' 2025년 2월 3일, url: http://nationalatlas.ngii.go.kr/pages/
  page_94.php

Part 2. 대기

도서

이우진, 《컴퓨터와 날씨예측》, 광교이택스, 2006
이우진, 《일기도와 날씨해석》, 광교이택스, 2006
스톰 던롭, 김종국, 《쉽게 찾는 날씨》, 현암사, 2008
후루카와 다케히코, 오키 하야토, 신찬, 《기상 예측 교과서》, 보누스, 2020
프리트헬름 슈바르츠, 배인섭, 《날씨가 지배한다》, 플래닛미디어, 2006
기무라 류지, 나카무라 히사시, 히라마쓰 노부아키, 《날씨와 기상》, 뉴턴코리아, 2008

방송

'다큐프라임 날씨의 시대 3부작.' EBS, 2025년 2월 1일, url: https://docuprime.ebs.
  co.kr/docuprime/newReleaseView/544?c.page=1
'기상청에서 예보하는 시간당 강수량은 실제로 어느 정도일까?' 대한민국 기상청, 2025년
  2월 1일, url: https://www.youtube.com/watch?v=q4zu6WzWdDA
'What is reanalysis?' Copernicus ECMWF, February 1, 2025, url: https://www.you-
  tube.com/watch?v=FAGobvUGI24
'우리나라 세 번째 기상위성 천리안위성 5호 개발 착수!' 대한민국 기상청, 2025년 2월 1일,
  url: https://youtu.be/p3P9uGj-g1k?si=Vzd0GFPyhfWOWXNu

보고서

김진욱, 부경은, 최준태, 변영화, 〈한반도 100년의 기후변화〉, 국립기상과학원 기후연구과, 발간등록번호 11-1360620-000132-01

강지순, 〈기상·기후 빅데이터 분석〉, 한국과학기술정보연구원&과학데이터교육센터, 2024

하경자, 〈2021 노벨물리학상 수상자 마나베 슈쿠로 박사의 업적에 대한 소고〉, 2021, DOI: 10.3938/PhiT.30.038

윤일희, 〈기상학의 역사〉, 기상청 기상기술정책, 2010

'국민의 내일을 위한 동반자 기상청.' 2025년 2월 1일, url: https://www.kma.go.kr/download_01/20230912korean_1.pdf

'Introduction to Tropical Meteorology, 2nd Edition, 3.1 General Principles of Atmospheric Motion, The COMET® Program.' February 1, 2025, url: https://www.chanthaburi.buu.ac.th/~wirote/met/tropical/textbook_2nd_edition/index.htm

국립기상과학원, 〈한반도 기후변화 전망보고서 2020〉, 발간등록번호 11-1360620-00199-14

기상청, 〈기후변화 2021 과학적 근거 정책결정자를 위한 요약본〉, 발간등록번호 11-1360000-001702-01

환경부, 〈기후변화 2022 영향, 적응 및 취약성 정책결정자를 위한 요약본〉, 발간등록번호 11-1480000-001833-01

기상청, 〈기후변화 2022 기후변화의 완화 정책결정자를 위한 요약본〉, 발간등록번호 11-1360000-001733-01

'Chapter 11: Weather and Climate Extreme Events in a Changing Climate.', IPCC 6th Assessmetn Repert, February 1, 2025, url: https://www.ipcc.ch/report/ar6/wg1/downloads/report/IPCC_AR6_WGI_Chapter11.pdf

기상청, 〈기후변화 2023 종합보고서〉, 발간등록번호 11-1360000-001797-01

오채운, 송예원, 김태호, 〈IPCC 제6차 평가보고서 종합보고서 기반, 기후기술 대응 시사점: 탄소중립 10대 핵심기술을 중심으로〉, 국가녹색기술연구소

관계부처합동, 〈10주년 특별판 2019년 이상기후 보고서〉, 발간등록번호 11-1360000-000705-01

관계부처합동, 〈2020년 이상기후 보고서〉, 발간등록번호 11-1360000-001109-10

관계부처합동, 〈2021년 이상기후 보고서〉, 발간등록번호 11-1360000-001109-10

관계부처합동, 〈2022년 이상기후 보고서〉, 발간등록번호 11-1360000-001109-10

관계부처합동,〈2023년 이상기후 보고서〉, 발간등록번호 11-1360000-001109-10

기상청, 국립기상과학원, 한국기상학회,《기후위기 시대, 장마 표현 적절한가? 2022년 한국기상학회 가을학술대회 특별세션》, 기상청, 2022

기상청,《장마백서 2022》, 발간등록번호 11-1360000-000085-14

'Reanalysis: past, present and future.' ECMWF, February 1, 2025, url: https://climate.copernicus.eu/sites/default/files/repository/Events/ICR5/Talks/Simmons_keynote_ICR5_13pm.pdf

수치모델링센터,〈2023 수치예보시스템의 검증〉, 발간등록번호 11-1360709-000001-10

최유미,〈2023/24년 엘니뇨 발달에 대한 국내외 모니터링 및 국내 해양기후 영향〉,《해양기후 변화 이슈리포트 2023-1》, 한국해양과학기술원 해양법·정책연구소

예보국,〈앙상블 예측〉,《손에 잡히는 예보기술》, 제17호, 2012년 10월, 기상청

기상청,〈최근 20년 사례에서 배우다 집중호우 Top10〉, 발간등록번호 11-1360000-000833-01

기상청,〈예보관 훈련용 기술서 수치예보〉

'ENSO: Recent Evolution, Current Status and Predictions.' NOAA, CPC/NCEP, February 1, 2025, url: https://www.cpc.ncep.noaa.gov/products/analysis_monitoring/lanina/enso_evolution-status-fcsts-web.pdf

논문

Barcikowska, M., Feser, F., & von Storch, H. (2012). Usability of best track data in climate statistics in the western North Pacific. *Monthly Weather Review, 140*(9), 2818-2830. https://doi.org/10.1175/MWR-D-11-00175.1

Bauer, P., Thorpe, A., & Brunet, G. (2015, September 2). The quiet revolution of numerical weather prediction. *Nature*. Nature Publishing Group. https://doi.org/10.1038/nature14956

Bjerknes, J. (1966). A possible response of the atmospheric Hadley circulation to equatorial anomalies of ocean temperature. *Tellus, 18*(4), 820-829. https://doi.org/10.1111/j.2153-3490.1966.tb00303.x

Bjerknes, J. (1969). ATMOSPHERIC TELECONNECTIONS FROM THE EQUATORIAL PACIFIC 1. *Monthly Weather Review, 97*(3), 163-172. https://doi.

org/10.1175/1520-0493(1969)097〈0163:ATFTEP〉 2.3.CO;2

Brotzge, J. A., Berchoff, D., Carlis, D. L., Carr, F. H., Carr, R. H., Gerth, J. J., et al. (2023). Challenges and Opportunities in Numerical Weather Prediction. *Bulletin of the American Meteorological Society, 104*(3), E698-E705. https://doi.org/10.1175/BAMS-D-22-0172.1

Cai, W., Wu, L., Lengaigne, M., Li, T., McGregor, S., Kug, J. S., et al. (2019). Pantropical climate interactions. *Science, 363*(6430). https://doi.org/10.1126/science.aav4236

Chen, W., Feng, J., & Wu, R. (2013). Roles of ENSO and PDO in the Link of the East Asian Winter Monsoon to the following Summer Monsoon. *Journal of Climate, 26*(2), 622-635. https://doi.org/10.1175/JCLI-D-12-00021.1

Choi, Y., & Ha, K. J. (2018). Subseasonal shift in tropical cyclone genesis over the western North Pacific in 2013. *Climate Dynamics, 51*(11-12), 4451-4467. https://doi.org/10.1007/s00382-017-3926-0

Choi, Y., Ha, K. J., Ho, C. H., & Chung, C. E. (2015). Interdecadal change in typhoon genesis condition over the western North Pacific. *Climate Dynamics, 45*(11-12), 3243-3255. https://doi.org/10.1007/s00382-015-2536-y

Choi, Y., Ha, K.-J., & Jin, F.-F. (n.d.). Seasonality and El Niño Diversity in the Relationship between ENSO and Western North Pacific Tropical Cyclone Activity. https://doi.org/10.1175/JCLI-D-18-0736.s1

Du, Y., Yang, L., & Xie, S. P. (2011). Tropical Indian Ocean influence on Northwest Pacific tropical cyclones in summer following strong El Niño. *Journal of Climate, 24*(1), 315-322. https://doi.org/10.1175/2010JCLI3890.1

Edwards, P. N. (2011). History of climate modeling. *Wiley Interdisciplinary Reviews: Climate Change, 2*(1), 128-139. https://doi.org/10.1002/wcc.95

Gray, W. M. (1968). *MONTHLY WEATHER REVIEW GLOBAL VIEW OF THE ORIGIN OF TROPICAL DISTURBANCES AND STORMS.*

Ham, Y. G., Kug, J. S., Park, J. Y., & Jin, F. F. (2013). Sea surface temperature in the north tropical Atlantic as a trigger for El Niño/Southern Oscillation events. *Nature Geoscience, 6*(2), 112-116. https://doi.org/10.1038/ngeo1686

Iwakiri, T., & Watanabe, M. (2021). Mechanisms linking multi-year La Niña with preceding strong El Niño. *Scientific Reports, 11*(1). https://doi.org/10.1038/s41598-021-96056-6

Lewis, J. M. (n.d.). OOISHI'S OBSERVATION Viewed in the Context of Jet Stream Discovery.

Lin, I. I., & Chan, J. C. L. (2015). Recent decrease in typhoon destructive potential and global warming implications. *Nature Communications, 6*. https://doi.org/10.1038/ncomms8182

Lock, S.-J., Leutbecher, M., Lang, S., & Ollinaho, P. (n.d.). *Stochastic methods for representing atmospheric model uncertainties in ECMWF's IFS model With thanks to.*

Mei, W., Lien, C. C., Lin, I. I., & Xie, S. P. (2015). Tropical cyclone-induced ocean response: A comparative study of the south China sea and tropical northwest Pacific. *Journal of Climate, 28*(15), 5952-5968. https://doi.org/10.1175/JCLI-D-14-00651.1

Murakami, H., Delworth, T. L., Cooke, W. F., Zhao, M., Xiang, B., & Hsu, P.-C. (n.d.). Detected climatic change in global distribution of tropical cyclones. https://doi.org/10.1073/pnas.1922500117/-/DCSupplemental

Ramsay, H. (2017). The Global Climatology of Tropical Cyclones. In *Oxford Research Encyclopedia of Natural Hazard Science*. Oxford University Press. https://doi.org/10.1093/acrefore/9780199389407.013.79

Timmermann, A., An, S. Il, Kug, J. S., Jin, F. F., Cai, W., Capotondi, A., et al. (2018, July 26). El Ni o-Southern Oscillation complexity. *Nature*. Nature Publishing Group. https://doi.org/10.1038/s41586-018-0252-6

Tu, S., Xu, J., Chan, J. C. L., Huang, K., Xu, F., & Chiu, L. S. (2021). Recent global decrease in the inner-core rain rate of tropical cyclones. *Nature Communications, 12*(1). https://doi.org/10.1038/s41467-021-22304-y

Wang, B., & Zhou, X. (2008). Climate variation and prediction of rapid intensification in tropical cyclones in the western North Pacific. *Meteorology and Atmospheric Physics, 99*(1-2), 1-16. https://doi.org/10.1007/s00703-006-0238-z

Wang, Bin, & Chan, J. C. L. (2002). How Strong ENSO Events Affect Tropical Storm Activity over the Western North Pacific*. *Journal of Climate, 15*(13), 1643-1658.

https://doi.org/10.1175/1520-0442(2002)015⟨1643:HSEEAT⟩2.0.CO:2

Wang, Bin, & Zhang, Q. (2002). Pacific-East Asian Teleconnection. Part II: How the Philippine Sea Anomalous Anticyclone is Established during El Niño Development*. *Journal of Climate, 15*(22), 3252-3265. https://doi.org/10.1175/1520-0442(2002)015⟨3252:PEATPI⟩.0.CO:2

Wang, Bin, Xiang, B., & Lee, J.-Y. (2013). Subtropical High predictability establishes a promising way for monsoon and tropical storm predictions. *Proceedings of the National Academy of Sciences, 110*(8), 2718-2722. https://doi.org/10.1073/pnas.1214626110

Wang, H., Li, J., Song, J., Leng, H., Wang, H., Zhang, Z., et al. (2023). The abnormal track of super typhoon Hinnamnor (2022) and its interaction with the upper ocean. *Deep-Sea Research Part I: Oceanographic Research Papers, 201*. https://doi.org/10.1016/j.dsr.2023.104160

Wang, Q., Zhao, D., Duan, Y., Guan, S., Dong, L., Xu, H., & Wang, H. (2023). Super Typhoon Hinnamnor (2022) with a Record-Breaking Lifespan over the Western North Pacific. *Advances in Atmospheric Sciences, 40*(9), 1558-1566. https://doi.org/10.1007/s00376-023-2336-y

Zhan, R., Wang, Y., & Lei, X. (2011). Contributions of ENSO and East Indian Ocean SSTA to the interannual variability of Northwest Pacific Tropical cyclone frequency. *Journal of Climate, 24*(2), 509-521. https://doi.org/10.1175/2010JC-LI3808.1

기사

임현우, 〈기상예보는 전문성이 생명… 순환인사 개선을〉, 《한국경제》, 2010년 8월 19일 자

정현상, 〈기상청 히딩크' 켄 크로포드 단장 취임 2주년〉, 《뉴스1》, 2012년 1월 26일 자

박엘리, 〈최근 잇따른 '오보'… 기상청 켄 크로퍼드 단장 "할 수 없었다"〉, 《메디컬투데이》, 2010년 1월 3일 자

황성민, 〈과학적으로 풀어보는 하늘이 하늘색인 이유는〉, 《세종포스트》, 2021년 4월 9일 자

이영민, 〈9개국만 가진 '수치예보모델'… "기상 외교로 한국 위상 높여"〉, 《이데일리》, 2024년 8월 6일 자

고재원, 〈기상청장 "기상망명족 등장은 국민 기대 못미친 결과"〉, 《동아사이언스》, 2020년

10월 12일 자

김빛나, 〈月야근 52시간·초과근무 33시간… 과로 시달리는 '기상청 사람들'〉,《헤럴드경제》, 2022년 10월 7일 자

유지혜, 〈평균 60시간 야근… '기피부서'된 기상청 예보〉,《세계일보》, 2024년 9월 10일 자

이세흠, 〈해외 따라잡은 후발주자 한국… "수치예보 투자, 10~20배 남는 장사"〉,《KBS뉴스》, 2023년 11월 8일 자

최유미, 〈엘니뇨해 태풍활동은 어떻게 되나요?〉,《The Science Times》, 2023년 12월 20일 자

윤창희, 〈대형크레인 넘어뜨린 역대급 태풍 이야기〉,《KBS뉴스》, 2018년 6월 30일 자

Nick Meroanos, "Smaller yet stronger: The dreaded pinhole eye of a hurricane." *SPECTRUM NEWS*, October 6, 2020

이현경, 〈핵미사일 1만 개 터뜨리면 화성 온도 올라갈까… 화성 테라포밍 기술의 현재〉,《동아사이언스》, 2021년 5월 1일 자

이재영, 〈올해 40여차례 극한호우 전남권 '호우 재난문자' 중단… 이유는?〉,《연합뉴스》, 2024년 10월 20일 자

김희용, 〈기상청, 2024년 달라지는 것은?… "재난 문자 확대"〉,《KBS뉴스, 2024년 2월 21일 자

정바름, 〈"기상청 호우 긴급재난문자 충청권 비롯 전국 시행 필요"〉,《중도일보》, 2024년 10월 11일 자

김소연, 김태희, 〈시간당 100mm 우습게 넘기는 극한호우 시대… 최선의 대비책 있나〉,《동아사이언스》, 2024년 5월 18일 자

김서영, 〈"끝난 줄 알았는데"… 올해 'N차 장마' 극성인 이유〉,《YTN》, 2023년 7월 5일 자

유영규, 〈어김없이 찾아온 장마… 기후변화에 양상 점점 예측 불가〉,《한국경제, 2024년 6월 18일 자

서정은, 〈날씨가 뒤흔드는 물가… 대통령실, '기후위기 종합대책' 고민〉,《헤럴드경제》, 2024년 8월 21일 자

김준범, 〈"날씨야, 너 때문에 물가도 뜨거워"… 기후플레이션의 공포〉,《KBS뉴스》, 2023년 7월 22일 자

웹사이트

◇ 책머리에

'Lewis Fry Richardson.' WIKIPEDIA, February 1, 2025, url: https://en.wikipedia.org/
wiki/Lewis_Fry_Richardson

◇ 대기의 상태와 운동

'DATA assimilation.' ECMWF, February 1, 2025, url: https://www.ecmwf.int/en/re-
search/data-assimilation

'Fact sheet: Reanalysis.' ECMWF, February 1, 2025, url: https://www.ecmwf.int/en/
about/media-centre/focus/2023/fact-sheet-reanalysis

'기상청 수치예보역사.' 수치모델링센터, 2025년 2월 1일, url: https://www.kma.go.kr/
nmc/html/numerical/kmahistory.jsp

'수치예보 수행과정.' 수치모델링센터, 2025년 2월 1일, url: https://www.kma.go.kr/nmc/
html/numerical/process01.jsp

'수치예보모델.' 수치모델링센터, 2025년 2월 1일, url: https://www.kma.go.kr/nmc/
html/numerical/process04.jsp

'한국형수치예보모델(KIM, 한국형모델).' 수치모델링센터, 2025년 2월 1일, url: https://www.
kma.go.kr/nmc/html/numerical/koreannm.jsp

'History.' ECMWF, February 1, 2025, url: https://www.ecmwf.int/en/about/who-
we-are/history

'Section 2.5 Model Data Assimilation, 4D-Var.' ECMWF, February 1, 2025, url:
https://confluence.ecmwf.int/display/FUG/Section+2.5+Model+Data+Assimi-
lation%2C+4D-Var

◇ 기상청 vs. 윈디

'Collaboration with Disney and Pixar.' Met Office, February 1, 2025, url: https://
www.metoffice.gov.uk/weather/learn-about/met-office-for-schools/educa-
tion-partnership/disney-and-pixar

'earth.' February 1, 2025, url: https://earth.nullschool.net/ko/

'Windy.com.' February 1, 2025, url: https://www.windy.com/?37.603,127.006,5

'About Windy.' Windy community, February 1, 2025, url: https://community.windy.

com/topic/4/about-windy

'What source of weather data Windy use?' Windy community, February 1, 2025, url: https://community.windy.com/topic/12/what-source-of-weather-data-windy-use

'Looking Back at 2024: A Year Full of Innovations and Milestones at Windy.com.' Windy community, February 1, 2025, url: https://community.windy.com/topic/38024/looking-back-at-2024-a-year-full-of-innovations-and-milestones-at-windy-com

'구글에 대응하는 세즈남의 자세.' 과학기술정보통신부블로그, 2025년 2월 1일, url: https://blog.naver.com/with_msip/220641723423

'Member States.' ECMWF, February 1, 2025, url: https://www.ecmwf.int/en/about/who-we-are/member-states

'Lead time of anomaly correlation coefficient (ACC) reaching multiple thresholds (High resolution (HRES) 500 hPa height forecasts).' ECMWF, February 1, 2025, url: https://charts.ecmwf.int/products/plwww_m_hr_ccaf_adrian_ts?single-product=latest

'날씨예보의 안내자, 수치예보가이던스.' 기상청, 2025년 2월 1일url: https://blog.naver.com/kma_131/222857850628?trackingCode=blog_bloghome_searchlist

'기후예측소개.' 기상청 기후정보포털, 2025년 2월 1일, url: http://climate.go.kr/home/05_prediction_new/predict01_intro.html

'Charts.' ECMWF, February 1, 2025, url: https://www.ecmwf.int/en/forecasts/charts

'Media centre.' ECMWF, February 1, 2025, url: https://www.ecmwf.int/en/about/media-centre

'NOAA climate.gov.' February 1, 2025, url: https://www.climate.gov/

'Met Office.' February 1, 2025, url: https://www.metoffice.gov.uk/

'아시아·태평양경제협력체 기후센터.' 2025년 2월 1일, url: https://www.apcc21.org/?lang=ko

◇ 더욱 중요해지는 기상관측

'Observations.' ECMWF, February 1, 2025, url: https://www.ecmwf.int/en/research/data-assimilation/observations

'Fact sheet: ECMWF's use of satellite observations.' ECMWF, February 1, 2025, url: https://www.ecmwf.int/en/about/media-centre/focus/2020/fact-sheet-ec-mwfs-use-satellite-observations

https://www.ecmwf.int/sites/default/files/elibrary/2000/12231-assimilia-tion-satellite-data-numerical-weather-prediction-basic-importance-con-cepts-and-issues.pdf

'Assimilation of Satellite data for Numerical Weather Prediction: Basic impor-tance, concepts and issues.' February 1, 2025, url: https://www.ecmwf.int/sites/default/files/medialibrary/2020-05/ecmwf-fact-sheet-data-assimilation.pdf

Wasaburo Oishi.' WIKIPEDIA, February 1, 2025, url: https://en.wikipedia.org/wiki/Wasaburo_Oishi

'정지궤도 기상위성의 특징.' 국가기상위성센터, 2025년 2월 1일, url: https://nmsc.kma.go.kr/homepage/html/base/cmm/selectPage.do?page=static.edu.satelliteClsf

'2A호 소개.' 국가기상위성센터, 2025년 2월 1일, url: https://nmsc.kma.go.kr/homep-age/html/base/cmm/selectPage.do?page=static.satllite.introGk2a

'100년 관측소(부산).' 부산지방기상청, 2025년 2월 1일, url: https://www.kma.go.kr/bu-san/html/info/bsob.jsp

'기상자료개방포털.' 기상청 기상자료개방포털, 2025년 2월 1일, url: https://data.kma.go.kr/cmmn/main.do

'북한 기후평년값 소개.' 기상청 날씨누리, 2025년 2월 1일, url: https://www.weather.go.kr/w/climate/statistics/nk-average.do

'지상(SYNOP).' 기상청 기상자료개방포털, 2025년 2월 1일, url: https://data.kma.go.kr/data/ogd/selectGtsRltmList.do?pgmNo=658

'종관기상관측(ASOS).' 기상청 기상자료개방포털, 2025년 2월 1일, url: https://data.kma.go.kr/data/grnd/selectAsosRltmList.do?pgmNo=36

'방재기상관측(AWS).' 기상청 기상자료개방포털, 2025년 2월 1일, url: https://data.kma.go.kr/data/grnd/selectAwsRltmList.do?pgmNo=56

'자동기상관측 데이터.' 기상자료개방포털 기상기후데이터위키, 2025년 2월 1일, url: https://datawiki.kma.go.kr/doku.php?id=%EA%B8%B0%EC%83%81%EA%B4%80%EC%B8%A1:%EC%A7%80%EC%83%81:%EC%9E%90%EB%8F%99%EA%

B8%B0%EC%83%81%EA%B4%80%EC%B8%A1_aws

'행정안전부 국가기록원.' 2025년 2월 1일, url: https://www.archives.go.kr/next/new-
search/listSubjectDescription.do?id=004594&pageFlag=&sitePage=

'검증.' 수치모델링센터, 2025년 2월 1일, url: https://www.kma.go.kr/nmc/html/nu-
merical/process06.jsp

'기상항공기 개요.' 국립기상과학원, 2025년 2월 1일, url: http://www.nims.go.kr/?sub_
num=1274

https://apihub.kma.go.kr/apiList.do?seqApi=3&seqApiSub=251&apiMov=%EA%
B8%B0%EC%83%811%ED%98%B8

'1. 기상청 기상1호/기상2000호 자료.' 해양관측, 2025년 2월 1일, url: https://apihub.
kma.go.kr/apiList.do?seqApi=3&seqApiSub=249

'해양기상관측.' 기상청, 2025년 2월 1일, url: https://www.kma.go.kr/kma/biz/obser-
vation07.jsp

'대한민국 원격탐사관측의 중심! 기상레이더센터.' 기상청이야기, 2025년 2월 1일, url:
https://blog.naver.com/kma_131/222954496830?

'극궤도 기상위성의 특징.' 국가기상위성센터, 2025년 2월 1일, url: https://nmsc.kma.
go.kr/homepage/html/base/cmm/selectPage.do?page=static.edu.satellitePolar

'기상레이더관측.' 기상청, 2025년 2월 1일, url: https://www.kma.go.kr/kma/biz/ob-
servation05.jsp

'연구개발사업.' KIAPS, 2025년 2월 1일, url: https://www.kiaps.org/rnd/bizOverview.
do

◇ 태풍이 많이 생기는 곳

'태풍발생통계.' 기상청 날씨누리, 2025년 2월 1일, url: https://www.weather.go.kr/w/
typhoon/typ-stat.do

'2022 Pacific typhoon season.' WIKIPEDIA, February 1, 2025, url: https://en.wiki-
pedia.org/wiki/2022_Pacific_typhoon_season

'What Are Pinhole Eye Hurricanes?' URI, February 1, 2025, url: https://www.urinow.
com/blog/what-are-pinhole-eye-hurricanes/

'KACCC 브리프.' 국가기후위기적응센터, 2025년 2월 1일, url: https://kaccc.kei.re.kr/
home/gallery.es?mid=a10504020000&bid=0003

'태풍 힌남노.' 위키백과, 2025년 2월 1일, url: https://ko.wikipedia.org/wiki/%ED%83%
   9C%ED%92%8D_%ED%9E%8C%EB%82%A8%EB%85%B8

◇ 적도 태평양을 모니터링하는 이유

'The Rise of El Niño and La Niña.' NOAA Climate.gov, February 1, 2025, url: https://
   www.climate.gov/news-features/blogs/enso/rise-el-ni%C3%B1o-and-la-
   ni%C3%B1a

'Bjerknes: Linking the Southern Oscillation with El Niño.' IRI, February 1, 2025, url:
   https://iridl.ldeo.columbia.edu/maproom/ENSO/New/bjerknes.html

'Technical Discussion.' NOAA National Centers for Environmental Information,
   February 1, 2025, url: https://www.ncei.noaa.gov/access/monitoring/enso/
   technical-discussion

'June 2023 ENSO update: El Niño is here.' NOAA Climate.gov, February 1, 2025,
   url: https://www.climate.gov/comment/20055

'January 2025 update: La Niña is here.' NOAA Climate.gov, February 1, 2025, url:
   https://www.climate.gov/news-features/blogs/enso/january-2025-update-
   la-nina-here

'Oceanic Kelvin waves: The next polar vortex*.' NOAA Climate.gov, February 1,
   2025, url: https://www.climate.gov/news-features/blogs/enso/oceanic-kel-
   vin-waves-next-polar-vortex

'April 2018 ENSO update: what lurks beneath.' NOAA Climate.gov, February 1,
   2025, url: https://www.climate.gov/news-features/blogs/enso/april-2018-
   enso-update-what-lurks-beneath

'Jacob Bjerknes.' WIKIPEDIA, February 1, 2025, url: https://en.wikipedia.org/wiki/
   Jacob_Bjerknes

'ENSO ALERT SYSTEM.' NOAA, February 1, 2025, url: https://www.cpc.ncep.noaa.
   gov/products/analysis_monitoring/enso_advisory/enso-alert-readme.shtml

'La Ni a Times Three.' NASA earth observatory, February 1, 2025, url: https://
   earthobservatory.nasa.gov/images/150691/la-nina-times-three

'Double-dipping: Why does La Ni a often occur in consecutive winters?' NOAA
   Climate.gov, February 1, 2025, url: https://www.climate.gov/news-features/

blogs/enso/double-dipping-why-does-la-ni%C3%B1a-often-occur-con-secutive-winters

◇ 지구온난화와 자연 변동성의 합작

'강수-편차 분포도.' 기상청 종합기후변화감시정보, 2025년 2월 1일, url: http://www.climate.go.kr/home/09_monitoring/meteo/prec_anomaly

'2023 was the world's warmest year on record, by far.' NOAA, February 1, 2025, url: https://www.noaa.gov/news/2023-was-worlds-warmest-year-on-record-by-far

'2024 was warmest year in the modern record for the globe.' NOAA Climate.gov, February 1, 2025, url: https://www.climate.gov/news-features/featured-images/2024-was-warmest-year-modern-record-globe

'2024 was the warmest year on record, Copernicus data show.' ECMWF, February 1, 2025, url: https://www.ecmwf.int/en/about/media-centre/news/2025/2024-was-warmest-year-record-copernicus-data-show

'Copernicus: 2024 is the first year to exceed 1.5°C above pre-industrial level.' Copernicus, February 1, 2025, url: https://climate.copernicus.eu/copernicus-2024-first-year-exceed-15degc-above-pre-industrial-level

'Climate Change: Global Temperature.' NOAA Climate.gov, February 1, 2025, url: https://www.climate.gov/news-features/understanding-climate/climate-change-global-temperature

'Where does global warming go during La Niña?' NOAA Climate.gov, February 1, 2025, url: https://www.climate.gov/news-features/blogs/enso/where-does-global-warming-go-during-la-nina

'Climate Change: Ocean Heat Content.' NOAA Climate.gov, February 1, 2025, url: https://www.climate.gov/news-features/understanding-climate/climate-change-ocean-heat-content

'The role of the ocean in tempering global warming.' NOAA Climate.gov, February 1, 2025, url: https://www.climate.gov/news-features/blogs/enso/role-ocean-tempering-global-warming

'Why did Earth's surface temperature stop rising in the past decade?' NOAA Climate.gov, February 1, 2025, url: https://www.climate.gov/news-features/climate-qa/why-did-earths-surface-temperature-stop-rising-past-decade

'WCRP Coupled Model Intercomparison Project (CMIP).' WCRP, February 1, 2025, url: https://www.wcrp-climate.org/wgcm-cmip

'CMIP Overview.' CMIP, February 1, 2025, url: https://wcrp-cmip.org/cmip-overview/

'Analysis: Why the new Met Office temperature record shows faster warming since 1970s.' CarbonBrief, February 1, 2025, url: https://www.carbonbrief.org/analysis-why-the-new-met-office-temperature-record-shows-faster-warming-since-1970s/

'Complete ERA5 global atmospheric reanalysis.' Climate Data Store, February 1, 2025, url: https://cds.climate.copernicus.eu/datasets/reanalysis-era5-complete?tab=overview

'세계의 주요화산.' 기상청 날씨누리, 2025년 2월 1일, url: https://www.weather.go.kr/w/eqk-vol/volcano/archive/worldwide.do

'제48차 IPCC 총회, 성공적으로 마무리하다!' 기상청기후정보포털, 2024년 2월 1일, url: http://climate.go.kr/home/bbs/view.php?code=58&bname=newsreport&vcode=6178&skin=&bbs_scale=&bbs_align=left&cpage=4&vNum=574&skind=&sword=&category1=&category2=

◇ 변동성 증가와 우리의 대응

'기상특보 발표기준.' 기상청 날씨누리, 2025년 2월 1일, url: https://www.weather.go.kr/w/community/knowledge/standard.do

'기상청 호우 긴급재난문자(CBS) 위험기상으로부터 국민 안전을 지킨 알림 소리.' 혁신24, 2025년 2월 1일, url: https://www.innovation.go.kr/ucms/bbs/B0000037/view.do?nttId=15833&menuNo=300083&pageIndex=1

'기상청 극한 호우 재난문자 소개.' 2025년 2월 1일, url: https://www.weather.go.kr/w/community/knowledge/safetyguide/cbs-heavy-rain-msg.do

Part 3. 지질

도서

Soil Survey Staff. (2022). *Keys to Soil Taxonomy, 13th Edition*. USDA Natural Resources Conservation Service

A.E. Hartemink. (2015). *The definition of soil since the early 1800s*. Advances in Agronomy, 137. pp. 73~126

Brian J. Skinner & Barbara Murck. (2011). *The Blue Planet; An Introduction to Earth System Science, 3rd edition*. John Wiley & Sons

정지곤, 정공수, 조문섭, 《암석의 미시세계》, 시그마프레스, 2011

John P. Grotzinger & Thomas H. Jordan. (2014). *Understanding Earth, 7th edition*. Chapter 3, W. H. Freeman & Co

Wolfgang Frisch. (2010). *Plate Tectonics: Continental Drift and Mountain Building*. Springer

William Lowrie. (2007). *Fundamentals of geophysics, 2nd Ed*. Cambridge University Press

Cornelis Klein and Anthony Philpotts, (2016). *Earth materials: introduction to mineralogy and petrology, 2nd Ed*. Cambridge University Press

Sam Boggs Jr. (2014). *Principles of Sedimentology and Stratigraphy, 5th Edition*. Pearson

Miller, C. S., & Baranyi, V. (2020). *Triassic Climates. Encyclopedia of Geology, Second Edition*, 514~524

Ruddiman, W. F. (2014). *Earth's climate: past and future, 3rd Ed*. Freeman/Worth

논문

Seong-Jin Park, et al. (2021). Estimation of Soil Organic Carbon (SOC) Stock in South Korea Using Digital Soil Mapping Technique. *Korean Journal of Soil Science and Fertilizer, 54*(2). pp. 247~256

A. B. Ronov, A. A. Yaroshevsky. (1969). *Chemical Composition of the Earth's Crust; American Geophysical Union Monograph, 13*. p50

Zahirovic, S., M ller, R. D., Seton, M., & Flament, N. (2015). Tectonic speed limits from plate kinematic Milliman, J.D., & Meade, R.H. (1983). World-wide delivery of river sediment to the oceans. *The Journal of Geology, 91.* reconstructions. *Earth and Planetary Science Letters, 418.* 40-52

Noel P. James and Robert W. Dalrymple. (2010). *Facies Models 4*, The Geological Association of Canada.

Reolid, M., Ruebsam, W., & Benton, M. (2022). Impact of the Jenkyns Event (early Toarcian) on dinosaurs: Comparison with the Triassic/Jurassic transition. *Earth-Science Reviews, 234.* 104196.

Fu, X., Wang, J., Wen, H., Wang, Z., Zeng, S., Song, C., Chen, W., & Wan, Y. (2020). A possible link between the Carnian Pluvial Event, global carbon-cycle perturbation, and volcanism: New data from the Qinghai-Tibet Plateau. *Global and Planetary Change, 194.* 103300.

Hornung, T., Krystyn, L., & Brandner, R. (2007). A Tethys-wide mid-Carnian (Upper Triassic) carbonate productivity crisis: Evidence for the Alpine Reingraben Event from Spiti (Indian Himalaya)? *Journal of Asian Earth Sciences, 30*(2). 285-302.

Pausata, F. S., Gaetani, M., Messori, G., Berg, A., de Souza, D. M., Sage, R. F., & DeMenocal, P. B. (2020). The greening of the Sahara: Past changes and future implications. *One Earth, 2*(3). 235~250.

Larrasoaña, J. C., Roberts, A. P., & Rohling, E. J. (2013). Dynamics of green Sahara periods and their role in hominin evolution. *PloS one, 8*(10). e76514.

Demenocal, P., Ortiz, J., Guilderson, T., Adkins, J., Sarnthein, M., Baker, L., & Yarusinsky, M. (2000). Abrupt onset and termination of the African Humid Period:: rapid climate responses to gradual insolation forcing. *Quaternary science reviews, 19*(1-5). 347~361.

그림 출처

23쪽 'Salinity Explained.' NASA Salinity, February 3, 2025, url: https://salinity. oceansciences.org/science-salinity.htm

29쪽 'OCN 201 Salinity and the Composition of Seawater.' February 3, 2025, url:

https://www.soest.hawaii.edu/oceanography/courses_html/OCN201/instructors/Mottl/Fall2014/Salinity_mottl.pdf

33쪽 Curtis Ebbesmeyer, Eric Scigliano. (2010). *Flotsametrics and the Floating World: How One Man's Obsession with Runaway Sneakers and Rubber Ducks Revolutionized Ocean Science*, Harper Perennial

44쪽 이호준, 남성현, 〈기후변화에 따른 동해 심층 해수의 물리적 특성 및 순환 변화 연구〉, 《한국해양학회》 28(1), 2023 / S. Nihashi, et al. (2017). Sea-ice production in the northern Japan Sea. *Deep Sea Research Part I: Oceanographic Research Papers, 127*

46쪽 Seung-Tae Yoon et al. (2018). Re-initiation of bottom water formation in the East Sea (Japan Sea) in a warming world, *Scientific Reports, 8*

71쪽 'AR6 Synthesis Report: Climate Change 2023.' IPCC, February 3, 2025, url: https://www.ipcc.ch/report/sixth-assessment-report-cycle/

95쪽 'Climate change: European team to drill for 'oldest ice' in Antarctica.' BBC, February 3, 2025, url: https://www.bbc.com/news/science-environment-47848344

106쪽 'Iron Fertilization.' Woods Hole Oceanographic Institution, February 3, 2025, url: https://www.whoi.edu/know-your-ocean/ocean-topics/climate-weather/ocean-based-climate-solutions/iron-fertilization/

109쪽 'Oil Spill off South Korea.' NASA earth observatory, February 3, 2025, url: https://earthobservatory.nasa.gov/images/8304/oil-spill-off-south-korea

112쪽 L. Lebreton, et al. (2018). Evidence that the Great Pacific Garbage Patch is rapidly accumulating plastic. *Scientific Reports, 8*

139쪽 'Introduction to Tropical Meteorology, 2nd Edition, 3.1 General Principles of Atmospheric Motion, The COMET® Program.' February 1, 2025, url: https://www.chanthaburi.buu.ac.th/~wirote/met/tropical/textbook_2nd_edition/index.htm

150쪽 '기상청 수치예보역사.' 수치모델링센터, 2025년 2월 1일, url: https://www.kma.go.kr/nmc/html/numerical/kmahistory.jsp

152쪽 'Section 2.5 Model Data Assimilation, 4D-Var.' ECMWF, February 1, 2025, url: https://confluence.ecmwf.int/display/FUG/Section+2.5+Model+Data+Assimulation%2C+4D-Var

157쪽 'earth.' February 1, 2025, url: https://earth.nullschool.net/ko/'Windy.com.' February 1, 2025, url: https://www.windy.com/?37.603,127.006,5

171쪽 '정지궤도 기상위성의 특징.' 국가기상위성센터, 2025년 2월 1일, url: https://nmsc.kma.go.kr/homepage/html/base/cmm/selectPage.do?page=static.edu.satelliteClsf

173쪽 '다큐프라임 날씨의 시대 3부작.' EBS, 2025년 2월 1일, url: https://docuprime.ebs.co.kr/docuprime/newReleaseView/544?c.page=1

180쪽 'Typhoon Hinnamnor.' NASA earth observatory, February 3, 2025, url: https://earthobservatory.nasa.gov/images/150290/typhoon-hinnamnor

181쪽 Mei, W., Lien, C. C., Lin, I. I., & Xie, S. P. (2015). Tropical cyclone-induced ocean response: A comparative study of the south China sea and tropical northwest Pacific. *Journal of Climate, 28*(15), 5952-5968. https://doi.org/10.1175/JCLI-D-14-00651.1

192쪽 'Technical Discussion.' NOAA National Centers for Environmental Information, February 1, 2025, url: https://www.ncei.noaa.gov/access/monitoring/enso/technical-discussion

196쪽 'The Rise of El Niño and La Niña.' NOAA Climate.gov, February 1, 2025, url: https://www.climate.gov/news-features/blogs/enso/rise-el-ni%C3%B1o-and-la-ni%C3%B1a

199쪽 'Climate.gov Media.' February 1, 2025, url: https://www.climate.gov/media/9403

204쪽 기상청, 〈기후변화 2021 과학적 근거 정책결정자를 위한 요약본〉, 발간등록번호 11-1360000-001702-01

215~216쪽 Murakami, H., Delworth, T. L., Cooke, W. F., Zhao, M., Xiang, B., & Hsu, P.-C. (n.d.). Detected climatic change in global distribution of tropical cyclones. https://doi.org/10.1073/pnas.1922500117/-/DCSupplemental

219쪽 Tu, S., Xu, J., Chan, J. C. L., Huang, K., Xu, F., & Chiu, L. S. (2021). Recent global decrease in the inner-core rain rate of tropical cyclones. *Nature Communications, 12*(1). https://doi.org/10.1038/s41467-021-22304-y

222쪽 '강수-편차 분포도.' 기상청 종합기후변화감시정보, 2025년 2월 1일, url: http://

www.climate.go.kr/home/09_monitoring/meteo/prec_anomaly

292쪽 Zahirovic, S., Müller, R. D., Seton, M., & Flament, N. (2015). Tectonic speed limits from plate kinematic Milliman, J.D., & Meade, R.H. (1983). World-wide delivery of river sediment to the oceans. *The Journal of Geology*, 91. reconstructions. *Earth and Planetary Science Letters, 418*

물화생지 문해력 기르기

외우지 않아도 괜찮아
지구과학

초판 1쇄 인쇄 2025년 2월 17일
초판 1쇄 발행 2025년 2월 28일

지은이 노수연, 오현경, 최유미
펴낸이 최순영

출판2 본부장 박태근
지식교양 팀장 송두나
편집 김예지
디자인 studio Ain

펴낸곳 ㈜위즈덤하우스 **출판등록** 2000년 5월 23일 제13-1071호
주소 서울특별시 마포구 양화로 19 합정오피스빌딩 17층
전화 02) 2179-5600 **홈페이지** www.wisdomhouse.co.kr

ⓒ 노수연, 오현경, 최유미, 2025

ISBN 979-11-7171-377-6 03450